Jing-Zhu Guodao Zhuganxian Anyang zhi Xinxiang Gaosu Gonglu

京珠国道主干线安阳至新乡高速公路

Gai-Kuojian Gongcheng Jungong Yanshou

改扩建工程竣工验收

第二册　批复文件、交工验收、单项验收、质量鉴定

李宏志　主编

人民交通出版社股份有限公司
China Communications Press Co.,Ltd.

内 容 提 要

本书收录了京珠国道主干线安阳至新乡高速公路改扩建工程的立项审批文件、建设用地审批文件、工程设计审批文件、交工验收审批文件、专项验收审批文件及质量鉴定工作报告等,较为全面的呈现了我国高速公路建设审批、验收程序,对加快和提高建设项目的报批工作具有重要的参考意义。

本书可供高速公路建设、设计、施工、监理、质检等方面工程技术人员参考使用。

图书在版编目(CIP)数据

京珠国道主干线安阳至新乡高速公路改扩建工程竣工验收. 第二册 / 李宏志主编. —北京 : 人民交通出版社股份有限公司, 2016.12

ISBN 978-7-114-13582-8

Ⅰ.①京… Ⅱ.①李… Ⅲ.①高速公路-改建-道路工程-工程验收-河南②高速公路-扩建-道路工程-工程验收-河南 Ⅳ.①U418.8

中国版本图书馆 CIP 数据核字(2017)第 002106 号

书　　名:京珠国道主干线安阳至新乡高速公路改扩建工程竣工验收(第二册)
批复文件、交工验收、单项验收、质量鉴定

著 作 者:李宏志

责任编辑:韩亚楠　赵瑞琴

出版发行:人民交通出版社股份有限公司

地　　址:(100011)北京市朝阳区安定门外外馆斜街 3 号

网　　址:http://www.ccpress.com.cn

销售电话:(010)59757973

总 经 销:人民交通出版社股份有限公司发行部

经　　销:各地新华书店

印　　刷:北京鑫正大印刷有限公司

开　　本:787×1092　1/16

印　　张:19

字　　数:475 千

版　　次:2016 年 12 月　第 1 版

印　　次:2016 年 12 月　第 1 次印刷

书　　号:ISBN 978-7-114-13582-8

定　　价:70.00 元

编　委　会

目　录

第一部分　批复文件

第二部分　交工验收

第三部分　单项验收

第四部分　质量鉴定

第一部分

■批 复 文 件■

关于京珠国道主干线安阳(冀豫界)至新乡公路改扩建工程可行性研究报告审查意见的函

交函规划〔2005〕189 号

国家发展和改革委员会:

河南省发展和改革委员会上报你委并抄报我部的《关于报送京珠国道主干线安阳至新乡段改扩建项目工程可行性研究报告的请示》(豫发改交通〔2004〕2147 号)收悉。经审查,同意实施京殊国道主干线安阳(冀豫界)至新乡公路改扩建工程。现将该项目的可行性研究报告审查意见函告如下:

一、飞安阳(冀豫界)至新乡高速公路是京珠国道主干线和国家高速公路网规划中北京至港澳公路的重要路段,也是河南省高速公路网的组成部分。京珠国道主干线沟通京津冀地区、中原地区、江汉平原、珠江三角洲等城镇密集区,并连通港澳,是我国最繁忙的交通通道之一。现安阳(冀豫界)至新乡高速公路于 1997 年建成通车,采用四车道高速公路标准,路基宽度 26 米,建成后极大地缓解了国道 107 线的交通紧张状况,促进了区域经济的快速发展。该路自通车以来,交通量以年均 6%的速度增长,2004 年平均日交通量达到 21000 辆/日(折算小客车,下同)。由于交通量增长较快,特别是大吨位货运超载车辆的作用,现有路面、桥梁等破损严重,维修养护工作量不断增加,服务水平逐年下降,影响行车安全。另据交通量预测,2027 年全线年平均日交通量将达到 81300 辆/日,已不能满足未来经济发展及交通量增长的需求。本项目的实施对于完善国家和河南省高速公路网,改善现有公路行车条件,提高公路服务水平和通行能力,进一步促进区域经济发展等均具有重要意义。因此,该路的建设是必要的,经济评价结果表明经济上是可行的。

二、建设安阳(冀豫界)至新乡高速公路有新建和改扩建两种方案。河南省进行了新建一条四车道高速公路和改扩建现有高速公路为八车道高速公路的方案比选。根据论证结果,改扩建方案符合沿线城镇规划,有利于吸引交通量,节约投资及土地资源,特别是改扩建方案充分结合现有公路维修,目前交通量适中,施工期间不会对现有交通产生大的影响,实施时机较好。因此,同意按改扩建方案建设安阳(冀豫界)至新乡高速公路。

三、同意基本沿线有高速公路两侧拓宽的改扩建方案。改扩建工程起自安阳西灵芝(冀豫界),接京珠国道主干线河北省境段,经汤阴、淇县、汲县(卫辉),止于新乡关屯,接已建成的京珠国道主干线新乡至郑州段,全长约 113 公里。

全线改扩建安阳、安阳南、汤阴、鹤壁、浚县、淇县、卫辉 7 处互通式立交。同步完善必要的交通工程和沿线设施。

四、根据交通量预测结果和拟建项目在路网中的地位及作用,并考虑施工期减少对现有交通的干扰等因素，同意全线采用八车道高速公路标准改扩建，设计速度沿用 120 公里/小时，路基宽度拓宽至 42 米。桥涵设计汽车荷载采用公路—Ⅰ级，其他技术指标应符合我部颁发的《公路工程技术标准》(JTG B01—2003)中的规定。

五、建议该路建设的总投资控制在 32 亿元以内(未含建设期贷款利息及政策性调整费用)。建设资金来源：我部安排专项资金 3.84 亿元，作为国家投入的资本金，具体将在“十一五”期安排；其余资金由河南省筹集解决(含利用国内银行贷款)。

六、该路的建设工期为 3 年。

七、建议在初步设计阶段深化的问题：

(一)充分吸收国内外高速公路改扩建工程的经验，结合本项目区域地质地形条件，深化路基、路面、桥涵、互通等扩建技术方案。

(二)通过改扩建工程，消除现有高速公路病害，深化有关技术方案。

(三)优化施工组织方案和施工期保通方案。

二〇〇五年七月七日

关于京珠国道主干线安阳至新乡公路改扩建工程可行性研究报告的批复

发改交运〔2005〕2072号

河南省发展改革委：

你委《关于报送京珠国道主干线安阳至新乡段改扩建项目工程可行性研究报告的请示》（豫发改交通〔2004〕2147号）及有关补充材料收悉。经研究，现批复如下：

一、为完善国家和你省干线公路网，改善现有公路行车条件，提高国道主干线的通行能力和服务水平，进一步促进区域社会经济发展，同意改扩建京珠国道主干线安阳至新乡段。

二、同意采用沿线有高速公路两侧拓宽的改扩建方案。改扩建工程起自安阳西灵芝（冀豫界），接京珠国道主干线河北境段，经汤阴、淇县、卫辉，止于新乡关屯，接京珠国道主干线新乡至郑州段，全长约113公里。

全线采用双向八车道高速公路标准，设计速度采用120公里/小时，路基宽度拓宽至42米。其他技术指标应符合交通部颁发的《公路工程技术标准》（JTG B01—2003）中的规定。

全线改扩建安阳、安阳南、汤阴、鹤壁、浚县、淇县、卫辉等7处互通式立交。

三、该项目总投资约31.68亿元（静态投资30亿元），其中：国家安排中央专项基金（车购税）3.84亿元、你省安排公路建设资金7.26亿元作为项目的资本金，共计11.1亿元，约占项目总投资的35%；其余20.58亿元利用国内银行贷款解决。

四、在初步设计阶段，要充分吸取国内外高速公路改扩建工程的经验，妥善解决地基处理、路基、路面、桥涵、互通等扩建技术问题，并尽量节约土地等资源。

五、在工程建设和设备采购中，要严格执行《招标投标法》的有关规定。

项目建设期间要加强管理，落实征地拆迁相应政策和措施，确保工程质量，严格控制项目总投资，尽量减少对交通的干扰和影响，并注重保护环境、运营安全。

二〇〇五年七月十九日

关于转发《国家发展改革委关于京珠国道主干线安阳至新乡公路改扩建工程可行性研究报告的批复》的通知

豫发改交通〔2005〕1650号

省交通厅：

现将《国家发展改革委关于京珠国道主干线安阳至新乡公路改扩建工程可行性研究报告的批复》转发给你们，请按照国家发展改革委要求，认真开展下阶段工作。请研究制定合理的施工方案，采取有效措施，尽量减少施工期间对交通的干扰和影响，确保公路运营安全。

二〇〇五年十一月十五日

关于报送京珠国道主干线安阳至新乡段改扩建项目工程可行性研究报告的请示

豫发改交通〔2004〕2147号

国家发展和改革委员会：

安阳至新乡高速公路是京珠国道主干线河南境内的一段，北与河北省境段相接，南接新乡至郑州段。

一、项目建设的必要性。

京珠国道主干线南北贯穿河南省中部，在省会郑州与连霍国道主干线相交，形成了河南省高速公路网的基本构架，具有十分重要的政治、经济意义。随着京珠国道主干线的全线贯通，必将在河南省交通运输及经济发展中显现更为突出的主动脉作用。2003年，全段平均日交通量达到18269pcu/日。目前，京石段已开始进行改扩建。安阳至新乡段是京珠国道主干线河南境最繁忙的路段，交通量年平均增长速度较大，2003年全线平均日交通量达到19000pcu/日。据测算，2010年该段高速公路交通量将达到35000辆/日，服务水平将低于二级。2010年之后，单从服务水平分析，已无法满足高速公路的要求。对该路段进行改扩建是区域经济发展对交通条件的客观需求，可缓解路网中心压力，满足日益增长的交通量需求，是提高通道服务水平的需要，符合经济和交通发展的客观规律。

二、本项目基本在原路基础上进行加宽扩建，路线走向与老路相同，起自河南、河北两省交界的安阳市西灵芝附近，接河北境段，向南经安阳东、汤阴东、鹤壁东、淇县东、卫辉东，止于新乡市东北，与新乡至郑州高速公路相接。路线全长约113.2公里。

三、建设标准及主要工程数量。

根据项目在路网中的地位及作用，结合未来年份交通量发展预测和道路通行能力分析，考虑沿线地形、地貌，本项目拟按八车道标准进行加宽，计算行车速度120公里/小时，路基宽42米，其中行车道宽2×4×3.75米，中央分隔带宽3.0米，左侧路缘带宽2×0.75米，硬路肩宽2×3.0米，土路肩宽2×0.75米。路面面层采用沥青混凝土结构。桥涵设计荷载采用公路—Ⅰ级。其他技术指标均符合《公路工程技术标准》(JTG B01—2003)中的规定。

全线改造互通式立交7处，加宽公路分离式立交46处，加宽大桥46座、中小桥36座，接长通道158处、涵洞159道，改造服务区2处。

四、投资估算及资金来源。

本项目估算总投资约27.4亿元，其中项目资本金9.6亿元(占总投资的35%)，申请中央车购税补助5.7亿元，河南高速公路发展有限责任公司自筹3.9亿元；其余17.8亿元申请国内银行贷款。

五、建设工期及项目实施。

本项目建设工期30个月。由河南高速公路发展有限责任公司负责项目的筹资、建设和经营管理，以收取的车辆通行费偿还贷款。

六、国民经济及财务评价。

根据国家颁布的《建设项目经济评价方法与参数》计算，本项目经济内部收益率为17.70%，经济效益费用比1.63，经济净现值151071.8万元，投资回收期13.90年。在项目效益下降20%、建设费用上升20%的最不利情况下，经济内部收益率达到13.02%，高于12%的基准收益率，说明项目未来有较稳定的国民经济效益。

本项目财务内部收益率5.92%，财务收益费用比1.20，财务净现值95810.25元，财务回收期20.47年。在项目收费额减少10%、扩建费用增加10%的不利假设条件下，财务内部收益率为4.45%，高于3.75%的基准收益率，说明项目具有基本的财务稳定性。

根据《国务院关于投资体制改革的决定》规定，现将该项目的《工可报告》呈上，请依据有关规定，予以核准。

二〇〇四年十一月十九日

关于报送安阳至新乡高速公路改建工程可行性研究报告的函

豫交计〔2004〕316号

省发改委：

京珠国道主干线安阳至新乡高速公路是国家高速公路网及河南省高速公路网主骨架的重要组成部分。根据目前的运营现状和未来经济发展对交通的需求，按照省政府领导的指示精神，河南高速公路发展有限责任公司委托设计单位编制完成了《京珠国道主干线安阳至新乡高速公路改扩建工程可行性研究报告》（以下简称《工可报告》）。现将我厅意见及《工可报告》随函报送。

一、项目建设的必要性

京珠（连霍）国道主干线南北（东西）贯穿河南省中部，位于107国道以东（310国道以北），沿线为河南省经济最活跃的城市带，在省会郑州市东北部两条高速公路主干线相交，具有连南贯北、承东启西的重要作用。它不仅是国家规划的“五纵、七横”国道主干线的重要路段，而且是河南省高速公路网的主通道、主骨架，具有十分重要的政治、经济及战略意义。1999—2003年京珠高速河南全境交通量年平均增长率为3.71%，2003年平均日交通量达到18269辆（小客车）/日，局部路段已达到26694辆（小客车）。随着京珠高速公路的全线贯通，河南境段作为连南贯北的交通枢纽，过境交通压力日显突出，若不提前考虑主通道未来极大的交通需求，势必造成中原交通时瓶颈效应。因此，改建京珠（连霍）国道主干线是通道交通量快速增长的需要，是提高河南省高速公路网服务水平的需要，是区域经济发展的客观要求。

二、建设方案及建设规模

《工可报告》提出了新建四车道高速公路复线和原路改扩建为标准八车道两种方案。经比选论证，我厅同意《工可报告》推荐的在原路基础上加宽扩建的建设方案。此方案可以充分挖掘公路通道的运输潜力，有利于吸引交通量，对沿线城市远期发展有利，路网布局合理，尤其是占用土地较少，对环境影响较小，节省投资，经济效益较好，其综合优势较大。根据交通量发展预测和道路通行能力分析，考虑沿线地形、地貌及现有道路的技术等级，同意一次性加宽为双向标准八车道高速公路，设计速度120公里/小时，路基宽度42米，沥青混凝土路面。桥涵设计汽车荷载等级采用公路—Ⅰ级。其他技术指标符合交通部颁发的《公路工程技术标准》（JTG B01—2003）中的规定。

全线加宽大桥46座，中小桥36座；改造互通式立交7座，其中一座为枢纽立交；加宽公路分离式立交46座；接长通道158道，涵洞159道；改造服务区2处等必要的交通工程。

三、投资估算

本项目估算投资27.4亿元（含建设期贷款利息）。建设资金由河南高速公路发展有限责任公司自筹解决。

四、经济、财务评价

该项目经济、财务评价依据国家现行有关办法编制，方法正确。敏感性分析表明，该项目经济收益和财务收益均能够满足投资与效益双向10%的不利变化，具有较好的经济效益和一定的抗风险能力，在经济上是可行的。

五、建设工期

项目建设工期为3年。

附件：

《京珠国道主干线安阳至新乡高速公路改扩建工程可行性研究报告》（略）

二〇〇四年九月十日

关于报送《安阳至新乡高速公路改扩建工程可行性研究报告》的请示

豫高司〔2004〕439 号

河南省交通厅：

为落实省厅关于安阳至新乡高速公路改扩建计划，根据工程前期进展情况，我公司已委托河南省交通规划勘察设计院编制完成《安阳至新乡高速公路改扩建工程可行性研究报告》，经我公司审核后认为《工可报告》符合规范要求，现上报省厅审批。

当否，请批示。

二〇〇四年八月十一日

关于报送《京港澳高速公路安阳至新乡段改扩建工程可行性研究补充报告》的请示

豫安新改建〔2006〕66号

河南高速公路发展有限责任公司：

京港澳高速公路安阳至新乡段是国家高速公路路网规划及河南省公路网主骨架的重要组成部分。2004年已编制完成并上报《京珠国道主干线安阳至新乡段高速公路改扩建工程可行性研究报告》及《补充材料》。

在设计过程中，两家设计单位汲取国内同类项目经验，结合安新高速公路改扩建项目的具体情况，根据对现有道路的检测、评定报告和保通专题研究报告，确定了项目中的工程方案、交通组织措施；另外，近期钢材、沥青等建筑材料的价格发生较大波动，而且中国人民银行也于2006年调整了贷款利率。由于以上方面原因，将使项目建设投资发生较大幅度的上升。根据目前实际情况，我项目部委托河南省交通规划勘察设计院编制完成《京港澳高速公路安阳至新乡段高改扩建工程可行性研究补充报告》，现呈请上报。

妥否，请批示！

二〇〇六年七月二十一日

关于京港澳高速公路鹤壁服务区改扩建工程项目申请报告核准的批复

豫发改基础〔2010〕1470号

省交通运输厅：

你厅《关于报送京港澳高速公路安阳至新乡段鹤壁服务区改扩建工程项目申请报告的函》（豫交规划〔2010〕260号）收悉。现就该项目核准通知如下：

一、为提高京港澳高速公路整体服务水平，同意对鹤壁服务区进行改扩建。

二、主要建设内容：项目总建筑面积14452平方米，其中新建9222平方米、改造5230平方米；道路及停车场面积117153平方米；绿化面积57500平方米及其他场区工程、配套设施。

三、项目法人为河南高速公路发展有限责任公司。

四、投资估算及资金来源：项目估算总投资13804万元，由项目法人负责筹措。

五、同意项目法人采取公开招标方式，自行组织项目勘察、设计、施工、监理及设备、重要材料采购的招标。招标公告须在省指定媒体发布。招投标情况报我委及有关行政监督部门备案。

六、核准项目的相关附件分别是国土资源部《关于京珠国道主干线安阳至新乡高速公路改扩建工程建设用地的批复》（国土资函〔2008〕166号）、环保部《关于京珠国道主干线安阳至新乡高速公路改扩建工程环境影响报告书审查意见的复函》（环审〔2005〕253号）、河南省住房和城乡建设厅建设项目选址意见书（选字第410000201000003号）等。

七、如需对本项目核准文件所规定的有关内容进行调整，应及时以书面形式向我委报告，并按照有关规定办理。

八、本核准文件有效期限为两年，自项目核准之日起计算。如在核准文件有效期内未开工建设，应在核准文件有效期届满30日前向我委申请延期。如项目在核准文件有效期内未开工建设也未申请延期，或虽提出延期申请但未获批准，本核准文件自动失效。

请据此抓紧开展项目前期工作，按照国家和省基本建设的有关规定，落实有关建设条件，争取尽，快开工建设。

附件：

项目招标方案核准意见

二〇一〇年九月二十七日

附件

项目招标方案核准意见

建设项目名称:京港澳高速公路鹤壁服务区改扩建工程

	招标范围		招标组织形式		招标方式		不采用招标方式	投资估算（万元）
	全部招标	部分招标	自行招标	委托招标	公开招标	邀请招标		
勘察	核准		核准		核准			
设计	核准		核准		核准			
施工	核准		核准		核准			
监理	核准		核准		核准			
设备	核准		核准		核准			
重要材料	核准		核准		核准			
其他								
招标公告发布媒介				中国采购与招标网、中国交通报、河南日报				
招标代理机构（采用委托招标方式）								

审批部分核准意见说明：

二〇一〇年九月二十七日

关于京港澳高速公路安阳至新乡段鹤壁服务区改扩建工程项目申请报告审查意见的函

豫交规划〔2010〕260 号

省发展和改革委员会：

河南高速公路发展有限责任公司委托河南省交通规划勘察设计院有限责任公司编制完成了《京港澳高速公路安阳至新乡段鹤壁服务区改扩建工程可行性研究报告》并上报我厅。经审查，现将我厅审查意见函告如下：

一、项目建设的必要性。

随着京港澳高速公路安阳至新乡段主线改扩建工程的实施，该段高速公路交通量将逐年增大，沿线设施的服务水平也需要不断提高。目前该服务区占地面积小，加油站、停车场等设施的位置布局不合理，时常发生服务区内加油排队、车辆拥堵等混乱现象，直接影响了我省高速公路的服务质量。为此，急需对鹤壁服务区进行改扩建，以缓解现有服务区的拥堵状况。

二、建设内容。

该项目总建筑面积 14452 平方米（含改造原有建筑 5230 平方米），道路及停车场面积为 117153 平方米，绿化面积为 57500 平方米，其他场区工程及配套设施等详见附表（鹤壁服务区改扩建工程主要工程数量表）。

三、占地规模。

该项目在原分离式服务区位置进行改扩建。改扩建后服务区总面积 304.3 亩，其中：服务区原有占地 76 亩，新增占地 228.3 亩。

四、投资估算及来源。

该项目总投资估算为 13804 万元，详见鹤壁服务区改扩建工程估算汇总表。

五、该项目法人为河南高速公路发展有限责任公司。

六、该项目的建设招标活动按国家和省有关规定执行。

以上建议如无不妥，请尽快批复。

二〇一〇年七月二十七日

鹤壁服务区主要工程数量表

序　号	工程名称	单　位	数　量
一	房屋建筑工程		
1	综合楼新建	m^2	2×1920
2	综合楼新建	m^2	2×2615
3	职工宿舍楼新建	m^2	2988
4	综合机房(含垃圾中转库)	m^2	2×305
5	维修车库	m^2	2×302
6	加油站房屋	m^2	2×200
7	加油站天棚(投影面积)	m^2	2×883
二	道路工程		
8	通道	座	1
9	地方道路改移	m	878
三	场区工程		
10	洗检车台	座	2
11	降温通道	座	2
12	蓄水池	m^2	2×140
13	围墙	m	1706
14	道路、停车场	m^2	105541
15	楼前广场	m^2	11612
16	场区填料	m^3	151260
17	绿化	m^2	57500
18	高杆灯	项	8
19	水井、水池、设备基础	套	2
20	管网及供电线路	套	2
四	水、电设备	处	2
21	污水处理及配套设备	座	2
22	空调系统	m^2	12683
五	占地		304.3
23	服务区新增占地	亩	228.3
24	服务区原有占地	亩	76

鹤壁服务区改扩建工程估算汇总表

序号	工程或费用名称	单位	数量	单价(元)	合计(万元)	备注
一	建筑安装工程费				7657.75	
(一)	通道	处	1	940147	94.01	
(一)	地方道路改移	km	0.878	514321	45.16	
(三)	建筑物				2352.96	
1	新建综合楼	m^2	3840	2200	844.80	框架结构
2	改建综合楼	m^2	5230	1000	523.00	框架结构
3	新建宿舍楼	m^2	2988	2000	597.60	
4	综合机房	m^2	610	1300	79.30	2个
5	维修车库	m^2	604	1300	78.52	2个
7	室外公厕	m^2	120	1500	18.00	4个
8	加油站房	m^2	440	1200	52.80	2个
9	加油站天棚	m^2	1766	900	158.94	2个
(四)	场区工程				4781.10	
1	围墙(含挡墙基础)	m	1706	700	119.42	
2	降温池	处	2	200000	40.00	
3	检车台	处	2	20000	4.00	
4	道路、停车场沥青路面	m^2	103605	260	2693.73	
5	道路、停车场水泥混凝土路面	m^2	1936	200	38.72	
6	楼前广场铺地	m^2	11612	160	185.79	
7	体育用地	m^2	750	390	29.25	
8	绿化	m^2	57500	60	345.00	场区景观绿化
9	场区识认系统及标线	项	1	1000000	100.00	
10	水井、水池、设备基础	个	2	372500	74.50	
11	室外上下水管网	套	2	2350000	235.00	
12	供电管网	套	2	550000	110.00	
13	场区填土	m^3	151260	44	610.29	
14	高杆灯、中杆灯等灯具	项	1	19564000	195.40	
(五)	原有建筑物拆除费用	项	1	3672300	367.23	
(六)	施工技术装备费等	项	1	172815	17.28	
二	安装的设备				2158.72	
1	中水回用系统	套	2	1000000	200.00	含污水设备
2	多联式空调系统	m^2	12683	350	443.91	
3	水电设备	项	1	2940000	294.00	
4	加油站设备及安装	项	1	2152000	215.20	
5	弱电、监控及安防系统	项	1	4000000	400.00	
6	太阳能热水系统	项	1	803000	80.30	
7	办公、生活用品设备费	项	1	2800000	280.00	

续上表

序号	工程或费用名称	单位	数量	单价(元)	合计(万元)	备注
8	餐具、卫生用品购置费	项	1	2453100	245.31	
一、二部分合计					9816.46	
三	工程建设其他费				724.76	
1	建设单位管理费				330.26	
2	建设项目前期工作费				314.50	
3	专项评价费				10.00	
4	保通费用				50.00	
5	保经营费用				20.00	
四	征地、拆迁、平整费	135.2 亩、平均每亩 8.43 万元			1563.93	
五	建设期货款利息				448.12	
一、二、三、四部分合计					12105.15	
六	预备费				1087.66	
估算总计					13640.93	

关于京港澳高速公路安阳服务区改扩建工程项目申请报告核准的批复

豫发改基础〔2010〕1471 号

省交通运输厅：

你厅《关于报送京港澳高速公路安阳至新乡段安阳服务区改扩建工程项目申请报告的函》（豫交规划〔2010〕261 号）收悉。现就该项目核准通知如下：

一、为提高京港澳高速公路整体服务水平，同意对安阳服务区进行改扩建。

二、主要建设内容：项目总建筑面积 12813 平方米，其中新建 9857 平方米、改造 2956 平方米；道路及停车场面积 123484 平方米；绿化面积 59600 平方米及其他场区工程、配套设施。

三、项目法人为河南高速公路发展有限责任公司。

四、投资估算及资金来源：项目估算总投资 13479 万元，由项目法人负责筹措。

五、同意项目法人采取公开招标方式，自行组织项目勘察、设计、施工、监理及设备、重要材料采购的招标。招标公告须在省指定媒体发布。招投标情况报我委及有关行政监督部门备案。

六、核准项目的相关附件分别是国土资源部《关于京珠国道主干线安阳至新乡高速公路改扩建工程建设用地的批复》（国土资函〔2008〕166 号）、环保部《关于京珠国道主干线安阳至新乡高速公路改扩建工程环境影响报告书审查意见的复函》（环审〔2005〕253 号）、河南省住房和城乡建设厅建设项目选址意见书（选字第 410000201000003 号）等。

七、如需对本项目核准文件所规定的有关，内容进行调整，应及时以书面形式向我委报告，并按照有关规定办理。

八、本核准文件有效期限为两年，自项目核准之日起计算。如在核准文件有效期内未开工建设，应在核准文件有效期届满 30 日前向我委申请延期。如项目在核准文件有效期内未开工建设也未申请延期，或虽提出延期申请但未获批准，本核准文件自动失效。

请据此抓紧开展项目前期工作，按照国家和省基本建设的有关规定，落实有关建设条件，争取尽快开工建设。

附件：

项目招标方案核准意见

二〇一〇年九月二十七日

附件

项目招标方案核准意见

建设项目名称:京港澳高速公路安阳服务区改扩建工程

	招标范围		招标组织形式		招标方式		不采用招标方式	投资估算(万元)
	全部招标	部分招标	自行招标	委托招标	公开招标	邀请招标		
勘察	核准		核准		核准			
设计	核准		核准		核准			
施工	核准		核准		核准			
监理	核准		核准		核准			
设备	核准		核准		核准			
重要材料	核准		核准		核准			
其他								
招标公告发布媒介	中国采购与招标网、中国交通报、河南日报							
招标代理机构(采用委托招标方式)								

审批部门核准意见说明:

二〇一〇年九月二十七日

关于京港澳高速公路安阳至新乡段安阳服务区改扩建工程项目申请报告审查意见的函

豫交规划〔2010〕261 号

省发展和改革委员会：

河南高速公路发展有限责任公司委托河南省交通规划勘察设计院有限责任公司编制完成了《京港澳高速公路安阳至新乡段安阳服务区改扩建工程项目申请报告》并上报我厅。经审查，现将我厅审查意见函告如下：

一、项目建设的必要性。

随着京港澳高速公路安阳至新乡段主线改扩建工程的实施，该段高速公路交通量将逐年增大，沿线设施的服务水平也需要不断提高。目前该服务区占地面积小，加油站、停车场等设施的位置布局不合理，时常发生服务区内加油排队、车辆拥堵等混乱现象，直接影响了我省高速公路的服务质量。为此，急需对安阳服务区进行改扩建，以缓解现有服务区的拥堵状况。

二、建设内容。

该项目总建筑面积 12813 平方米（含改造原有建筑 2956 平方米），道路及停车场面积为 123484 平方米，绿化面积为 59600 平方米，其他场区工程及配套设施等详见附表（安阳服务区改扩建工程主要工程数量表）。

三、占地规模。

该项目在原分离式服务区位置进行改扩建。改扩建后服务区总面积 314.3 亩，其中：服务区原有占地 144 亩，新增占地 170.3 亩。

四、投资估算及来源。

该项目总投资估算为 13479 万元，详见安阳服务区改扩建工程估算汇总表。

五、该项目法人为河南高速公路发展有限责任公司。

六、该项目的建设招标活动按国家和省有关规定执行。

以上建议如无不妥，请尽快批复。

二〇一〇年七月二十七日

安阳服务区主要工程数量表

序　号	工程名称	单　位	数　量
一	房屋建筑工程		
1	新建综合楼	m^2	2×2550
2	改建综合楼	m^2	2×1478
3	职工宿舍楼新建	m^2	2983
4	综合机房(含垃圾中转库)	m^2	2×305
5	维修车库	m^2	2×302
6	加油站房屋	m^2	2×200
7	加油站天棚(投影面积)	m^2	2×886
二	道路工程		
8	匝道		
9	地方道路改移	m	320
三	场区工程		
10	洗检车台	座	2
11	降温通道	座	2
12	蓄水池	m^2	2×140
13	围墙	m	1690
14	道路、停车场	m^2	112391
15	楼前广场	m^2	11093
16	场区填土	m^2	151260
17	绿化	m^2	59600
18	高杆灯	项	8
19	水井、水池、设备基础	套	2
20	管网及供电线路	套	2
四	水、电设备	处	2
21	污水处理及配套设备	座	2
22	空调系统	m^2	11649
五	占地		314.3
23	服务区新增占地	亩	170.3
24	服务区原有占地	亩	144

安阳服务区改扩建工程估算汇总表

序号	工程或费用名称	单位	数量	单价(元)	合价(万元)	备注
一	建筑安装工程费				7884.21	
(一)	地方道路改移	km	0.32	488041	15.62	
(二)	建筑物				2401.76	
1	新建综合楼	m^2	5100	2200	1122.00	框架结构
2	改建综合楼	m^2	2956	1000	295.60	框架结构
3	新建宿舍楼	m^2	2983	2000	596.60	
4	加油站房	m^2	400	1300	52.00	2个
5	加油站天棚	m^2	1766	900	158.94	2个
6	维修车库	m^2	604	1300	78.52	2个
7	综合机房	m^2	610	1300	79.30	2个
8	室外公厕	m^2	120	1500	18.00	
(三)	场区工程				5016.20	
1	围墙(含挡墙基础)	m	1690	700	118.30	
2	降温池	处	2	200000	40.00	
3	检车台	处	2	20000	4.00	
4	道路、停车场沥青路面	m^2	110215	260	2865.59	
5	道路、停车场水泥混凝土路面	m^2	2176	200	43.52	
6	楼前广场铺地	m^2	11093	160	177.49	
7	体育用地	m^2	750	390	29.25	
8	绿化	m^2	59600	60	357.60	场区景观绿化
9	场区识认系统及标线	项	1	1000000	100.00	
10	水井、水池、设备基础	个	2	372500	74.50	
11	室外上下水管网系统	套	2	1175000	235.00	
12	供电管网	套	2	550000	110.00	
13	场区填土	m^3	151260	44	665.35	
14	高杆灯、中杆灯等灯具	项	1	1956000	195.60	
(四)	原有建筑物拆除费用	项	1	4492560	449.26	
(五)	施工技术装备费等	项	1	13744	1.37	
二	安装的设备				2101.14	
1	中水回用系统	套	2	1000000	200.00	含污水设备
2	多联式空调系统	m^2	11649	350	407.72	
3	水电设备	项	1	2940000	294.00	
4	加油站设备及安装	项	1	2152000	215.20	
5	弱电、监控及安防系统	项	1	400000	400.00	
6	太阳能热水系统	项	1	796400	79.64	
7	办公、生活用品设备费	项	1	2800000	280.00	

续上表

序号	工程或费用名称	单位	数量	单价(元)	合价(万元)	备注
8	餐具、卫生用品购置费	项	1	2245800	224.58	
一、二部分合计					9985. 34	
三	工程建设其他费				731.39	
1	建设单位管理费				336.89	
2	建设项目前期工作费				314.50	
3	专项评价费				10.00	
4	保通费用				50.00	
5	保经营费用				20.00	
四	征地、拆迁、平整费	170.3 亩、平均每亩 7.31 万元			1244.96	
五	建设期货款利息				442.76	
一、二、三、四部分合计					11961.69	
六	预备费				1074.75	
估算总计					13479.20	

关于报送《北京—港澳高速公路安阳至新乡段安阳服务区改扩建工程可行性研究报告》和《北京—港澳高速公路安阳至新乡段鹤壁服务区改扩建工程可行性研究报告》的请示

豫安新改建〔2009〕154 号

河南高速公路发展有限责任公司：

根据工作安排,我项目部已委托河南省交通勘察设计院有限责任公司编制完成《北京—港澳高速公路安阳至新乡段安阳服务区改扩建工程可行性研究报告》和《北京—港澳高速公路安阳至新乡段鹤壁服务区改扩建工程可行性研究报告》,经我项目部认真审核后认为《工可报告》符合规范要求,现将《工可报告》上报省公司。

妥否,请批示。

二〇〇九年七月三十一日

关于京珠国道主干线安阳至新乡段高速公路改扩建项目可行性研究报告的咨询评估报告

咨交通〔2005〕375号

【内容提要】安阳至新乡高速公路是国务院审批通过的国家高速公路"7918"网中之一纵京—港澳国家高速公路(京珠国道主干线)的组成部分,在河南省乃至整个中原地区的公路运输网中占有重要地位。该段高速公路1997年建成,为四车道高速公路,路基宽度26米。近几年交通量增长较快、大吨位和超载货车增多,导致安新高速公路损坏严重,服务水平下降较快。2004年该路全线平均日交通量已达20896辆(小客车,下同),评估重点分析了该项目的交通量,并对通行能力进行了详细分析,如不进行改扩建,现有公路将在2010年前后降到规定的高速公路二级服务水平以下。为适应交通量的日益增长,提高道路通行能力,结合现有高速公路的全面整修,实施该项目是迫切的。拟建项目起于京—港澳高速公路冀豫两省交界的西灵芝主线收费站,终于新乡市接新建的新乡至郑州高速公路,路线全长约113.17公里。采用原路改扩建方案,将现有的四车道高速公路两侧加宽成为一条整体式的八车道高速公路,设计速度采用120公里/小时,路基宽度采用42米,全线改扩建大中桥46厘、互通立交7处、服务区2处。工期36个月。项目占地349.14公顷,评估调整后的总投资为31.68亿元。资本金11.08亿元由项目业主河南高速公路发展有限责任公司自筹,其余资金由中国工商银行贷款,建设资金基本落实。经测算,项目国民经济效益和财务效益均较好。该项目的环评报告正在编制中,未经国家环保总局审批,项目用地符合国家产业政策和供地政策,目前还没有国土资源部对该项目建设用地的预审意见。

评估建议:充分吸取国内外高速公路改扩建工程的实践经验,并结合该项目的具体情况,对地基处理、路基、桥涵结构物的拼接,路面结构;沥青再生等技术难点展开专题研究;深入研究具体的施工组织方案,以确保工程质量和施工安全,缩短工期,节省投资,并尽量减少对交通的干扰和影响。

国家发展和改革委员会:

受贵委委托,我公司对《京珠国道主干线安阳至新乡段高速公路改扩建项目可行性研究报告》(简称《可研报告》)进行了咨询评估,现将主要意见报告如下:

一、建设的必要性

1.拟建项目在国家和区域高速公路网中占有重要地位

安阳至新乡高速公路是国务院审批通过的国家高速公路"7918"网中之一纵京—港澳国家高速公路(京珠国道主干线)的组成部分。京—港澳高速公路是我国交通量最大的公路通道之一,全长2285公里,其中北京至广州段已建成高速公路。京—港澳高速公路在河南省境内全长529公里,自北向南贯穿安阳市、鹤壁市、新乡市、郑州市、许昌市、漯河市、驻马店市、信阳市，是河南省高速公路网的主骨架之一，承担着大量的过境交通量，在河南省乃至整个中原地区的公路运输网中占据重要地位。

安新高速公路北接京—港澳高速公路河北境段，南连新乡至郑州段，位于京—港澳高速公路的中部，交通源广泛、地理位置重要，是全国性的重要路段，在国家高速公路网和河南省高速公路主骨架中发挥着重要作用。

2.提高道路通行能力，满足日益增长的交通量需求

安阳至新乡高速公路是京—港澳高速公路河南境最繁忙的路段之一，也是交通量年均增长最快的路段之一，2004 年全线平均日交通量达 20896 辆，比上年增长 10%，其中货车占 75%，客车占 25%。交通量的快速增长以及大型货车的增多使服务水平大大降低，小车平均车速仅为 75 公里/小时，大车为 58 公里/小时。

据预测，安新高速公路 2010 年、2027 年的平均日交通量将分别达到 34720 辆、81340 辆。按照安新高速公路目前的技术标准和车型结构测算，如不适时进行改扩建，现有四车道高速公路的服务水平在 2010 年前后将降到规定的服务水平下限，即车速大大低于设计速度，交通出现拥挤，超车需求超过超车能力导致超车困难。

3.原有路面临近全面整修，实施改扩建工程可一举两得

现有安新高速公路 1997 年 11 月建成通车，全长 122 公里，设计速度为 120 公里/小时，路基宽 26 米。由于近几年大吨位和超载货车增多等原因，安新高速公路路面和桥面铺装损坏严重、小修小补年年不断。2002 年和 2003 年两年路面维修面积 19 万平方米，其中 95%在右侧车道上，说明重车对路面破坏严重。2002 年和 2003 年桥面维修达 95 座，占桥梁总量的 65%。从通车至 2004 年 8 月，路面维修总面积达 40 万平方米，其中 80%为右侧车道，占右侧车道总面积的 37%。根据河南省公路检测中心的检测报告，为了提高路面强度，需对上行 84 公里、下行 20 公里进行维修，说明近期必须对安新高速公路路面进行大规模翻修。此时结合大修进行旧路改扩建工程，一方面可以合理地就近利用老路挖出的下料（初步测算可利用路面废料 809 千立方米），较好地解决大量路面废料的堆弃问题；另一方面也可以节约一部分投资，对于合理利用资源、保护生态环境、减少占用土地等方面都具有积极的意义。

4.改扩建工程的实施需要适度提前

从施工组织安排和通道交通量分析，如果在交通量达到饱和时进行改扩建，若采用封路修建的方法，巨大的交通流量将使基本饱和的 G107 等分流道路无法承担；若不封路修建；将使施工相当困难。因此，在安阳至新乡高速公路交通量即将饱和时进行改扩建，将最大可能地避免出现上述问题。

综上所述，评估认为现在提出对京珠国道主干线安阳至新乡段进行改扩建不仅是必要的，而且也是迫切的。

二、交通量预测

《可研报告》收集了大量社会经济和交通运输等方面的资料，并在开展 OD 调查的基础上，采用“四阶段法”对该项目进行交通量预测。《可研报告》提出的 2027 年各路段设计交通量预测结果为 74644~88778 辆/日，全线平均 81574 辆/日。

评估认为，《可研报告》的预测方法和思路正确。但也存在未充分考虑大庆至广州、二连浩特至广州两条高速公路的实施及京广铁路扩能的实施对该项目可能带来的影响；在总预测交通量中包含了不应该计入的诱增交通量及采用的交通量数据较为陈旧等问题。评估核减了诱增交通量，对路网及公铁关系进行了分析，并采用最新的交通量数据进行预测，调整

后的交通量见表1。

交通量预测结果汇总表 单位:辆/日(小客车) 表1

通道＼年份	2007	2010	2020	2027
安新高速	27263	34720	62240	81340
G107	12058	13314	15736	17553
通道合计	39321	48033	77976	98893

三、建设方案

1.车道数的确定

《可研报告》根据交通量的预测结果以及高速公路对服务水平的要求,并综合考虑该项目在国家与河南省高速公路网中的功能与作用,建议该项目按照8个车道的高速公路标准进行改扩建。

评估根据交通量预测结果及车型构成,采用多种方法对该项目扩建为六车道和八车道高速公路的服务水平进行了测算,测算结果如下:

如扩建为六车道高速公路,到2017年就将达到规定的服务水平下限。

如扩建为八车道高速公路,到2026年才达到规定的服务水平下限。

评估认为,《可研报告》对该项目车道数的上述建议基本符合《公路工程技术标准》(JTG B01—2003)对高速公路服务水平的要求,并考虑到该项目的国道主干线功能,因此按照8个车道的高速公路标准进行改扩建是合适的。

2.新建方案与改扩建方案比选

《可研报告》对该项目原路加宽与另辟新线从社会经济效益,路网布局,通行能力、对沿线城市发展的影响,占用土地及环境保护,地形条件及工程投资,技术方案及实施的难易程度等方面进行了综合比较论证(见表2)。

原路扩建与新建四车道高速公路复线比较表 表2

比较内容	新建四车道高速公路复线	原路改扩建为八车道
社会效益	形成新的经济带,增加辐射面。公路走廊资源浪费,社会效益较差	充分发挥通道占用效益,提高通道潜在运输能力。社会效益较好
路网布局与结构	增加路网密度,提高运能。路网布局不尽合理,影响区重复叠加	提高路网结构达到提高通行能力。路网布局较为合理,避免重复建设
通行能力与交通安全	总通行能力较大。大小型车辆混杂行驶,行车、超车受到较大干扰,平均行驶速度明显降低。对行车安全不利	总通行能力较小(减少15%)。可按车型、车速分道行驶,相互干扰小,平均行驶速度高。对行车安全及顺畅快捷通行有利
占用土地及环保	约为改扩建方案的2.2倍	新增占地5237亩,占地、拆迁较少,有利于环境保护
地形条件	位于山前区,沿线地形、地质条件较为复杂,工程量较大	利用原有公路的线形,地形条件好,工程量小
技术方案和实施难易程度	不存在技术难点,设计、施工、质量保证措施相对简单,不影响现有交通	路基、路面、桥涵、立交的拼接,互通式立交的改造,施工中的交通组织等方面难度相对较大

续上表

比较内容	新建四车道高速公路复线	原路改扩建为八车道
对现有交通的影响	基本可避免对老路交通的影响	在施工中因为涉及路基、路面、桥涵构造物的拼接，互通式立交的改造及原路面的大修补强，必将对老路的通行造成影响
建设里程	路线全长约 113.705 公里，其中改扩建 37.35 公里，新建复线 76.355 公里	改扩建总长 113.17 公里
投资估算	约为改扩建方案的 1.2 倍	总投资 31.68 亿元(包括老路处理)
经济评价指标	指标相对较低，国民经济和财务效益相对较差	指标相对较高，国民经济和财务效益较好
结论	比较方案	推荐采用方案

经综合比较：虽然新建四车道高速公路可以形成新的经济带，在一定程度上带动经济的发展，并有利于减轻沿线主要城市的交通压力，提高公路密度，同时在设计、施工及质量保证措施等方面可以避免因改扩建而增加的难度，并避免了对现有高速公路通行造成的影响。但是原路改扩建方案有利于吸引交通量，路网布局合理，且工程造价仅为新建方案的 83%，节约用地(占地仅为新建方案的 46%)，社会经济效益好，综合优势较大。

3.扩建方案

针对原路加宽方案，《可研报告》先进行了整体式路基与分离式路基两大方案的比较，然后对整体式路基两侧加宽方案与一侧加宽方案进行比选，最终推荐采用以两侧加宽的整体式路基为主的方案。

评估认为分离式路基施工期间可避免对现有高速公路通行影响，避免了路基、路面、桥涵、立交的拼接以及互通式立交改造的技术难点，但是具有占地多、工程量大，拆迁量大，对环境影响较大，路基间排水困难等缺点。而整体式路基具有占地少、拆迁少、对环境影响小等优点，具有明显的综合优势，因此《可研报告》推荐的整体式路基改扩建方案是合适的。

关于整体式路基加宽方案，《可研报告》分析认为：现有安新高速公路路基高度一般在 3~6 米，坡脚外占地界 3 米，占地界外有 5~10 米绿化带，所以高速公路占地边线距路肩边缘一般大于 8 米，在 8~12 米之间，为双侧加宽的实施提供了有利条件，因此推荐两侧加宽方案。

路基双侧加宽方案占地和拆迁量相对较少，而且横向按原路横坡顺接比较方便。而单侧加宽必须调整原路基、桥梁横坡，工程量增加、拆迁费用增加，施工复杂，且单侧加宽原中央分隔带位于新路面的车道处，必须对原分隔带进行处理，新的中央分隔带处为了满足植树绿化，需将原有路面结构层挖除，重新埋设通信设施等要求。评估经综合分析认为，尽管两侧加宽的整体式路基方案的路基、桥梁的拼接存在一定的技术难度，并且对施工期间的交通保障要求也较高，但考虑到我国目前沈阳至大连、上海至南京、上海至杭州、杭州至宁波等高速公路的改扩建均采用两侧加宽的整式路基方案，有较丰富的经验可以借鉴，上述问题可以解决。双侧加宽方案比较合理。

四、技术标准与建设规模

1.技术标准

《可研报告》提出的该项目技术标准为：将现有的四车道高速公路两侧加宽成为一条整体式的八车道高速公路，设计速度采用 120 公里/小时，路基宽度采用 42 米，桥涵设计的汽车荷载采用公路—Ⅰ级。

综合考虑国家和河南省的公路网规划、该项目在公路网中的功能和作用、设计交通量的预测结果以及沿线的地形条件等因素，评估认为《可研报告》采用的主要技术标准是合适的。其他技术指标应符合交通部颁发的《公路工程技术标准》(JTG B01—2003)中的规定。

2.建设规模

该项目起自京—港澳高速公路冀豫两省交界的西灵芝主线收费站，顺现有高速公路经安阳东、汤阴东、鹤壁东、淇县东、卫辉东，止于新乡市东北接新乡至郑州高速公路，路线全长约113.17公里。由四车道扩建为八车道高速公路，路基宽从26米加宽到42米。全线加宽大中桥46座(含铁路高架桥一座)，改建互通立交7处(其中枢纽互通一处)，改造服务区2处。

五、施工组织与建设工期

1.施工期的交通保障措施

(1)施工期的绕行方案

《可研报告》提出该项目施工期内安阳至新乡南北通道内除京珠高速公路外，主要有G107线可供分流该项目交通量。G107线为二级公路，路面宽15~18米，穿越乡镇路段街道化严重，部分路段路面龟裂较为严重。2003年安阳至新乡段平均交通量为10673辆/日，根据交通量预测结果，2005—2007年改扩建项目实施期间，G107线交通量尚未完全饱和，仍可能分流部分南北向交通流。根据分流施工方案的安排，自北向南交通分流点确定在河北磁县互通立交处，自南向北交通分流点确定在新乡互通立交处。其他互通立交可作为辅助分流点。

(2)施工期间现有高速公路的交通分流措施

对施工期间的交通分流措施《可研报告》考虑了半幅货车分流方案、全幅货车分流方案、半幅全封闭方案和全幅全封闭方案等四种方案，并通过比较推荐采用半幅货车分流方案，即路面施工实行半幅施工，半幅通车，施工期的半幅在基层，底基层施工期间仅限制货车通行，在面层施工期间限制所有车辆通行。

评估认为《可研报告》提出的全封闭和全部货车分流方案由于分流路线单一；通道内交通量全部和大部分转移到分流的路线上，没有充分利用现有高速公路，将造成分流路线的交通压力过大，不宜采用。

半幅货车分流方案虽然分流时间较短，但对施工期安排有一定影响，车辆通行对施工有一定干扰，而且组织不好，容易出现安全隐患和交通阻塞；半幅封闭方案虽然分流时间有所增长，但对施工无影响，而且施工和行车安全性能较好，也便于管理。G107路线标准较高，有较强的分流能力，根据交通量预测，2006年路面施工期间的交通量，现有高速公路为25058辆，G107线为11895辆，半幅高峰分流量为10650辆，G107合计应承担22545辆，在正常情况下G107线是可以承担的。评估认为上述两方案各有利弊，建议该项目实施前，在调查国内类似工程的基础上，借鉴其成功经验，根据拟建项目的具体情况，深入研究施工期间的交通保障方案。

(3)施工组织方案

《可研报告》对施工组织方案提出了初步构想，评估认为所提出的原则，方案基本合理，但根据工作的不断深入及情况的变化，应结合实际情况进一步完善。施工组织方案直接影响到改扩建工程的质量，投资、工期、施工安全和交通保障，应予以高度重视。

2.施工工期

《可研报告》提出施工期为30个月,但考虑到改扩建工程工序繁杂,受干扰因素多,组织困难等情况,评估建议施工期以36个月为宜。

六、投资估算与资金筹措

1.投资估算

评估认为《可研报告》的投资估算编制办法和内容基本符合国家和河南省有关规定的要求,推荐方案全线的总投资估算为27.37亿元。评估调整后总投资为31.68亿元,其中建筑安装工程费23.66亿元,设备购置费0.35亿元,工程建设其他费用3.56亿元,建设期贷款利息1.63亿元,预备费2.48亿元。调整后的总投资比《可研报告》增加4.31亿元,调整的主要原因为:路基工程中处理特殊路基工艺改变,为加强路基质量新增冲击碾压等工艺,核增建安费1.91亿元;路面工程填料改变,核增1.35亿元;桥梁工程和交叉工程增补部分新老构造物相互衔接的工程措施费用,核增0.53亿元;设备及工具、器具购置费核减1.02亿元;核增征地、青苗等补偿和安置补助费0.93亿元;扣除重列的路面再生技术研究费和试验段研究费计0.11亿元;增加环保工程费0.03亿元;核增预备费0.33亿元;贷款利率调整,核增建设期贷款利息0.36亿元;建设单位管理费等均作了相应调整(见附表1)。

2.资金筹措

《可研报告》提出的资金筹措方案是:项目资本金11.08亿元(占总投资的35%)由项目业主河南高速公路发展有限责任公司自筹解决(该公司承诺资本金12.6亿元,河南省交通厅拟申请交通部专项资金5.7亿元),其余20.6亿元申请国内银行贷款(中国工商银行以工银贷函〔2005〕12号承诺23.3亿元)。

根据河南中信会计事务所有限公司对河南高速公路发展有限责任公司编制的会计报表的审计报告,截至2003年底,该公司资产总额约223亿元,负债约118亿元。据河南高速公路发展有限责任公司介绍该公司2004年通行费收入约40亿元,净利润约10亿元,预计2005年通行费收入将达44亿元左右,由此形成的净利润及固定资产折旧和对河南中原高速公路股份有限公司的投资收益,每年将形成的现金流将超过10亿元。评估认为河南高速公路发展有限责任公司是一家国有独资公司,主营高速公路等交通基础设施的开发建设、养护和经营管理,直接管辖高速公路866公里,负债率不超过60%,具有筹集该项目所需资本金的能力,因此该项目的建设资金基本落实。

七、环境影响及建设用地

该项目为改扩建项目,国家环保总局以环评函〔2004〕163号《关于安阳至新乡高速公路改扩建工程环评工作复函》中指出:"同意该工程环境影响评价工作直接进入环境影响报告书的编制阶段",根据该复函,河南省交通厅正在组织有关单位编制该项目的环境影响报告书。

初步测算该项目的用地为349.14公顷,其中:农用地340.26公顷(基本农田277.45公顷)、建设用地6.28公顷,未利用地2.60公顷。该项目用地未列入土地利用总体规划。2005年1月21日,河南省国土资源厅已向国土资源部上报了该项目建设用地的初审意见,目前还没有国土资源部对该项目建设用地的预审意见。

由于该项目是改扩建工程,原有高速公路已征用了部分土地,本次征地中基本农田所占比例较大,根据国土资源部国土发【2004】238号《关于完善征地补偿安置制度的指导意见》"经依法批准占用基本农田的,征地补偿按当地人民政府公布的最高补偿标准执行",评估根据上述精神，对《可研报告》的部分费用标准进行了调整，调整后采用的标准为：旱地 28000 元/亩，菜地 35000 元/亩，果园及林地 38000 元/亩，临时占地 3072 元/亩。土地开垦费 4000 元/亩，青苗补偿费 800 元/亩，安置补助费 17250 元/亩，耕地占用税 1067 元/亩，森林植被恢复费 5000 元/亩。按上述标准计算，需增加征地、青苗等补偿和安置补助费 0.93 亿元。

八、经济评价

1.国民经济评价

该项目国民经济评价采用有无对比法。项目评价期包括项目的建设期和建成后的预测年限，建设期为 2005—2007 年，营运期按规定取 20 年，评价期共 23 年。项目实施后，产生的国民经济效益主要有：运输成本节约效益、旅客时间节约效益、货物时间节约效益、减少事故损失的效益等。

该项目的国民经济内部收益率为 15.93%，高于 10% 的社会折现率，国民经济效益较好(附表 2)。

2.财务评价

(1)项目财务评价计算期为 23 年。

(2)考虑影响区有关公路的收费标准，同时结合影响区内国民经济发展水平，暂按 2007 年小客车 0.45 元/车・公里的收费标准(该项目改扩建前现行收费标准)进行财务评价。

(3)拟建项目养护费取 10 万元/公里，其后每年按 3.0% 的幅度递增；计划于 2016 年、2024 年进行两次大修，大修费以当年养护费的 13 倍列计。

经测算财务内部收益率为 8.29%，净现值为 229181 万元，投资回收期为 18.18 年，财务效益较好(附表 3)。

九、意见和建议

(一)意见

安阳至新乡段高速公路是京—港澳国家高速公路的重要组成部分，由于近几年交通量增长较快、大吨位和超载货车增多等原因，安新高速公路损坏严重，导致服务水平下降较快。为满足日益增长的交通量需求，提高道路通行能力，结合安新高速公路的全面整修，该项目的实施是迫切的。评估认为：拟建项目全长约 113.17 公里，改扩建现有四车道高速公路为八车道高速公路，设计速度采用 120 公里/小时，路基宽度采用 42 米，改扩建大中桥 46 座、互通立交 7 处的技术标准和建设规模是合适的；采用两侧加宽的建设方案是合理的。项目建设工期 26 个月。初步测算项目占地约 349.14 公顷，总投资约 31.68 亿元。资本金 11.08 亿元由项目业主河南高速公路发展有限责任公司自筹(含交通部专项资金)，其余资金由中国工商银行贷款，建设资金基本落实。经测算，项目国民经济效益和财务效益均较好。该项目的环评报告正在编制中，未经国家环保总局审批，项目用地符合国家产业政策，但项目用地未列入土地利用总体规划，目前还没有国土资源部对该项目建设用地的预审意见。

(二)建议

(1)充分吸取国内外高速公路改扩建工程的实践经验，并结合该项目的具体情况，对地基处理、路基、桥涵结构物的拼接，路面结构、沥青再生等技术难点展开专题研究。

(2)充分体现安全、耐久、环保、美观等设计理念，通过改扩建消除现有高速公路所存在的缺陷。

(3)深入研究具体的施工组织方案，以确保工程质量和施工安全，缩短工期，节省投资，并尽量减少对交通的干扰和影响。

(4)改扩建工程的路线起点为冀豫两省交界的西灵芝主线收费站,应与河北省交通规划部门协商。

(5)对于早期修建的高速公路,大都是交通繁忙的干线公路,随着交通量的较快增长,大部分已到了改建扩容阶段,建议河南省对相关路线进行整体规划,便于分段实施。

附表:

1.总投资估算对照表

2.国民经济效益费用流量表

3.全部投资财务现金流量表

附件:

评估人员名单

二〇〇五年四月十一日

附表 1

总投资估算对照表

建设项目名称：安阳至新乡高速公路改扩建工程

项	目	工程或费用名称	单位	数量	金额（万元）			技术经济指标（万元）		备注
					工可报告	评估	差额	工可报告	评估	
一		土地、青苗等补偿和安置补助费	公路公里	113.173	12838.75	22113.38	9274.63	113.44	195.39	
	1	土地、青苗等补偿	公路公里	113.173	9113.14	13292.04	4178.90	80.52	117.45	
	2	安置补助费	公路公里	113.173	3725.61	8821.36	5095.73	32.92	77.95	
二		建设单位管理费	公路公里	113.173	3573.06	4287.67	714.61	31.57	37.89	
	1	建设单位管理费	公路公里	113.173	692.44	830.93	138.49	6.12	7.34	
	2	工程质量监督费	公路公里	113.173	219.34	263.21	43.87	1.94	2.33	
	3	工程监理费	公路公里	113.173	2339.59	2807.51	467.92	20.67	24.81	
	4	定额编制管理费	公路公里	113.173	248.58	298.30	49.72	2.20	2.64	
	5	设计文件审查费	公路公里	113.173	73.11	87.73	143.62	0.65	0.78	
三		研究试验费	公路公里	113.173	1335.19	1696.47	361.28	11.80	14.99	
四		勘察设计费	公路公里	113.173	6790.38	6790.38	0.00	60.00	60.00	
九		建设期贷款利息	公路公里	113.173	13643.20	16348.02	3704.85	11.72	144.45	
		第一、二、三部分费用合计	公路公里	113.173	250718.40	291419.85	40701.45	2215.36	2574.99	
		预备费	公路公里	113.173	21426.77	24756.46	3329.69	189.33	218.75	
		路面再生技术研究费	公路公里	113.173	100.00	0.00	-100.00	0.88	0.00	
		5 公里试验段费用	公路公里	113.173	1000.00	0.00	-1000.00	8.84	0.00	
		环保工程费（含绿化）	公路公里	113.173	226.35	565.87	339.52	2.00	5.00	
		水土保持报告编制费	公路公里	113.173	50.00	0.00	-50.00	0.44	0.00	
		地质灾害危险性评估费	公路公里	113.173	60.00	0.00	-60.00	0.53	0.00	
		环境影响评价费	公路公里	113.173	60.00	0.00	-60.00	0.53	0.00	
		文物勘探处理费	公路公里	113.173	60.00	60.00	0.00	0.53	0.53	
		施工期间交通组织费	公路公里	113.173	0.00	0.00	0.00	0.00	0.00	
		投资估算总金额	公路公里	113.173	273701.52	316802.17	43100.66	2418.43	2799.27	
		平均每公路公里造价	万元		2418.43	2799.27	380.84			

附表 2

国民经济效益费用流量表

单位：万元

序号	项　　目	建　设　期		运　营　期									
		2005	2006	2007	2008	2009	2010	2011	2012	2013	2014	2015	2016
1	费用流量	84445.63	109955.25	84877.38	2495.76	2570.64	2647.76	2727.19	2809.00	2893.27	2980.07	3069.48	20531.29
1.1	建设费	84445.63	109955.25	84271.61									
1.2	运营管理费			339.52	1398.82	1440.78	1484.01	1528.53	1574.38	1621.61	1670.26	1720.37	1771.98
1.3	日常养护费			266.25	1096.95	1129.85	1163.75	1198.66	1234.62	1271.66	1309.81	1349.11	694.79
1.4	大修费												18064.52
1.5	残值(负值)												
2	效益流量			3326.62	17733.99	23317.45	30343.93	38109.36	44505.74	50230.53	57498.37	66833.23	59344.15
2.1	节约运输成本效益			2545.96	14270.49	19455.24	26011.22	33324.49	39231.04	44294.57	50694.23	58860.38	52131.39
2.2	节约旅客时间效益			120.63	624.62	802.21	1023.90	1271.59	1560.62	2029.47	2690.63	3636.03	3778.25
2.3	节约货物时间效益			24.71	124.80	159.69	207.63	259.64	299.06	320.70	346.88	378.67	313.81
2.4	减少事故损失效益			635.32	2714.07	2900.31	3101.17	3253.64	3414.99	3585.79	3766.63	3958.14	3120.70
3	净效益流量	-84445.63	-109955.25	-81550.76	15238.23	20746.81	27696.17	35382.17	41696.73	47337.26	54518.30	63763.76	38812.86
4	净现金流量现值	-76768.76	-90872.11	-61270.29	10407.91	12882.14	15633.77	18156.65	19451.83	20075.62	21019.16	22348.81	12366.97
5	累计净现金流量现值	-76768.76	-167640.87	-228911.16	-218503.25	-205621.11	-189987.35	-171830.70	-152378.86	-132303.25	-111284.08	-88935.27	-76568.30

经济内部收益率 = 15.93%（Ic = 10%）

经济净现值 = 187756.5（万元）

经济效益费用比 = 1.77

经济投资回收期 = 14.60（年）

续上表

序号	项目	运营期											合计
		2017	2018	2019	2020	2021	2022	2023	2024	2025	2026	2027	
1	费用流量	3256.41	3354.10	3454.72	3558.36	3665.11	3775.07	3888.32	26008.42	4125.12	4248.87	-136054.00	245283.24
1.1	建设费												278672.50
1.2	运营管理费	1825.14	1879.89	1936.29	1994.38	2054.21	2115.84	2179.31	2244.69	2312.03	2381.39	1839.63	37313.08
1.3	日常养护费	1431.27	1474.20	1518.43	1563.98	1610.90	1659.23	1709.01	808.14	1813.08	1867.48	1442.63	27685.79
1.4	大修费								22883.59				40948.11
1.5	残值(负值)											-139336.25	-139336.25
2	效益流量	95657.31	117612.87	140746.66	145656.75	159203.24	151064.28	142120.38	99779.06	12778.90	112790.09	72995.62	1752648.50
2.1	节约运输成本效益	83605.06	101869.87	121031.94	124803.51	136462.29	128301.65	119554.65	83052.10	101816.34	91519.86	58579.50	1491415.80
2.2	节约旅客时间效益	7206.69	10602.09	14238.50	15232.16	16853.57	16962.30	16850.72	12503.60	16415.42	15810.67	10390.57	170604.56
2.3	节约货物时间效益	469.86	537.79	632.01	676.41	775.79	740.81	709.44	510.83	655.33	627.80	448.26	9219.92
2.4	减少事故损失效益	4375.71	4603.20	4844.20	4944.67	5111.59	5059.51	5005.57	3712.23	4891.72	4831.76	3577.29	81408.23
3	净效益流量	92400.91	114258.85	137291.93	142098.39	155538.12	147289.21	138232.06	73770.64	119653.69	108541.22	209049.62	1507365.26
4	净现金流量现值	26765.25	30087.93	32866.60	30924.75	30772.39	26491.26	22602.05	10965.54	16168.87	1333.85	23346.28	187756.45
5	累计净现金流量现值	-49803.05	-19715.12	13151.47	44076.22	74848.61	101339.87	123941.92	134907.45	151076.32	164410.17	187756.45	

附表 3

全部投资财务现金流量表

单位:万元

序号	项目	建设期		运营期									
		2005	2006	2007	2008	2009	2010	2011	2012	2013	2014	2015	2016
1	现金流入			2487.77	11465.15	13155.77	17298.01	19543.59	21981.91	24627.59	27496.03	35194.60	29297.81
1.1	收费收入			2487.77	11465.15	13155.77	17298.01	19543.59	21981.91	24627.59	27496.03	35194.60	29297.81
1.2	回收资产余值												
2	现金流出	96000.00	125000.00	96561.45	3195.08	3365.00	3672.07	3877.20	4095.37	4327.48	4574.43	5089.71	23318.15
2.1	建设投资	96000.00	125000.00	95802.17									
2.2	经营成本			622.45	2564.50	2641.44	2720.68	2802.30	2886.37	2972.96	3062.15	3154.01	21706.77
2.2.1	运营管理费			339.52	1398.82	1440.78	1484.01	1528.53	1574.38	1621.61	1670.26	1720.37	1771.98
2.2.2	养护费			282.93	1165.68	1200.65	1236.67	1273.77	1311.99	1351.34	1391.89	1433.64	738.33
2.2.3	大修费												19196.46
2.3	营业税金及附加			136.83	630.58	723.57	951.39	1074.90	1209.01	1354.52	1512.28	1935.70	1611.38
2.4	所得税												
3	净现金流量	-96000.00	-125000.00	-94073.68	8270.06	9790.77	13625.94	15666.39	17886.54	20300.12	22921.60	30104.89	5979.66
4	净现金流量现值	-92325.88	-115615.06	-83680.59	7074.86	8055.23	10791.51	11921.60	13090.13	14287.90	15515.54	19597.98	3743.72
5	累计净现金流量现值	-92325.88	-207940.9	-291621.5	-284546.7	-276491.4	-265709.9	-253788.3	-240698.2	-226410.3	-210894.8	-191297	-187553
6	所得税前净现金流量	-96000.00	-125000.00	-94073.68	8207.06	9790.77	13625.94	15666.39	17886.54	20300.12	22921.60	30104.89	5979.66
7	所得税前净现金流量现值	-92325.88	-115615.06	-83680.59	7074.86	8055.23	10781.51	11921.60	13090.13	14287.90	15515.54	19597.98	3743.72
8	所得税前累计净现金流量现值	-92325.88	-2079490.9	-291621.5	-284546.67	-276491.44	-265709.93	-253788.33	-240698.20	-226410.31	-210894.77	-191296.79	-187553.07

所得税后：财务内部收益率 = 6.85%（Ic = 3.98%）
财务净现值 = 131917.67
财务效益费用比 = 1.27
财务投资回收期 = 19.36（年）

所得税前：财务内部收益率 = 8.29%（Ic = 3.98%）
财务净现值 = 229180.85
财务效益费用比 = 1.59
财务投资回收期 = 18.18（年）

全部投资财务现金流量表

单位:万元

序号	项目	运营期											合计
		2017	2018	2019	2020	2021	2022	2023	2024	2025	2026	2027	
1	现金流入	43249.83	47775.86	52666.78	71997.43	75230.79	86347.84	97894.80	82420.16	140710.66	155598.31	144135.52	1200576.22
1.1	收费收入	43249.83	47775.86	52666.78	71997.43	75230.79	86347.87	97894.80	82420.16	140710.66	155598.31	128295.41	1184736.11
1.2	回收资产余值											15840.11	15840.11
2	现金流出	5724.83	6074.15	11997.14	22243.87	24347.25	29309.79	33623.76	43693.28	49493.78	55040.51	51411.38	706035.67
2.1	建设投资												316802.17
2.2	经营成本	3346.09	3446.47	3549.87	3656.36	3766.05	3879.04	3995.41	27497.49	4238.73	4365.89	3372.65	110247.67
2.2.1	运营管理费	1825.14	1879.89	1936.29	1194.38	2054.21	2115.84	2179.31	2244.69	2312.03	2381.39	1839.63	37313.08
2.2.2	养护费	1520.95	1566.58	1613.58	1661.98	1711.84	1763.20	1816.09	935.29	1926.69	1984.50	1533.02	29420.62
2.2.3	大修费								24317.50				43513.97
2.3	营业税金及附加	2378.74	2627.67	2896.67	3959.86	4137.69	4749.13	5384.21	4533.11	7739.09	8557.91	7927.45	66031.69
2.4	所得税			5550.60	14627.65	16443.50	20681.62	24244.13	11662.68	37515.97	42116.72	40111.28	212954.14
3	净现金流量	37525.00	41701.72	40669.64	49753.56	50883.54	57038.06	64271.04	38726.88	91216.88	100557.80	92724.13	494540.55
4	净现金流量现值	22594.32	24148.20	22649.23	26647.68	26209.86	28255.58	30620.14	17744.20	40194.94	42615.16	37791.43	131917.67
5	累计净现金流量现值	−164959	−140811	−118161.3	−91513.7	−65303.8	−37048.21	−6428.07	11316.13	51511.08	94126.24	131917.67	
6	所得税前净现金流量	37525.00	41701.72	46220.24	64381.21	67327.04	77719.67	88515.18	50389.56	128732.85	142674.51	132835.42	707494.69
7	所得税前净现金流量现值	22594.32	24148.20	25740.39	34482.15	34679.83	38500.87	42170.57	23087.91	56726.44	60463.71	54139.53	229180.85
8	所得税前累计净现金流量现值	−164958.75	−140810.55	−115070.16	−80588.01	−45908.19	−7407.31	34763.26	57851.17	114577.61	175041.32	229180.85	

附件

评估人员名单

交通业务负责人：

周晓勤	高级工程师	

项目经理：

佘湘耘	高级工程师	

专家组：

庞俊达	教授级高工	总体评价
沈子梁	高级工程师	用地环评
高文达	高级工程师	规划资源
王寿菊	教授级高工	投资估算
常玉良	高级工程师	交通工程
彭敬之	高级工程师	交通量
张重禄	高级工程师	道桥工程
申培华	工程师	经济评价

公司参加评估人员：

姜青春	高级工程师	

京珠国道主干线安阳至新乡段高速公路改扩建工程可行性研究报告专家组评估意见

受国家发展和改革委员会委托,中国国际工程咨询公司组织专家组(名单附后),于2005年1月9日至13日在北京主持召开了京珠国道主干线安阳至新乡段高速公路改扩建工程可行性研究报告评估会,专家组听取了河南省有关部门和单位关于《关于报送京珠国道主干线安阳至新乡段改扩建工程可行性研究报告的请示》(豫发改交通(2004)2147号,2004年11月19日)及其附件《京珠国道主干线安阳至新乡段高速公路扩建工程可行性研究报告(2004年8月)》(以下简称《报告》),以及《京珠国道主干线安阳至新乡高速公路改扩建工程可行性研究报告补充材料(2004年12月)》(以下简称《补充材料》)的介绍和汇报,查阅了所提供的资料。经过充分的讨论研究,主要评估意见如下:

一、建设的必要性

(1)京珠国道主干线(在国家高速公路网中是京—港澳国家高速公路,以下不再说明)是国家规划的高速公路网中最为重要的南北向交通大动脉之一,连接北京、河北、河南、湖北、湖南、广东六省市,路线全长约2285公里。京珠高速公路也是河南省高速公路主骨架的重要组成部分,在河南省境内长529公里,目前均已建成通车。河南省境内段位于中间段落,且与连霍国道主干线在郑州交汇,具有连南贯北,承东启西的重要作用。该路段不仅承担着我国大量的过境交通运输,而且也是河南省南北向最为繁忙的运输通道,是河南省经济发展的南北交通"基轴"。安阳至新乡高速公路是京珠国道主干线在河南省内的一段,南接新乡至郑州高速公路,北接京珠高速公路河北段,路线长113.7公里,平原微丘区四车道高速公路标准,其计算行车速度120公里/小时,路基宽度26米,最小平曲线半径2500米,最大纵坡1.19%。1997年建成通车以来,交通量以较快的速度增长,在国家高速公路网和河南省高速公路主骨架中具有重要的地位。

(2)在京珠高速公路河南省境内段中,安阳至新乡段是交通运输最为繁忙的路段之一。通道内平行的公路有京珠高速公路和国道107线两条。近五年来安新通道日均交通量在26000~31200辆之间(折合小客车、下同),年均增长率在6%左右,其中安新高速公路约占58%~64%,G107约占42%~36%。安新高速公路2002年和2003年交通量分别为19450辆和19000辆。安新高速公路沿线经安阳、鹤壁、新乡三市,是河南省经济较发达地区,安阳位于河南省北部,总面积7413平方公里,2003年全市总人口529万,完成国内生产总值361.79亿元,比上年增长13.8%。人均GDP为6869元。鹤壁市总面积2155平方公里,2003年全市总人口143万,完成国内生产总值122.25亿元,比上年增长13.5%,人均GDP为8587元。新乡市与郑州市隔黄河相望,2003年全市总人口547万,完成国内生产总值378.95亿元,比上年增长13.5%,人均GDP为6940元,三市经济的快速发展,促进了交通运输事业较快的发展。

根据《报告》提供的交通量预测资料,本项目2007年、2010年、2016年、2020年、2027年的交通量分别达到27480辆/日、34985辆/日、49506辆/日、62399辆/日、81574辆/日。而根据《报告》按照京珠国道主干线安阳至新乡段目前的技术标准和车型结构测算,若要达到《公路工程技术标准》(JTG B01—2003)所规定的高速公路和一级公路设计应采用的二级服务水平,其最大适应交通量仅为25000辆/日,如不适时进行改扩建,现有四车道高速公路的服务水平在2010年前后将降到二级服务水平以下,在2014年前将降到三级服务水平以下。

(3)安阳至新乡段高速公路自1997年通车以来,由于以前我国高速公路建设的技术水平和近几年来大吨位和超载货车增多等原因,道路状况一直不尽人意,路面和桥面铺装的损坏严重、小修小补年年不断。仅2002年和2003年两年路面维修面积19万平方米,其中95%在右侧车道上,说明重车对路面破坏的严重性。2002年和2003年对桥面的维修多达95座,占桥梁总量的65%,从通车至2004年8月路面维修总面积多达40万平方米,其中80%为右侧车道,维修面积占右侧车道总面积37%,根据河南省公路检测中心的检测报告,为了提高路面的强度,仍有上行84公里,下行20公里需要进行维修。说明安新高速公路路面工程近期必须进行大规模的翻修,适时结合大修进行改扩建可以提高投资的综合效益。

(4)高速公路的改扩建工程有它自身的特点:如果采用封闭高速公路交通进行改扩建工程的方案,就要充分考虑施工期间的交通保障方案,以及相关公路对交通压力突然增加的承受能力。如果采用不封闭高速公路交通进行改扩建工程的方案,就要充分考虑边通车边施工所造成的工程实施难度,以及必要的交通保障方案及其对相关公路增加的交通压力。不论采用哪种方案,都不能等到交通量完全达到饱和以后再来实施改扩建工程,因为越接近饱和,对相关公路的交通压力和改扩建自身的实施难度也越大。本项目是国道主干线,施工期间的交通保障是改扩建成败的关键之一,一旦由于改扩建工程造成交通的严重拥堵,将会带来严重的负面影响,因此本项目安排是必要的。

综上所述,专家组认为本项目的建设是必要的。

二、交通量预测与车道数的确定

1.交通量预测

《报告》收集了大量社会经济和交通运输等方面的资料,并在开展OD调查的基础上,采用"四阶段法"对本项目进行交通量预测。《报告》提出的2027年各路段设计交通量预测结果为74644辆/日~88778辆/日,全线平均81574辆/日。

专家组认为,《报告》的预测方法和思路正确。但也存在未充分考虑大庆至广州、二连浩特至广州两条高速公路的实施及京广铁路扩能的实施对本项目可能带来的影响;在总预测交通量中包含了不应该计入的诱增交通量及采用的交通量数据较为陈旧等问题。

专家组认为:本项目与京广铁路已开通运营多年,客货流的运输分工已趋向合理,本项目与京广铁路扩能改造后这种分工格局不会产生大的变化,相互转移量可忽略不计。虽然二广及大广两条高速公路建成后对本项目有一定的分流影响,但由于报告预测采用的2003年交通量数据因受非典等因素影响明显偏低。专家组综合考虑上述因素,并参考2004年观测交通量,经综合分析后认为《报告》最终预测结果仍可以作为确定项目建设标准的重要依据之一。

2.车道数的确定

《报告》根据交通量的预测结果以及高速公路对服务水平的要求,并综合考虑本项目在国家与河南省高速公路网中的功能与作用,建议本项目按照 8 个车道的高速公路标准进行改扩建。

专家组根据交通量预测结果及车型构成,采用多种方法对本项目扩建为六车道和八车道高速公路的服务水平进行了测算,测算结果如下:

如扩建为六车道高速公路,到 2017 年就将达到二级服务水平下限,到 2022 年就将达到三级服务水平下限,到 2022 年就将达到四级服务水平下限。

如扩建为八车道高速公路,要到 2026 年才达到二级服务水平下限。

专家组认为,《报告》对本项目车道数的上述建议基本符合《公路工程技术标准》(JTG B01—2003)对高速公路服务水平的要求,并考虑到本项目为国道主干线的功能,因此按照 8 个车道的高速公路标准进行改扩建是合适的。

三、工程改扩建方案

1.原路加宽与另辟新线的比选

《报告》对本项目原路加宽与另辟新线从社会经济效益,路网布局,通行能力、对沿线城市发展的影响,占用土地及环境保护,地形条件及工程投资,技术方案及实施的难易程度等方面进行了综合比较论证(详见论证比较表)。

原路扩建与新建四车道高速公路复线比较表

序号	比较内容	新建四车道高速公路复线	原路改扩建为八车道
1	社会效益	形成新的经济带,增加辐射面。公路走廊资源浪,社会效益差	充分发挥通道占用效益,提高通道潜在运输能力。社会效益较好
2	路网布局与结构	增加路网密度,提高运能。路网布局不尽合理,影响区重复叠加	提高路网结构达到提高通行能力。路网布局较为合理,避免重复建设
3	通行能力与交通安全	总通行能力较大。大小型车辆混杂行驶,行车、超车受到较大干扰,平均行驶速度明显降低。对行车安全不利	总通行能力较小(减少 15%)。可按车型、车速分道行驶,相互干扰小,平均行驶速度高。对行车安全及顺畅快捷通行有利
4	对沿线城市的发展	缓解城市交通压力。影响产业布局及城市规划	保持现状连接和城市规划,有利于长远发展
5	占用土地及环保	新增占地 10320 亩,占地、拆迁、移民量大,对环境影响大	新增占地 4721 亩,占地、拆迁较少,有利于环境保护
6	地形条件	位于山前区,沿线地形、地质条件较为复杂,工程量较大	利用原有公路的线形,地形条件好,工程量小
7	技术方案和实施难易程度	不存在技术难点,设计、施工、质量保证措施相对简单,不影响现有交通	路基、路面、桥涵、立交的拼接,互通式立交的改造,施工中的交通组织等方面难度相对较大
8	对现有交通的影响	基本可避免度对老路交通的影响	在施工中因为涉及路基、路面、桥涵构造物的拼接,互通式立交的改造及原路面的大修补强,必将对老路的通行造成影响
9	建设里程	路线全长约 113.705 公里,其中改扩建 37.35公里,新建复线 76.355 公里	改扩建总长 113.17 公里

续上表

序号	比较内容	新建四车道高速公路复线	原路改扩建为八车道
10	投资估算	总投资 41.4 亿元,是改扩建方案的 1.2 倍	总投资 35.93 亿元,平均每公里 3174 万元(包括老路处理)
11	交通量	新线交通量只占通道的 40%,原有道路交通量占 60%,新线利用率较低	充分发挥现有高速公路潜能,通道利用率较高
12	经济评价指标	指标相对较低,国民经济和财务效益相对较差	指标相对较高,国民经济和财务效益较好
13	结论	比较方案	推荐采用方案

经综合比较:虽然新建四车道高速公路可以形成新的经济带,在一定程度上带动经济的发展,并有利于减轻沿线主要城市的交通压力,提高公路密度,同时在设计、施工及质量保证措施等方面可以避免因改扩建而增加的难度,并避免了对京珠线的通行造成的影响。但是原路改扩建方案社会经济效益好,有利于交通量吸引,对沿线城市远期发展有利,路网布局合理,尤其是动迁量少,新增征用土地较少(预计可减少征地约 5600 亩),对环境影响小,较另辟新线方案可减少投资约 5 亿元,经济效益好,综合优势较大。

2.整体式路基与分离路基比选

《报告》分析认为:分离式路基施工期间可避免对现有高速公路通行影响,避免了路基、路面、桥涵、立交的拼接、互通式立交改造的技术难点,但是具有占地多、工程量大,拆迁量大,对环境影响较大,路基间排水困难等缺点。而整体式路基具有占地、拆迁少、对环境影响小等优点,具有明显的综合优势,专家组同意推荐的整体式路基改扩建方案。

3.整体式路基双侧加宽与单侧加宽的比选

《报告》分析认为:现有安新高速公路路基高度一般在 3~6 米,坡脚外占地界 3 米,占地界外有 5~10 米绿化带,所以高速公路占地边线距路肩边缘一般大于 8 米,在 8~12 米之间,为双侧加宽的实施提供了有利条件。

路基双侧加宽方案占地和拆迁量相对较少,而且横向按原路横坡顺接比较方便。而单侧加宽必须调整原路基、桥梁横坡,工程量增加、拆迁费用增加,施工复杂。单侧加宽中央分隔带位于新路面的车道处,必须对原分隔带进行处理和补强,新的中央分隔带处为了满足植树绿化,埋设通信设施等要求,需将旧有路面结构层挖除。但单侧加宽可减少一条纵向接缝。专家组同意双侧加宽方案。

四、技术标准与建设规模

1.技术标准

《报告》提出的本项目技术标准为:将现有的四车道高速公路两侧加宽成为一条整体式的八车道高速公路,设计速度采用 120 公里/小时,路基宽度采用 42 米(本项目属于改扩建项目,为了减少征地拆迁和工程量,不设左侧硬路肩)。桥涵设计的汽车荷载采用公路—Ⅰ级。

考虑本项目在国家公路网中的功能和作用,设计交通量的预测结果以及沿线的地形条件等因素,专家组认为《报告》对本项目技术标准的上述意见是合适的。其他技术指标应符合交通部颁发的《公路工程技术标准》(JTG B01—2003)中的规定。

2.建设规模

本项目起自京珠国道主干线安阳市东北冀豫两省交界的西灵芝主线收费站，顺现有高速公路经安阳东、汤阴东、鹤壁东、淇县东、卫辉东，止于新乡市东北接新建的新乡至郑州高速公路，路线全长113.173公里。由四车道扩建为八车道高速公路，路基宽从26米加宽到42米。全线加宽大中桥46座（含铁路高架一座），改建互通立交7处（其中枢纽互通一处），改造服务区2处。

五、投资估算与资金筹措

1.投资估算

专家组认为《报告》的投资估算编制办法和内容基本符合国家和河南省有关规定的要求，推荐方案全线的总投资估算为27.37亿元。经评估，专家组对部分重列费用进行了调整，并适当增补了部分新老构造物相互衔接的工程措施费用，故建议本项目的总投资估算控制在31.68亿元以内。

2.资金筹措

《报告》提出的资金筹措方案是：项目资本金9.6亿元（占总投资的35%）中，拟申请交通部专项基金安排5.7亿元，河南省高速公路发展有限责任公司自筹3.9亿元，其余17.8亿元申请国内银行贷款。

专家组认为《报告》所提出的资金筹措方案基本可行，但应根据调整后的投资估算重新调整资本金额度，并抓紧各项资金的落实。

六、施工组织与建议工期

1.施工期的交通保障措施

（1）施工期的绕行方案

《补充材料》提出本项目施工期内安阳至新乡南北通道内除京珠高速公路外，主要有国道G107可供分流本项目交通量。国道G107为二级公路，路面宽15～18米，路况基本良好，穿越乡镇路段街道化严重，部分路段路面龟裂较为严重。2003年安阳至新乡段平均交通量为10673辆/日，根据交通量预测结果。2005—2007年改扩建项目实施期间，G107线交通量尚未完全饱和，仍可能分流部分南北向交通流。根据分流施工方案的安排，自北向南交通分流点确定在河北磁县互通立交处，自南向北交通分流点确定在新乡互通立交处。其他互通立交可作为辅助分流点。

（2）施工期间的管制措施

对施工期间的交通管制措施《补充材料》考虑了半幅货车分流方案、全幅货车分流方案、半幅全封闭方案和全幅全封闭方案等四种方案，并通过比较推荐采用半幅货车分流方案，即路面施工实行半幅施工，半幅通车，施工期的半幅在基层，底基层施工期间仅限制货车通行，在面层施工期间限制所有车辆通行。

大部分专家认为由于分流路线单一，全封闭和全部货车分流方案通道内交通量全部和大部转移到分流的路线上，造成交通压力过大。但半幅货车分流虽然分流时间较短，但对施工期安排有一定影响，车辆通行对施工有一定干扰，而且组织不好，容易出现安全隐患和交通受阻。半幅封闭方案虽然分流时间有所增长，但施工无影响，而且施工和行车安全性能较好，也便于管理。大部分专家认为：G107线路线标准较高，有较强的分流能力（据测算通行能力可达日交通量25000辆左右），根据交通量预测，2006年路面施工期间的交通量，京珠高速公路为25058辆，G107线为11895辆，半幅高峰分流量为10650辆，G107线合计应承担

22545 辆,在正常情况下 G107 线是可以承担的。即便临时出现分流困难,根据调查在安新通道内还有国道 G106 和省道 S219 线(均为二级公路,路面宽分别为 12~15 米和 9~15 米)可以作为分流的备用路线。只要加强管理是不会出现交通阻滞的。因此大部分专家建议:推荐采用半幅全封闭的分流方案,将半幅货车分流作为备选方案。

也有部分专家认为:《补充材料》提出将半幅货车分流方案作为推荐方案,半幅封闭方案作为预备方案是可行的。半幅货车分流方案对平行公路分流最小,分流时间仅为 5 个月,比半幅封闭方案少 4 个月,减轻了分流公路的交通压力,也可避免分流公路通行能力和服务水平下降太快,由此亦可减轻社会影响,但该方案由于保留客车通行,对施工有影响,须加强交通管理。

(3)施工组织方案

《报告》和《补充材料》对施工组织方案提出了初步构想,专家组认为所提出的原则,方案基本合理,但根据工作的不断深入及情况的变化,应结合实际情况进一步完善。施工组织方案直接影响到改扩建工程的质量,投资、工期、施工安全和交通保障,应予以高度重视。

2.施工工期

《报告》提出施工期为 30 个月,但考虑到改扩建工程工序繁杂,受干扰因素多,组织困难等情况,专家组建议施工期 36 个月为宜。

七、经济评价

专家组认为《报告》经济评价符合交通部、建设部及国家发展和改革委员会的有关规定,计算方法正确,但还存在社会折现率等参数的取值不够合理等问题,建议根据调整后的交通量、建设工期和投资估算重新进行国民经济和财务评价。

八、其他建议

(1)按照国家的有关规定抓紧做好环评工作,并加强与国土资源、水利、林业、铁路等部门的协调工作,完备相关手续。

(2)充分吸取国内外高速公路改扩建工程的实践经验,并结合本项目的具体情况,对地基处理,路基与桥梁的拼接,路面结构,沥青再生等技术难点以及施工期间的交通保障方案展开专题研究。

(3)充分体现安全、耐久、环保、美观等设计理念,通过改扩建消除现有高速公路所存在的缺陷。

(4)深入研究具体的施工组织方案,以确保工程质量和施工安全,缩短工期,节省投资,并尽量减少对交通的干扰和影响。

(5)做好采用分离式断面的互通立交区段和整体式断面与分离式断面的转换处的交通安全设计,完善交通安全设施。

(6)改扩建工程的路线起点为冀豫两省交界的西灵芝主线收费站,应于河北省交通规划部门协商一致。

(7)对于早期修建的高速公路,大都是交通繁忙的干线公路,随着交通量的较快增长,大部分已到了改建扩容阶段,建议对省内相关路线进行整体规划,便于分段实施。

专家组

二〇〇五年一月十三日

关于京珠国道主干线安阳至新乡高速公路改扩建工程环境影响报告书审查意见的复函

环审〔2005〕253号

交通部：

你部《关于京珠国道主干线安阳至新乡高速公路改扩建工程环境影响报告书预审意见的函》(交环函〔2005〕24号)及河南省环境保护局《关于〈京珠国道主干线安阳至新乡高速公路改扩建工程环境影响报告书〉的审查意见》(豫环监〔2005〕18号)收悉。经研究，现对《京珠国道主干线安阳至新乡高速公路改扩建工程环境影响报告书》(以下简称“报告书”)提出审查意见函复如下：

一、原则同意你部预审意见及河南省环境保护局初审意见。该项目位于河南省境内，起于安阳市东北冀、豫两省交界处的西灵芝主线收费站，接京珠高速公路河北段，经安阳市、鹤壁市、新乡市，止于新乡市东北，接新乡至郑州段高速公路，路线全长113.173公里。该项目为京珠国道主干线安阳至新乡高速公路既有线改扩建工程。在全面落实报告书提出的各项生态保护及污染防治措施后，不利环境影响能够得到一定程度的缓解和控制，从环境保护角度分析，同意该项目建设。

二、项目建设应重点做好以下工作：

1.节约和保护耕地，在满足交叉工程的路基净空条件下，尽量降低路基高度。严格控制辅助设施占地面积和数量，服务区、停车区、养护工区等设施应尽量集中合并。应按照国家和地方有关规定依法履行占用基本农田手续。

2.该工程取土应全部利用南水北调中线总干渠工程(黄河北—漳河南段)的弃土替代。施工便道尽量利用村庄自然道路，施工结束后及时对临时占地进行生态恢复、农田复垦，因地制宜实施绿化方案。

3.选用低噪声机械设备，合理安排施工场地、作业方式和时间，距敏感点400米内路段夜间不得施工。

根据声环境预测结果，应对种鸡场实施搬迁；对超标严重的西见山、大官庄、赵官屯、大八角村、姜庄、李兴村和大张7个村庄应设置声屏障；对倪湾卫生院、西于曹等31个敏感点安装开启式通风采光隔声窗；对西灵芝村跟踪监测，视情况适时采取降噪措施或改造房屋使用功能，防止噪声扰民。

配合地方政府合理制订并严格控制工程周围土地利用规划，沿线两侧300米范围内不得新建学校、医院及居民住宅等环境敏感设施。

4.落实淇河桥施工的环境保护措施，完善桥面排水系统，施工废水和桥面雨污水不得直接排入淇河。完善服务区现有废水处理系统，增加集水池和深度处理设施，废水处理达标后尽量回用。加强危险化学品运输管理,防止风险事故发生对水体造成污染。

5.料场、沥青拌和站须设置在距敏感点下风向 1.50 米以外,施工场地、运输道路应定时洒水降尘。

6.老路建设遗留的取土坑应进行平整复耕,解决通道积水问题,完善排水设施,上述“以新带老”措施应纳入本工程“三同时”环保竣工验收。

7.在项目设计和施工阶段进一步细化并落实各项环境保护措施,环保投资须纳入工程投资概算。开展工程环境监理,在施工招标文件、施工合同和工程监理招标文件中明确环保条款和责任,建设单位应定期向地方环保部门提交工程环境监理报告。

三、项目建设必须严格执行环境保护设施与主体工程同时设计、同时施工、同时投入使用的环境保护“三同时”制度。落实各项生态保护和恢复措施。工程竣工后,建设单位必须按规定程序申请环保验收。验收合格后,项目方能投入正式使用。

四、请河南省环境保护局负责组织辖区内有关地方环保部门开展该项目施工期间的环境保护监督检查工作。

二〇〇五年三月十五日

关于《京珠国道主干线安阳至新乡高速公路改扩建工程环境影响报告书》的审查意见

豫环监〔2005〕18号

国家环境保护总局：

由交通部天津水运工程科学研究所编制的《京珠国道主干线安阳至新乡高速公路改扩建工程环境影响报告书(报批稿)》收悉，经研究，提出如下审查意见，请审定。

一、该报告书根据工程特点和当地环境保护要求，提出了较全面的污染防治和生态保护措施，环境保护目标明确，评价结论可信。同意上报环保总局审批。

二、该建设项目应着重做好生态环境保护，建设单位应全面落实环境影响报告书中提出的各项环保措施：

(一)本扩建工程地处平原地区，拟采取的取土方式将会加剧对耕地的破坏。鉴于本工程与南水北调中线总干渠工程(黄河北—漳河南段)平行段平均距离为6.9km，运距适宜，工程新需借方量仅占总干渠工程平行段弃方量的24.6%。因此，本工程应不设取土场，全部取用南水北调中线工程弃土。

(二)施工现场生活污水不得排入淇河，建桥施工应修建防渗水泥蒸发池，施工结束后覆土掩埋、平整，并根据附近环境进行绿化；其余工区生活污水应实施初步的处理，经沉淀后的固体成分定期清理用于肥田，施工结束后将沉淀池覆土掩埋。

(三)采取临时性降噪措施，最大限度地降低施工期噪声和扬尘污染，并将对噪声敏感点的防护措施一一落实到位，尽量减轻施工机械噪声对沿线评价范围内各敏感点的声环境的影响程度。

(四)加强施工期环境监理，做好沿线施工路段的环境保护工作。严格督促各施工单位、人员认真执行的各项环境保护与管理制度。

三、建设单位应全面落实环境影响报告书中提出的针对营运期的各项环保措施：

(一)完善淇河桥排水系统，桥面雨水不得排入淇河。服务区内在原有污水处理设施良好运转的前提下新建集水池，增加污水深度处理设施，污水处理达标后回用于服务区内绿化、厕所冲洗或洗车，余量用于附近农田灌溉。

(二)对公路运营近期噪声超标10分贝以上的敏感点采取设置隔声窗、对低于10分贝影响较严重的采取声屏障等声环境保护措施，以达到降噪效果。并对沿线的种鸡场进行搬迁。

(三)加强危险品运输管理，严格执行《化学危险品安全管理条例》和《汽车危险品运输规范》等有关规定，制定完备的应急防范措施。

四、项目建设过程中应严格执行环保“三同时”制度，项目建设过程中应主动接受沿线市、县环保部门的监督,如发生“评价”未预测到的重大生态环境影响事项,应及时报河南省环保局处理;该项目完成后,建设单位应按规定程序及时申请验收。

二〇〇五年二月十八日

关于河南高速公路发展有限责任公司京港澳、连霍高速公路12个服务区改建、新建工程的环保意见

河南高速公路发展有限责任公司：

目前你公司京港澳、连霍高速公路12个服务区改建、新建工程环境影响评价工作正在进行中，原则同意项目可研审批。项目的环境影响评价文件报批工作应在初步设计阶段完成，具体环保要求以环境影响评价文件及其批复为准。

二〇〇五年十月二十四日

关于申请对《京珠国道主干线安阳至新乡高速公路改扩建工程环境影响报告书》进行审查的函

豫高司函〔2005〕1号

交通部环境保护办公室：

根据国家环评法和国务院建设项目环境保护管理条例要求，我公司委托交通部天津水运工程科学研究所已编制完成了《京珠国道主干线安阳至新乡高速公路改扩建工程环境影响报告书》，现随文呈报，恳请尽早安排审查。

特此函告

附件：

《京珠国道主干线安阳至新乡高速公路改扩建工程环境影响报告书》（略）

二〇〇五年一月四日

关于京珠国道主干线安阳至新乡高速公路改扩建工程水土保持方案的复函

水保函〔2005〕354 号

河南省高速公路发展有限责任公司：

你公司《河南省高速公路发展有限责任公司关于呈报〈京珠国道主干线安阳至新乡高速公路改扩建工程水土保持方案报告书〉(报批稿)的函》(豫高司函〔2005〕43 号)收悉。经研究，现函复如下：

一、京珠国道主干线安阳至新乡高速公路改扩建工程是将该段高速公路由四车道扩建成八车道，路基宽度由 26 米增加到 42 米，道路全长 113.2 公里。全线共加宽桥梁 82 座，其中特大桥 1 座、大桥 14 座、中小桥 67 座，接长涵洞 159 道，改造互通式立交 7 座，加宽公路分离式立交 46 座，接长通道 158 道，改扩建服务区 2 处。工程总占地 1134.0 公顷，土石挖填方总量 1141.6 万立方米，总投资 27.4 亿元，总工期 30 个月。建设单位编报水土保持方案符合我国水土保持法律法规的有关规定，对于防治工程建设可能造成的水土流失，保护项目区生态环境具有重要意义。

二、该报告书编制依据充分，内容全面，水土流失防治目标和责任范围明确，水土保持措施总体布局及分区防治措施基本可行，满足有关技术规范、标准的规定，可以作为下阶段水土保持工作的依据。

三、同意水土流失现状分析。项目区地处平原，地势平缓，属温带大陆性季风气候，多年平均降水量 526.9~643.0 毫米，多年平均风速 2.2~2.3 米/秒，土壤主要为褐土，植被多以次生植被和人工植被为主，水土流失以轻度水力侵蚀为主，是河南省人民政府公告的水土流失重点治理区和重点监督区。同意水土流失预测方法和预测内容，预测工程建设可能新增水土流失量 13.7 万吨，损坏水土保持设施面积 170.7 公顷。

四、同意水土流失防治责任范围为 1319.1 公顷，其中项目建设区 1134.0 公顷，直接影响区 185.1 公顷。

五、基本同意水土流失防治分区和分区防治措施。

1.主体工程防治区：做好路基排水、边坡拦挡护坡和沿线绿化美化措施，加强施工期间临时排水、剥离表土临时覆盖等防护措施，桥涵施工围堰要及时拆除，避免影响河道行洪，沿线路基、桥涵、隧道等施工造成的弃土(渣、泥浆)要及时清运至指定地点堆放并防护，禁止沿路、河、沟随意倾倒。

2.取、弃土场防治区：加强取、弃土场的优化，按照“分区取土、先取后弃，先挡后弃、分级挡护”原则进行取弃；剥离表土要集中堆放，以作覆土之用；做好取弃土场拦挡、截排水和临时防护措施；合理调配土石方，沿线路基、桥梁、涵洞及站场工程弃渣要及时清运到弃土(石)场内，禁止沿路、河、沟随意倾倒，弃渣前做好挡渣工程和排水沟建设，加强弃渣期间组织管理和临时防护措施，弃渣时要分层堆放并夯实，弃渣结束后及时实施覆土复耕或恢复植被。

3.施工生产生活区：做好临建设施区地面平整和临时防护措施，完善排水系统，施工结束后及时进行土地整治和植被恢复。

4.施工道路防治区：要重点做好道路沿线路基边坡防护、截排水和植物防护措施，加强施工过程中的临时防护，施工结束后及时进行场地清理、平整和植被恢复。

各类施工活动要严格控制在用地范围内，禁止随意占压、扰动和破坏地表，施工过程中产生的弃土（渣）要及时清运至指定地点堆放并防护，禁止随意倾倒，施工结束后对施工迹地应进行清理平整和植被恢复。进一步加强施工管理和临时防护措施，严格控制施工及运行期间可能造成的水土流失。

六、同意水土保持方案实施进度安排，要严格按照审批的水土保持方案所确定的进度组织实施水土保持工程。

七、基本同意水土保持监测时段、内容和方法。进一步搞好监测设计，落实监测重点，细化监测内容。

八、基本同意水土保持投资概算编制的原则、依据和方法。该工程水土保持概算总投资为 18933.5 万元，其中水土保持监测费 282.1 万元，水土保持设施补偿费 227.8 万元。

九、建设单位在工程建设中应重点做好以下工作：

1.按照批复的方案落实资金、管理等保障措施，加强对施工单位的监督与管理，切实落实水土保持“三同时”制度。

2.定期向流域机构和省级水行政主管部门报告水土保持方案的实施情况，并接受有关水行政主管部门的监督检查。

3.委托有资质的监测机构承担水土保持监测任务，并及时向有关水行政主管部门提交监测报告。

4.委托有水土保持监理资质的监理机构和人员承担水土保持工程监理任务，加强水土保持工程建设监理工作，确保水土保持工程建设质量。

5.采购石、砂等生产建设材料要选择符合规定的料场，明确水土流失防治责任，并向地方水行政主管部门备案。

6.水土保持后续设计应报省级水行政主管部门备案。

7.按规定将批复的水土保持方案报告书于 30 日内分送项目所在地流域机构和地方各级水行政主管部门，并将送达回执报我部水土保持司。

十、建设单位在工程投入运行之前，要按照《开发建设项目水土保持设施验收管理办法》的规定，及时申请并配合水行政主管部门组织水土保持设施验收。

二〇〇五年九月五日

关于呈报《京珠国道主干线安阳至新乡高速公路改扩建工程水土保持方案报告书(报批稿)》的函

豫高司函〔2005〕43 号

中华人民共和国水利部：

为了贯彻执行《中华人民共和国水土保持法》，切实做好安新速公路改扩建工程水土保持工作，河南高速安新改建工程项目部委托河南省水土保持科学研究所编制完成了《京珠国道主干线安阳至新乡高速公路改扩建工程水土保持方案报告书(送审稿)》，并于 2005 年 6 月 19 日至 20 日在河南省安阳市，经水利部水土保持监测中心组织有关单位和专家对“报告书”进行了评审。根据专家组的意见，对报告书送审稿进行了修改、补充和完善，形成了“报告书”(报批稿)。现随文呈报，请予以审批。

特此函告。

附件：

《京珠国道主干线安阳至新乡高速公路改扩建工程水土保持方案报告书(报批稿)》(略)

二〇〇五年七月五日

关于呈报《京珠国道主干线安阳至新乡高速公路改扩建工程水土保持方案报告书》的报告

豫高司〔2005〕122号

水利部:

为贯彻执行《中华人民共和国水土保持法》,搞好开发建设项目的水土保持工作,我公司委托河南省水土保持科学研究所编制的《京珠国道主干线安阳至新乡高速公路改扩建工程水土保持方案报告书》(送审稿),现已完成,予以上报,请审查。

附件:京珠国道主干线安阳至新乡高速公路改扩建工程水土保持方案报告书(送审稿)

妥否,请批示。

二〇〇五年二月二十四日

关于安阳至新乡高速公路改扩建工程水土保持若干问题的函

豫高司函〔2005〕17号

新乡市水利局：

为了贯彻《中华人民共和国水土保持法》，搞好水土保持工作，我公司委托河南省水土保持科学研究所编制的《京珠国道主干线安阳至新乡高速公路改扩建工程水土保持方案报告书》现已完成。报告书预测，安阳至新乡高速公路改扩建工程将扰动原地貌、土地及植被面积总计1138.98hm^2。按土地类型分，耕地1047.92hm^2，菜地5.97hm^2，果园0.97hm^2，林地32.24hm^2，鱼塘0.23hm^2，宅基地2.34hm^2，荒地26.83hm^2，河滩地16.61hm^2，厂区0.53hm^2，旧路0.34hm^2。

项目建设过程中，将侵占和破坏水土保持设施面积170.68hm^2（省重点治理区、重点监督区20.97hm^2；县市重点治理区67.46hm^2，重点预防保护区21.68hm^2），其中：台阶地137.24hm^2，果园0.97hm^2，林地32.24hm^2，塘坝0.23hm^2。

新乡市境内将侵占和破坏水土保持设施面积80.04hm^2（台阶地78.67hm^2，果园0.75hm^2，林地0.40hm^2，塘坝0.23hm^2），其中67.46hm^2（台阶地66.34hm^2，果园0.58hm^2，林地0.32hm^2，塘坝0.23hm^2）在卫辉市人民政府关于划分水土流失重点防治区通告的重点治理区范围内。请予以确认！

特此函告。

二〇〇五年一月二十七日

关于安阳至新乡高速公路改扩建工程水土保持若干问题的函

豫高司函〔2005〕18号

鹤壁市水利局：

为了贯彻《中华人民共和国水土保持法》，搞好水土保持工作，我公司委托河南省水土保持科学研究所编制的《京珠国道主干线安阳至新乡高速公路改扩建工程水土保持方案报告书》现已完成。报告书预测，安阳至新乡高速公路改扩建工程将扰动原地貌、土地及植被面积总计 1138.98hm^2。按土地类型分，耕地 1047.92hm^2，菜地 5.97hm^2，果园 0.97hm^2，林地 32.24hm^2，鱼塘 0.23hm^2，宅基地 2.34hm^2，荒地 26.83hm^2，河滩地 16.61hm^2，厂区 0.53hm^2，旧路 0.34hm^2。

项目建设过程中，将侵占和破坏水土保持设施面积 170.68hm^2（省重点治理区、重点监督区 20.97hm^2；县市重点治理区 67.46hm^2，重点预防保护区 21.68hm^2），其中：台阶地 137.24hm^2，果园 0.97hm^2，林地 32.24hm^2，塘坝 0.23hm^2。

鹤壁市境内将侵占和破坏水土保持设施面积 59.03hm^2，其中：台阶地 58.58hm^2，果园 0.10hm^2，林地 0.35hm^2，有 21.68hm^2 台阶地在淇滨区水土流失重点预防保护区范围内。请予以确认！

特此函告。

二〇〇五年一月二十七日

关于安阳至新乡高速公路改扩建工程水土保持若干问题的函

豫高司函〔2005〕19号

安阳市水利局：

为了贯彻《中华人民共和国水土保持法》，搞好水土保持工作，我公司委托河南省水土保持科学研究所编制的《京珠国道主干线安阳至新乡高速公路改扩建工程水土保持方案报告书》现已完成。报告书预测，安阳至新乡高速公路改扩建工程将扰动原地貌、土地及植被面积总计1138.98hm²。按土地类型分，耕地1047.92hm²，菜地5.97hm²，果园0.97hm²，林地32.24hm²，鱼塘0.23hm²，宅基地2.34hm²，荒地26.83hm²，河滩地16.61hm²，厂区0.53hm²，旧路0.34hm²。

项目建设过程中，将侵占和破坏水土保持设施面积170.68hm²（省重点治理区、重点监督区20.97hm²；县市重点治理区67.46hm²，重点预防保护区21.68hm²），其中：台阶地137.24hm²，果园0.97hm²，林地32.24hm²，塘坝0.23hm²。

安阳市境内将侵占和破坏水土保持设施面积20.97hm²，其中：果园0.12hm²，林地20.85hm²，全部在河南省人民政府关于划分水土流失重点防治区通告的重点治理区、重点监督区范围内。请予以确认！特此函告。

二〇〇五年一月二十七日

关于京珠国道主干线安阳至新乡高速公路改扩建项目压覆矿产资源的审查意见

豫国土资函〔2004〕568号

河南高速公路发展有限责任公司：

《河南高速公路发展有限责任公司关于〈京珠国道主干线安阳至新乡高速公路改扩建工程压覆矿产资源情况核查报告〉的函》（豫高司〔2004〕652号）收悉。

京珠国道主干线安阳至新乡高速公路改扩建工程是在原路基础上加宽扩建，工程北起安阳市东北冀豫交界处的西灵芝收费站，向南经安阳东、汤阴东、鹤壁东、淇县东、卫辉东、新乡东，南接黄河二桥，改扩建公路总里程113.173公里。

经审查，京珠国道主干线安阳至新乡高速公路改扩建项目未压覆查明资源储量的矿床。

二〇〇四年十二月一日

关于《京珠国道主干线安阳至新乡高速公路改扩建工程压覆矿产资源情况核查报告》的函

豫高司〔2004〕652号

省国土资源厅：

京珠国道主干线安阳至新乡段高速公路（简称安新高速，下同）是国家高速公路网规划及河南省公路网主骨架的重要组成部分，起于安阳市东北部冀豫两省交界处的西灵芝主线收费站，北接京珠高速公路河北段；向南经安阳东、汤阴东、鹤壁东、淇县东、卫辉东，至于新乡市东北；南接黄河二桥；路线全长113.173公里，其中安阳市境47.25公里，鹤壁市境36.82公里，新乡市境29.1公里。

京珠国道主干线南北贯穿河南省中部，位于107国道以东，沿线为河南省经济最活跃的城市带，在省会郑州市东北部与连霍国道主干线相交。京珠国道主干线河南省境段不仅是国家规划的“五纵、七横”国道主干线的重要路段，而且是形成河南省高速公路网的基本构架，具有十分重要的政治、经济意义。近年来，京珠高速公路以其高速、平稳、畅通的优质服务承担着繁重的运输任务，2003年平均日交通量达到18269pcu/日。随着京珠高速的全线贯通，必将在河南省交通运输及经济发展中显现更为突出的主动脉作用。京珠高速北京至石家庄段在交通流量日趋增长的严峻形势下，已着手进行改扩建工作；河南境段虽然没有京石段交通规模为大，但随着经济的进一步发展，连南贯北的交通纽带作用，必将更加体现中原地区成为华中、华南及东南地区通往华北、西北等地区的桥头堡作用；随着过境交通压力日显突出，若不提前考虑主通道未来经济发展对交通的极大需求，及时地提出改扩建河南境内京珠、连霍两条高速公路的计划。这对于提高中原地区乃至国家干线公路运输能力无疑产生了极大的作用，是非常必要的。

京珠国道主干线安阳至新乡高速公路改扩建工程沿线压覆矿产资源情况，通过系统搜集，整理和研究建设项目沿线附近的地质矿产资料，并对该项目沿线开展了野外全面地质矿产调查核实工作。经多方面工作证实公路沿线附近已知矿产资源地不多，均位于线路以西的低山丘陵地带相距10公里以上。京珠国道主干线安阳至新乡高速公路改扩建工程没有压覆重要矿产资源储量。公路的建设、营运与本区矿产资源开发工作相互不受影响，特请贵厅进一步核实确认，并尽快批复为盼。

当否，请批示

二〇〇四年十一月二十六日

关于成立河南高速连霍郑州段改建工程项目部、河南高速安新改建工程项目部的通知

豫高司工〔2004〕745号

机关各部室、管理公司、项目公司、三产公司：

连霍高速公路郑州段、京珠高速公路安阳至新乡段位于我省高速公路规划网的核心地段，建成通车来，发挥了巨大的经济和社会效益，目前的道路通行能力已远远不能满足车流量要求，时常出现车辆拥堵，造成不好的社会影响。为提高两路段的通行能力，我公司决定实施改建工程。根据项目管理工作的需要，我公司拟分别成立河南高速连霍郑州段改建工程项目部、河南高速安新改建工程项目部，项目部下设工程技术处、计划合同处、综合处、质监处、财务处五个职能部门。

特此通知。

二〇〇四年十二月二十七日

公路工程质量监督通知书

根据交通部《公路工程质量监督规定》和《河南省交通基本建设质量监督管理实施细则》的规定,我站将对京珠国道主干线安新高速公路工程项目进行工程质量监督。派出监督工程师闫秀萍,实施对该工程的质量监督,本项目监督负责人闫秀萍。

监督工作计划

河南省交通基本建设质量检测监督站(以下简称省质监站),依据《公路工程质量监督规定》、《河南省交通基本建设质量监督管理实施细则》、《河南省高速公路建设质量监督管理办法》、《公路工程质量检验评定标准》、《河南省高速公路建设工程施工合同管理办法》,《河南省公路工程施工和监理单位管理办法》、《施工合同》、《监理合同》及与项目管理有关的文件,对该工程从业各方的质量管理体系、质量管理制度的建立与实施、质量管理人员的工作情况及工程质量进行监督。

根据交通部及交通厅有关质量管理规定,参加该项目建设的从业各方都必须建立和完善工程质量保证体系,实施政府监督、法人管理、社会监理、企业自检,四级质量管理体制。

一、监督机构职责

高速公路建设质量监督工作的职责包括:

监督有关高速公路建设工作方针、政策和法律、法规、规范、标准、办法、强制性技术标准的执行情况;

监督高速公路建设质量行为、从业各方的合同履行、公路工程质量情况;

依法查处高速公路建设质量违规、违法行为,对工程质量纠纷进行质量仲裁。

质量监督机构在实施质量监督时,有权要求:

被检查单位提供有关高速公路建设的文件和资料;

进入被检查单位的工作现场进行检查;

提供必要的试验检测、交通通信工具;

对发现的工程质量问题以及其他违规行为依法处理;

向有关单位和人员调查与工程质量有关的情况,并取得证明材料。

二、监督内容

1.质监机构对建设单位质量行为的监督包括:

严格执行基本建设程序要求,建设工程项目审批手续齐全;

实行总包的高速公路建设工程项目未肢解发包或违法分包;

委托具有相应资质等级的监理单位进行监理;

依法组织高速公路建设工程交工验收;

按规定提交高速公路建设工程竣工验收报告和有关文件;

其他应承担的责任和义务。

2.质监机构对勘察、设计单位质量行为的监督包括:

承揽的建设工程勘察、设计业务与其资质等级范围相符,有关专业技术人员符合执业资格要求;

勘察报告、资料及设计文件完整、规范、真实、准确,签发(含变更)手续合法齐全;

负责在施工前向建设单位和施工单位进行施工图纸技术交底,及时解决施工中存在的设计问题,并参加有关阶段的质量验收;

不得强行指定建筑材料、专用设备的生产、供应厂商;设计单位后期服务质量;

工程竣(交)工验收前应按规定提交设计执行检查报告;

其他应承担的责任和义务。

3.质量监督机构对施工单位质量行为的监督包括:

承揽的施工业务与其资质等级相符;

有职责明确的项目管理机构,质量保证体系;项目经理、主要专业技术人员和特殊工种作业人员按工程要求配备并持证上岗;施工机具配套完备,满足施工各阶段质量、进度的总体要求;

按照高速公路建设工程设计图纸、施工技术标准和规范、规程,编制合理完善的施工方案,并按施工方案、施工工艺进行施工;

使用检验合格的建筑材料、成品、半成品、构配件等;

工地试验室按规定项目和频度进行试验检测;

有明确的质量方针、目标,健全的施工程序和严格的工序管理制度、质量保证措施和处理程序;

其他应承担的责任和义务。

4.质量监督机构对监理单位质量行为的监督包括:

有健全的质量管理制度和监理计划;

在其资质等级许可的范围内承揽工程监理业务;

项目监理机构职责明确,人员配置合理,持证上岗;

按照法律法规、技术标准、规范、规程、办法以及设计文件的要求,对施工质量实施监理,并分阶段提出监理结论;

监理工地试验室运行情况;

发现使用不合格材料、设备和发生质量事故的,应及时组织处理并按规定程序上报;

监理日记、监理档案真实完整;

其他应承担的责任和义务。

5.质量监督机构对检测单位质量行为的监督包括:

在其资质等级范围内从事高速公路工程质量检测活动;

有健全完备的质量检测体系和质量检测方案;

检测内容和方法符合有关规定要求;

检测报告规范、数据及结论准确、真实;

其他应承担的责任和义务。

三、监督检查办法

1.监督检查的内容:公路工程项目质量管理行为、规范化施工、工程实体质量三个方面;

2.监督检查方式:全面质量检查、专项质量检查和质量巡视检查;全面质量检查:指每年两次大检查;专项质量检查指三个关键阶段工程质量检查和根据工程进展情况进行的专项检查；质量巡查指巡视施工现场，检查规范化施工，质量管理情况等；

3.进行质量管理行为专项检查：参建单位合同履约情况、企业资质、人员资格，标准、规范等的执行情况等；

4.建立核查机制，要求项目法人对质量监督检查发现的问题及时进行整改和落实，必要时进行现场核查；

5. 按照《公路工程质量监督检查办法》的规定对项目进行综合检查、专项检查和巡视检查。根据豫政〔2003〕50 号，和豫交工〔2004〕30 号文件精神，按照《高速公路三个关键阶段工程质量专项检查实施细则》做好项目三个关键阶段专项检查。

6.根据需要参加工地例会，召开工程质量管理专题会议，公布监督检查结果，提出建议和要求。

7.从业各方应积极配合对工程质量的举报，对违反质量管理法律、法规和规章等的行为，依法对有关责任人员和单位进行行政处罚。

8.对各参建单位质量违法行为，按照《河南省高速公路建设质量监督管理办法》追究质量责任；

9.积极配合上级主管部门组织的质量检查工作。

10.做好工程交工质量检测和竣工质量鉴定工作。

二〇〇六年八月一日

（公路建设项目名称）**施工许可申请书**

<table>
<tr><td>申请人
（项目法人）名称</td><td colspan="5">河南高速公路发展有限责任公司</td></tr>
<tr><td>申请人（项目法人）
地址及邮政编码</td><td colspan="5">河南省郑州市淮河路 19 号　邮编：450052</td></tr>
<tr><td rowspan="5">法定代表人姓名
及联系方式</td><td>姓名</td><td>王金山</td><td rowspan="5">委托代理人姓名及
联系方式</td><td>姓名</td><td>李宏志</td></tr>
<tr><td>电话</td><td>0371-68736766</td><td>电话</td><td>0373-3685222</td></tr>
<tr><td>手机</td><td>13598027666</td><td>手机</td><td>15837318666</td></tr>
<tr><td>传真</td><td>0371-68736766</td><td>传真</td><td>0373-3685531</td></tr>
<tr><td>E-mail</td><td></td><td>E-mail</td><td>axgjhz@ tom. com</td></tr>
<tr><td>申请材料目录</td><td colspan="5">1.施工图设计文件批复
2.交通主管部门对建设资金落实情况的审计意见
3.《关于京珠国道主干线安阳至新乡高速公路改扩建工程建设用地的批复》
4.施工单位和监理单位名单、合同价情况表
5.河南省交通厅关于上报京珠国道主干线安阳至新乡高速公路改扩建工程招标资格预审评审结果及招标文件的报告
6.河南省交通厅关于上报京珠国道主干线安阳至新乡高速公路改扩建工程施工招标评标报告的报告
7.京珠国道主干线安新高速公路改扩建工程任务监督通知书
8.京珠国道主干线安阳至新乡高速公路改扩建工程质量督察管理办法
9.京珠国道主干线安阳至新乡高速公路改扩建工程安全生产、文明施工管理办法</td></tr>
<tr><td>申请日期</td><td colspan="2">2008 年 4 月 17 日</td><td>法定代表人
（委托代理人）
签字或盖章</td><td colspan="2">李宏志</td></tr>
</table>

注：1.本申请书由交通行政许可的实施机关负责免费提供；

2.申请人应当如实向实施机关提交有关材料和反映情况，并对申请材料实质内容的真实性负责。

项目基本情况	项目名称:河南高速公路发展有限责任公司
	路线起讫点:K0+000~K113+173
	建设规模及主要技术指标:安阳至新乡公路改扩建工程,起于安阳西灵芝(冀豫界),接京珠国道主干线河北境段,止于新乡关屯,接京珠国道主干线新乡至郑州段,路线全长113.173公里。全线采用双向八车道高速公路标准,设计速度120公里/小时,路基宽度42米,新建桥涵设计汽车荷载采用公路—Ⅰ级,其余技术指标按《公路工程技术标准》(JIG B01—2003)执行
建设依据	工可报告批准机关:国家发展和改革委员会　文号:发改交运〔2005〕2072号 日期:2005.10.19
	项目申请报告核准机关: 日期:
	初步设计批准机关:　交通部　文号:交公路发〔2007〕568号 日期:2007.10.26
	施工图设计批准机关:　交通厅　文号:豫交计〔2008〕92号 日期:
	批准总概算:345750.1773　万元　其中部投资:36800.0　万元
土地征用办理情况	建设用地批准机关:中华人民共和国国土资源部 文号:国土资函〔2008〕166号　日期:2008.3.30
交通主管部门对建设资金的审计意见	该项目前期发生的各项费用已按实际完成工作量支付,项目资本金已落实,银行贷款已由中国工商银行开具贷款承诺函,资金管理、使用情况较好 (公章) 二〇〇八年四月二十四日

<table>
<tr><td rowspan="2">项目法人
基本情况</td><td colspan="3">项目法人名称(章):河南高速公路发展有限责任公司
法定代表人:王金山</td></tr>
<tr><td colspan="3">委托的项目建设管理单位(如有):无</td></tr>
<tr><td colspan="4">质量监督单位:河南省交通基本建设质量检测监督站</td></tr>
<tr><td rowspan="2">设计单位:</td><td>中交第一公路勘察设计研究院</td><td rowspan="2">资质等级:</td><td>公路行业(公路 特大桥梁)甲级</td></tr>
<tr><td>河南省交通规划勘察设计院</td><td>公路勘察综合类甲级</td></tr>
<tr><td colspan="4">申请开工日期:2008.4.28　计划竣工日期:2011.4.27　计划工期:36 个月</td></tr>
<tr><td colspan="4">该项目施工许可实施机关的下一级地方人民政府交通主管部门初审意见(如有):
同意开工

签字:　(章)
二〇〇八年四月二十四日</td></tr>
<tr><td colspan="4">该项目施工许可实施机关审批意见:
准予施工。
2008 年 5 月 28 日</td></tr>
</table>

关于京珠国道主干线安阳至新乡高速公路改扩建工程安阳段工程建设用地的批复

国土资函〔2008〕166号

河南省人民政府：

你省《关于京珠国道主干线安阳至新乡公路改扩建工程建设用地的请示》(豫政文〔2007〕192号)业经国务院批准，现批复如下：

一、同意安阳市、鹤壁市、新乡市将农村集体农用地306.2969公顷(其中耕地292.5344公顷)转为建设用地并办理征地手续，另征收农村集体建设用地5.5925公顷、未利用地2.4637公顷；同意将国有农用地3.3243公顷(其中耕地3.2334公顷)转为建设用地，同时使用国有建设用地0.637公顷、未利用地0.0143公顷。

以上共计批准建设用地318.3287公顷，其中服务区用地24公顷范围内的经营性用地由当地人民政府以有偿使用方法提供，绿化用地0.3012公顷由当地人民政府按照规划和设计合理安排使用。其余建设用地划拨给河南高速公路发展有限责任公司，作为京珠国道主干线安阳至新乡公路改扩建工程建设用地。

二、当地人民政府和建设单位要进一步落实补充耕地方案，采取措施，提高已补充298.5公顷耕地的质量。

三、当地人民政府要严格依法履行征地批后实施程序，按照征收土地方案及时支付补偿费用，落实安置措施，切实安排好被征地农民的生产和生活，保证原有生活水平不降低，长远生计有保障，维护社会稳定。征地补偿安置不落实的，不得强行使用被征土地。

四、你省国土资源管理部门要对征收土地方案的实施情况进行跟踪检查，督促当地政府和有关部门、单位做好相关工作。征地批后实施情况，按照反馈制度的要求报国土资源部。

二〇〇八年三月二十日

关于京珠国道主干线安阳至新乡高速公路改扩建工程建设用地预审意见的复函

国土资预审字〔2005〕124号

河南省国土资源厅、河南高速公路发展有限责任公司：

《关于京珠国道主干线安阳至新乡高速公路改扩建工程建设项目用地的初审意见》(豫国土资文〔2005〕13号)和《关于申请京珠国道主干线安阳至新乡高速公路改建项目用地预审的请示》(豫高司〔2005〕1号)收悉。经审查,现函复如下：

一、该项目符合《国家高速公路网规划》,原则同意通过用地预审。待项目可行性研究报告批准后,依法做好土地利用总体规划的修改工作。

二、项目在初步设计阶段,应按照《公路建设项目用地指标》的规定,从严控制用地规模,集约利用土地。

三、项目建设拟占用基本农田过多,应采取措施尽量避让,确需占用的,必须按规定及时做好补划工作。

四、《中华人民共和国土地管理法》规定,建设项目占用耕地应保证占补平衡,补充耕地资金必须切实落实。

按照《国务院关于深化改革严格土地管理的决定》(国发〔2004〕28号)要求,凡占用基本农田,其缴纳的耕地开垦费应按当地最高标准执行。

五、有关地方国土资源管理部门要按国家有关法律和《国务院关于深化改革严格土地管理的决定》(国发〔2004〕28号)的要求,认真做好征地补偿安置的前期工作,采取措施保证被征地农民生活水平不因征地而降低,切实维护被征地农民的合法权益。

六、项目可行性研究报告批准后,按照《中华人民共和国土地管理法》和国务院的有关规定,办理建设用地报批手续。

二〇〇五年五月十日

关于京珠国道主干线安阳至新乡公路改扩建工程建设用地的函

豫国土资函〔2008〕267 号

安阳市人民政府、鹤壁市人民政府、新乡市人民政府：

京珠国道主干线安阳至新乡公路改扩建工程建设用地已经省政府上报国务院批准，国土资源部以国土资函〔2008〕166 号文件下达批复，同意安阳市、安阳县、汤阴县、鹤壁市、淇县、浚县、卫辉市、延津县人民政府转用并征收农村集体农用地。306.2969 公顷（其中耕地 292.5344 公顷），征收农村集体建设用地 5.5925 公顷、未利用地 2.463 7 公顷，转用国有农用地 3.3243 公顷（其中耕地 3.2334 公顷），使用国有建设用地 0.6370 公顷、未利用地 0.0143 公顷，共计批准建设用地 318.3287 公顷，其中服务区用地 24.0000 公顷范围内的经营性用地由当地政府按有偿方式提供，绿化用地 0.3012 公顷由当地人民政府按照规划和设计合理安排使用，其余建设用地划拨给河南高速公路发展有限责任公司，作为该工程建设用地。

望接函后，安阳市和安阳县、汤阴县，鹤壁市和淇县、浚县，新乡市和卫辉市、延津县人民政府及有关部门按照国土资源部的要求，认真抓好补充耕地方案和征地补偿安置工作的落实，并将落实结果报省国土资源厅。土地征收实施情况，列入今年全省跟踪检查内容。

附件：

1.京珠国道主干线安阳至新乡公路改扩建工程建设用地明细表

2.关于京珠国道主干线安阳至新乡高速公路改扩建工程建设用地的批复（国土资函〔2008〕166 号）

二〇〇八年四月三十日

附件 1

京珠国道主干线安阳至新乡公路改扩建工程建设用地明细表

名称		共计	农用地														建设用地				未利用地		
			合计	耕地					园地	林地	其他农用地						合计	居民点及独立工矿	交通运输	水利设施	合计	未利用土地	其他土地
				小计	菜地	旱地	灌溉水田	水浇地			小计	农村道路	养殖水面	农田水利用地	晒谷场	设施农业用地							
总计		318.3287	309.6212	295.7678	4.9189	2.2437	7.8418	280.7634	7.5333	0.9504	4.3697	0.5620	0.7291	1.1206	1.9058	0.0522	6.2295	5.0148	0.6681	0.5466	2.4780	0.6227	1.8553
国有土地	国有共计	3.9456	3.3243	3.2334				3.2334			0.0909	0.0151			0.0758		0.6370	0.2209	0.4161		0.0143	0.0143	
	安阳市共计	0.0944	0.0801	0.0801				0.0801									0.0000				0.0143		0.0143
	汤阴县合计	0.0944	0.0801	0.0801				0.0801									0.0000				0.0143		0.0143
	畜牧场	0.0944	0.0801	0.0801				0.0801									0.0000				0.0143		0.0143
	鹤壁市共计	2.1693	1.9484	1.9484				1.9484									0.2209	0.2209			0.0000		
	开发区小计	0.5507	0.5507	0.5507				0.5507									0.0000				0.0000		
	浚县农场二分场	0.5507	0.5507	0.5507				0.5507									0.0000				0.0000		
	浚县合计	1.6186	1.3977	1.3977				1.3977									0.2209	0.2209			0.0000		
	钜桥镇小计	1.6186	1.3977	1.3977				1.3977									0.2209	0.2209			0.0000		
	原种场	1.6186	1.3977	1.3977				1.3977									0.2209	0.2209			0.0000		
	新乡市共计	1.7119	1.2958	1.2049				1.2049			0.0909	0.0151			0.0758		0.4161		0.4161		0.0000		
	卫辉市合计	1.7119	1.2958	1.2049				1.2049			0.0909	0.0151			0.0758		0.4161		0.4161		0.0000		
	后河镇	0.4161	0.0000														0.4161		0.4161		0.0000		
	农科所	1.2958	1.2958	1.2049				1.2049			0.0909	0.0161			0.0758		0.0000				0.0000		
集体土地	集体共计	314.3531	306.2969	292.5344	4.9189	2.2437	7.8418	277.5300	7.5333	1.9504	4.2788	0.5469	0.7291	1.1206	1.8300	0.0522	5.5925	4.7939	0.2520	0.5466	2.4537	0.6227	0.840
	安阳市共计	140.6572	136.9926	128.5905	3.9484	0.7575	7.8418	116.0428	7.3885	0.4706	0.5430	0.1411	0.0578	0.2665	0.0776		2.7738	2.7588	0.0150		0.8908	0.5967	0.2941
	安阳县合计	43.0521	41.2041	34.4147	0.4579	0 3000	7.8418	25.8150	6.4943	0.2951							1.7647	1.7647			0.0833	0.0833	
	柏庄镇小计	34.2353	32.7049	26.2861	0.4579		7.8418	17.9864	6.4188								1.5304	1.5304			0.0000		
	西灵芝	0.5509	0.5154	0.5154	0.3343			0.1811									0.0355	0.0355			0.0000		
	北街	21.8663	20.3714	16.5472			7.5240	9.0232	3.8242								1.4949	1.4949			0.0000		
	东街	7.9463	7.9463	5.6517			0.3178	5.3339	2.2946								0.0000				0.0000		
	马庄	3.2904	3.2904	3.2592	0.1236			3.1356	0.0312								0.0000				0.0000		

续上表

	名称	共计	农用地															建设用地				未利用地		
			合计	耕地					园地	林地	其他农用地						合计	居民点及独立工矿	交通运输	水利设施	合计	未利用土地	其他土地
				小计	菜地	旱地	灌溉水田	水浇地			小计	农村道路	养殖水面	农田水利用地	晒谷场	设施农业用地							
集体土地	沙高村	0.5814	0.5814	0.3126				0.3126	0.2688								0.0000				0.0000		
	韩陵乡小计	8.7425	8.4992	8.1286		0.3000		7.8286	0.0755	0.2951							0.1600	0.1600			0.0833	0.0833	
	乡政府	0.5306	0.3706						0.0755	0.2951							0.1600	0.1600			0.0000		
	李家山	2.7794	2.7794	2.7794				2.7794									0.0000				0.0000		
	东梁贡	4.6012	4.5179	4.5179		0.2024		4.3155									0.0000				0.0833	0.0833	
	东见山	0.8313	0.8313	0.8313		0.0976		0.7337									0.0000				0.0000		
	白壁镇小计	0.0743	0.0000														0.0743	0.0743			0.0000		
	小屯村	0.0743	0.0000														0.0743	0.0743			0.0000		
	北关区合计	11.0463	10.0536	9.8781	1.9219	0.4575		7.4987		0.1755							0.6196	0.6196			0.3731	0.3731	
	彰东办事处小计	11.0463	10.0536	9.8781	1.9219	0.4575		7.4987		0.1755							0.6196	0.6196			0.3731	0.3731	
	后崇义	0.5065	0.4155	0.4155				0.4155									0.0910	0.0910			0.0000		
	李家庄	0.8336	0.6667	0.6667	0.6667												0.1669	0.1669			0.0000		
	前崇义	0.0708	0.0708	0.0708				0.0708									0.0000				0.0000		
	苏家村	1.0308	0.9823	0.9823	0.9823												0.0485	0.0485			0.0000		
	西见山	1.7772	1.4976	1.3221		0.0753		1.2468		0.1755							0.0215	0.0215			0.2581	0.2581	
	西梁贡	0.6308	0.3822	0.3822		0.3822											0.1336	0.1336			0.1150	0.1150	
	西六村	1.8774	1.8774	1.8774				1.8774									0.0000				0.0000		
	西于曹	2.2825	2.1244	2.1244	0.2729			1.8515									0.1581	0.1581			0.0000		
	中崇义	2.0367	2.0367	2.0367				2.0367									0.0000				0.0000		
	汤阴县合计	38.4476	37.6724	36.3244	1.5686			34.7558	0.8942		0.4538	0.0946	0.0578	0.2238	0.0776		0.3745	0.3745			0.4007	0.1403	0.2604
	白营乡小计	12.9056	12.4394	11.5875	0.4431			11.1444	0.5049		0.3470	0.0080	0.0578	0.2036	0.0776		0.3259	0.3259			0.1403	0.1403	
	张官屯	1.9158	1.9158	1.5952				1.5952	0.1170		0.2036			0.2036			0.0000				0.0000		
	小张盖	0.8754	0.8754	0.8754				0.8754									0.0000				0.0000		
	北店村	2.8155	2.8155	2.8155				2.8155									0.0000				0.0000		
	大张盖	2.3212	2.3212	2.0203				2.0203	0.3009								0.0000				0.0000		

续上表

名称		共计	农用地														建设用地				未利用地		
			合计	耕地					园地	林地	其他农用地						合计	居民点及独立工矿	交通运输	水利设施	合计	未利用土地	其他土地
				小计	菜地	旱地	灌溉水田	水浇地			小计	农村道路	养殖水面	农田水利用地	晒谷场	设施农业用地							
集体土地	后湾张	1.5502	1.5502	1.5502				1.5502									0.0000				0.0000		
	杨村	0.3427	0.3427	0.3427				0.3427									0.0000				0.0000		
	北陈王	1.4398	1.1028	1.0078	0.1653			0.8425	0.0870		0.0080	0.0080					0.1967	0.1967			0.1403	0.1403	
	南陈王	1.8450	1.5158	1.3804	0.2778			1.1026			0.1354		0.0578		0.0776		0.1292	0.1292			0.0000		
	城关镇小计	5.8170	5.8170	5.7304	1.0385			4.6919			0.0866	0.0866					0.0000				0.0000		
	五里村	4.0922	4.0922	4.0056				4.0056			0.0866	0.0866					0.0000				0.0000		
	焦孔村	1.7248	1.7248	1.7248	1.0385			0.6863									0.0000				0.0000		
	伏道乡小计	4.5685	4.3244	4.3042				4.3042			0.0202			0.0202			0.0000				0.2441		0.2441
	西关村	0.8933	0.8431	0.8229				0.8229			0.0202			0.0202			0.0000				0.0502		0.0502
	前小滩	2.3289	2.3288	2.3289				2.3289									0.0000				0.0000		
	寺台寺	1.3463	1.1524	1.1524				1.1524									0.0000				0.1939		0.1939
	宜沟镇小计	15.1565	15.0916	14.7023	0.0870			14.6153	0.3893								0.0486	0.0486			0.0163		0.0163
	刘庄	0.4402	0.4402	0.4402				0.4402									0.0000				0.0000		
	大寺台	2.0323	2.0323	1.6430				1.6430	0.3893								0.0000				0.0000		
	高耳庄	3.2178	3.2178	3.2178				3.2178									0.0000				0.000		
	将城	3.5106	3.4943	3.4943				3.4943									0.0000				0.0163		0.0153
	大青山	5.4424	5.3938	5.3938	0.0870			5.3068									0.0486	0.0486			0.0000		
	新华街	0.5132	0.5132	0.5132				0.5132									0.0000				0.0000		
	文峰区合计	48.1112	48.0625	47.9733				47.9733			0.0892	0.465		0.0427			0.0160		0.0150		0.0337		0.0337
	中华路办事处小计	7.7752	7.7752	7.7752				7.7752									0.0000				0.0000		
	任家庄	2.4206	2.4206	2.4206				2.4206									0.0000				0.0000		
	盖津店	0.5327	0.5327	0.5327				0.5327									0.0000				0.0000		
	三府村	2.1897	2.1897	2.1897				2.1897									0.0000				0.0000		
	西瓦亭	2.6186	2.6186	2.6186				2.6186									0.0000				0.0000		
	雷市庄	0.0136	0.0136	0.0136				0.0136									0.0000				0.0000		

续上表

名称		共计	农用地														建设用地				未利用地		
			合计	耕地					园地	林地	其他农用地						合计	居民点及独立工矿	交通运输	水利设施	合计	未利用土地	其他土地
				小计	菜地	旱地	灌溉水田	水浇地			小计	农村道路	养殖水面	农田水利用地	晒谷场	设施农业用地							
集体土地	高庄乡小计	21.3812	21.3662			21.3235			0.0427			0.0427			0.0150		0.0150		0.0000				
	桑圆	1.1054	1.1054			1.1054									0.0000				0.0000				
	辛庄	1.8734	1.8734			1.8734									0.0000				0.0000				
	杨河固	4.7739	4.7589			4.7162			3.0427			0.0427			0.0150		0.0150		0.0000				
	张河固	10.7170	10.7170			10.7170									0.0000				0.0000				
	大官庄	1.7259	1.7259			1.7259									0.0000				0.0000				
	韩河固	1.1856	1.1856			1.1856									0.0000				0.0337	0.0000	0.0337		
	宝莲寺镇小计	18.9548	18.9211			18.8746			0.0465	0.0465	0.0000				0.0000				0.0000				
	赵官屯	12.2836	12.2836			12.2836									0.0000				0.0000				
	孙薛庄	0.0724	0.0724			0.0724									0.0000				0.0000				
	刘薛庄	1.1671	1.1671			1.1671									0.0000				0.0000				
	张村	2.3694	2.3694			2.3229			0.0465	0.0465					0.0000				0.0000				
	任庄	2.8457	2.8288			2.8288			0.0000						0.0000				0.0169		0.0169		
	南马庄	0.1998	0.1998	0.1998			0.1998									0.0000				0.0000			
	镇政府	0.0168	0.0000							0.0000						0.0000				0.0168			
	鹤壁市共计	105.0821	102.5866	99.3048	0.2920			99.0128		1.4798	1.8020	0.0530	0.6713		1.0255	0.0522	2.4040	1.7852	0.2370	0.3818	0.0915	0.0260	0.0655
	淇县合计	64.3421	62.7761	60.9999				60.9999		1.4136	0.3626	0.0530	0.0233		0.2341	0.0522	1.4745	1.2823	0.1922		0.0915	0.0260	0.0655
	桥盟乡小计	7.5123	6.7769	6.7769				6.7769									0.7094	0.6954	0.0140		0.0260	0.0655	
	董桥村	3.1610	3.1566	3.1566			3.1566									0.0044		0.0044		0.0000			
	郭庄村	2.3540	2.0660	2.0660			2.0660									0.2880	0.2784	0.0096		0.0000			
	后张近村	1.9973	1.5543	1.5543			1.5543									0.4170	0.4170			0.0260	0.0260		
	西岗乡小计	3.2164	3.2164	3.2164			3.2164									0.0000				0.0000			
	余庄村	3.2164	3.2164	3.2164			3.2164									0.0000				0.0000			
	朝歌镇小计	10.5940	10.2203	10.0918			10.0918			0.1285	0.0530	0.0233			0.0522	0.3247	0.2259	0.0988		0.0490		0.0490	
	韦庄村	1.2799	1.2558	1.2558			1.2558									0.0000				0.0241		0.0241	

续上表

	名称	共计	农用地														建设用地				未利用地		
			合计	耕地					园地	林地	其他农用地						合计	居民点及独立工矿	交通运输	水利设施	合计	未利用土地	其他土地
				小计	菜地	旱地	灌溉水田	水浇地			小计	农村道路	养殖水面	农田水利用地	晒谷场	设施农业用地							
集体土地	付庄村	0.1581	0.1581	0.1581			0.1581									0.0000				0.0000			
	东街村	1.6477	1.6477	1.6477			1.6477									0.0000				0.0000			
	东关村	1.1869	1.1435	1.1435			1.1435									0.0434		0.0434		0.0000			
	中山街村	0.5789	0.5727	0.5727			0.5727									0.0062		0.0062		0.0000			
	南门里村	2.3516	2.3451	2.3451			2.3451									0.0065		0.0065		0.0000			
	阁南村	0.6432	0.6432	0.6138			0.6138			0.0294					0.0294	0.0000				0.0000			
	南杨庄村	0.3452	0.3333	0.2342			0.2342			0.0991	0.0530	0.0233			0.0228	0.0119	0.0119			0.0000			
	南关村	2.4025	2.1209	2.1209			2.1209									0.2567	0.2140	0.0427		0.0249		0.0249	
	高村镇小计	11.0130	10.7794	10.7794			10.7794									0.2336	0.2204	0.0132		0.0000			
	石河岸村	1.1105	1.1105	1.1105				1.1105									0.0000				0.0000		
	古城村	0.7431	0.7431	0.7431				0.7431									0.0000				0.0000		
	石佛寺村	3.4892	3.2688	3.2688				3.2688									0.2204	0.2204			0.0000		
	二郎庙村	2.4602	2.4602	2.4602				2.4602									0.0000				0.0000		
	贯子村	2.5628	2.5496	2.5496				2.5496									0.0132		0.0132		0.0000		
	泥河村	0.6472	0.6472	0.6472				0.6472									0.0000				0.000		
	北阳镇小计	32.0064	31.7831	30.1354				30.1354		1.4136	0.2341				0.2341		0.2068	0.1406	0.0662		0.0165		0.0165
	水屯村	1.9949	1.9784	1.9387				1.9387			0.0397				0.0397		0.0000				0.0165		0.0165
	南史庄村	4.3319	4.1600	3.3797				3.3797		0.5859	0.1944				0.1944		0.1719	0.1406	0.0313		0.0000		
	南阳村	2.6168	2.6168	2.3570				2.3570		0.2598							0.0000				0.0000		
	王庄村	18.6824	18.6475	18.0796				18.0796		0.5679							0.0349		0.0349		0.0000		
	常屯村	4.3804	4.3804	4.3804				4.3804									0.0000				0.0000		
	浚县合计	10.4960	10.3076	9.4520	0.2920			9.1600			0.8556		0.3332		0.5224		0.1884	0.0984		0.0900	0.0000		
	钜桥镇小计	10.4960	10.3076	9.4520	0.2920			9.1600			0.8556		0.3332		0.5224		0.1884	0.0984		0.0900	0.0000		
	姬庄	2.7693	2.7059	2.6344				2.6344			0.0715		0.0715				0.0634			0.0634	0.0000		
	路屯	2.6483	2.6483	2.0666	0.2251			1.8415			0.5817		0.0986		0.4831		0.0000				0.0000		

续上表

	名称	共计	农用地														建设用地				未利用地		
			合计	耕地					园地	林地	其他农用地						合计	居民点及独立工矿	交通运输	水利设施	合计	未利用土地	其他土地
				小计	菜地	旱地	灌溉水田	水浇地			小计	农村道路	养殖水面	农田水利用地	晒谷场	设施农业用地							
集体土地	钮庄	1.2222	1.2222	1.2222				1.2222									0.0000				0.0000		
	申砦	2.2895	2.2895	2.2895				2.2895									0.0000				0.0000		
	赵庄	1.5667	1.4417	1.2393	0.0669			1.1724			0.2024		0.1631		0.0393		0.1250	0.0984		0.0266	0.0000		
	淇滨区合计	18.0352	17.6968	17.5357				17.5357			0.1611		0.1611				0.3384	0.1430	0.0448	0.1506	0.0000		
	大赉店镇小计	18.0352	17.6968	17.5357				17.5357			0.1611		0.1611				0.3384	0.1430	0.0448	0.1506	0.0000		
	田新庄村	2.4859	2.4859	2.4859				2.4859									0.0000				0.0000		
	姬屯	4.6019	4.5123	4.5123				4.5123									0.0898			0.0896	0.0000		
	董庄	3.5948	3.5948	3.4337				3.4337			0.1611		0.1611				0.0000				0.0000		
	曹庄	0.3712	0.3712	0.3712				0.3712									0.0000				0.0000		
	周庄	3.2016	3.0138	3.0138				3.0138									0.1878	0.1430	0.0448		0.0000		
	杨庄	0.6728	0.6728	0.6728				0.6728									0.0000				0.0000		
	东臣投	2.3179	2.2569	2.2569				2.2569									0.0610			0.0610	0.0000		
	孟庄	0.7891	0.7891	0.7891				0.7891									0.0000				0.0000		
	开发区合计	12.2088	11.8061	11.3172				11.3172		0.0662	0.4227		0.1537		0.2690		0.4027	0.2615		0.1412	0.0000		
	黎阳路办事处小计	5.2439	5.1215	4.6326				4.6326		0.0662	0.4227		0.1537		0.2690		0.1224	0.1224			0.0000		
	大八角	5.2439	5.1215	4.6326				4.6326		0.0662	0.4227		0.1537		0.2690		0.1224	0.1224			0.0000		
	九州路办事处小计	0.5387	0.4561	0.4561				0.4561									0.0826			0.0826	0.0000		
	西臣投	0.5387	0.4561	0.4561				0.4561									0.0826			0.0826	0.0000		
	长江路办事处小计	6.4262	6.2285	6.2285				6.2285									0.1977	0.1391		0.0586	0.0000		
	姜庄	4.7010	4.5619	4.5619				4.5619									0.1391	0.1391			0.0000		
	牛庄	1.5095	1.4509	1.4509				1.4509									0.0586			0.0586	0.0000		
	桃园村	0.2157	0.2157	0.2157				0.2157									0.0000				0.0000		
	新乡市共计	68.6138	66.7177	64.6391	0.6785	1.4862		62.4744	0.1448		1.9338	0.3528		0.8541	0.7269		0.4147	0.2499	0.0000	0.1648	1.4814		1.4814
	卫辉市合计	66.0323	64.1362	62.2098	0.6785	1.4862		60.0451	0.1448		1.7816	0.3528		0.7019	0.7269		0.4147	0.2499		0.1648	1.4814		1.4814
	柳庄乡小计	18.5475	18.5475	18.0497	0.2957			17.7540			0.4978	0.1898		0.0523	0.2557		0.0000				0.0000		

续上表

名称		共计	农用地														建设用地				未利用地		
			合计	耕地					园地	林地	其他农用地						合计	居民点及独立工矿	交通运输	水利设施	合计	未利用土地	其他土地
				小计	菜地	旱地	灌溉水田	水浇地			小计	农村道路	养殖水面	农田水利用地	晒谷场	设施农业用地							
集体土地	庞庄村	2.4581	2.4581	2.4297				2.4197			0.0284	0.0284					0.0000				0.0000		
	大张庄村	5.3427	5.3427	4.9953				4.6996			0.3474	0.0555		0.0362	0.2557		0.0000				0.0000		
	八里庄村	0.0735	0.0735	0.0735	0.2957			0.0735									0.0000				0.0000		
	吕绪屯村	1.3606	1.3606	1.3076				1.3076			0.0530	0.0530					0.0000				0.0000		
	王彦士屯村	5.9051	5.9051	5.8515				5.8515			0.0536	0.0375		0.0161			0.0000				0.0000		
	董庄村	1.7806	1.7806	1.7652				1.7652			0.0154	0.0154					0.0000				0.0000		
	焦浩屯村	1.6159	1.6159	1.6159				1.6159									0.0000				0.0000		
	许屯村	0.0110	0.0110	0.0110				0.0110									0.0000				0.0000		
	城郊乡小计	10.1195	9.7048	9.6680				9.6680			0.0368	0.0283		0.0085			0.4147	0.2499		0.1648	0.0000		
	牛庄村	1.9458	1.7505	1.7397				1.7397			0.0108	0.0108					0.1953	0.1953			0.0000		
	东关村	3.8364	3.6716	3.6716				3.6716									0.1648			0.1648	0.0000		
	东码头村	3.2457	3.2457	3.2197				3.2197			0.0260	0.0175		0.0085			0.0000				0.0000		
	北关村	0.0750	0.0750	0.0750				0.0750									0.0000				0.0000		
	南关村	1.0166	0.9620	0.9620				0.9620									0.0546	0.0546			0.0000		
	后河镇小计	3.8292	3.8292	3.7865	0.0854			3.7011			0.0427	0.0154		0.0273			0.0000				0.0000		
	李享屯村	0.6630	0.6630	0.6509				0.6509			0.0121			0.0121			0.0000				0.0000		
	李兴村	2.6755	2.6755	2.6449	0.0854			2.5595			0.0306	0.0154		0.0152			0.0000				0.0000		
	曹庄村	0.4907	0.4907	0.4907				0.4907									0.0000				0.0000		
	倪湾乡小计	15.2785	15.0537	14.6072		0.6259		13.9813			0.4465	0.0865		0.1990	0.1610		0.0000				0.2248		0.2218
	纪庄村	2.6661	2.6661	2.6523		0.6259		2.0264			0.0138	0.0138					0.0000				0.0000		
	毛楼村	3.9356	3.9356	3.8238				3.8238			0.1118	0.0107		0.1011			0.0000				0.0000		
	大关庄村	3.1622	3.1622	2.9588				2.9588			0.2034	0.0424			0.1610		0.0000				0.0000		
	倪湾村	3.5780	3.5780	3.5405				3.5405			0.0375			0.0375			0.0000				0.0000		
	周湾村	1.0787	1.0787	1.0591				1.0591			0.0196						0.0000				0.0000		0.2248
	府君庙村	0.8579	0.6331	0.5727				0.5727			0.0504			0.0504			0.0000				0.2243		1.2566

续上表

名称		共计	农用地														建设用地				未利用地		
			合计	耕地					园地	林地	其他农用地						合计	居民点及独立工矿	交通运输	水利设施	合计	未利用土地	其他土地
				小计	菜地	旱地	灌溉水田	水浇地			小计	农村道路	养殖水面	农田水利用地	晒谷场	设施农业用地							
集体土地	顿坊店乡小计	18.2576	17.0010	16.0984	0.2974	0.8603		14.9407	0.1448		0.7578	0.0328		0.4148	0.3102		0.0000				0.2319		0.2319
	上马营村	3.1084	2.8765	2.5166				2.5166			0.3599			0.3599			0.0000				0.0000		
	黄庄村	4.5739	4.5739	4.2489				4.2489			0.3250			0.0148	0.3102		0.0000				0.0000		
	吉营村	2.9496	2.9496	2.9095				2.9095			0.0401			0.0401			0.0000				0.3655		0.3655
	小双村	5.1901	4.8246	4.6470		0.1857		4.4613	0.1448		0.0328						0.0000				0.6592		0.5592
	后稻香村	2.3578	1.6986	1.6986	0.2974	0.6746		0.7266									0.0000				0.0000		
	关屯村	0.0778	0.0778	0.0778				0.0778									0.0000				0.0000		
	延津县合计	2.5815	2.5815	2.4293				2.4293			0.1522			0.1522			0.0000				0.0000		
	小店镇小计	2.5815	2.5815	2.4293				2.4293			0.1522			0.1522			0.0000				0.0000		
	常村	1.9305	1.9305	1.9305				1.9305									0.0000				0.0000		
	关屯村	0.4988	0.4988	0.4988				0.4988									0.0000				0.0000		
	小店镇政府	0.1522	0.1522								0.1522			0.1522			0.0000				0.0000		

关于京珠国道主干线安阳至新乡公路改扩建工程建设用地的请示

豫政文〔2007〕192号

国务院：

京珠国道主干线安阳至新乡公路改扩建工程可行性研究报告已经国家发展和改革委员会批准。该工程需转用并征收安阳市及所辖汤阴县、安阳县、鹤壁市及所辖淇县、浚县，新乡市所辖卫辉市、延津县集体发用地306.2969公顷（其中耕地292.5344公顷），征收集体建设用地5.5925公顷、未利用地2.4637公顷，转用国有农用地3.3243公顷，使用国有建设用地0.6370公顷，未利用电0.0143公顷，共计318.3287公顷。服务设施中经营性用地拟出让给河南高速公路发展有限责任公司，其余建设用地拟划拨给该公司，作为京珠国道主干线安阳至新乡公路改扩建工程建设用地。经审查，安阳市及所辖汤阴县、安阳县、鹤壁市及所辖淇县、浚县，新乡市所辖卫辉市、延津县国土资源局拟订的农用地转用方案、补充耕地方案、征收土地方案和供地方案符合土地管理法律、法律的规定，现呈报审批。

妥否，请批示。

附件：

京珠国道主干线安阳至新乡公路改扩建工程建设用地明细表

二〇〇七年十月二十五日

京珠国道主干线安阳至新乡公路改扩建工程建设用地明细表

单位:公顷

名称		共计	农用地														建设用地				未利用地		
			合计	耕地					园地	林地	其他农用地						合计	其中			合计	其中	
				小计	其中						小计	其中											
					菜地	旱地	灌溉水田	水浇地				农村道路	养殖水面	农田水利用地	晒谷场	设施农业用地		居民点及独立工矿	交通运输	水利设施		未利用土地	其他土地
总计		318.3287	309.6212	295.7678	4.9189	2.2437	7.8418	280.7634	7.5333	1.9504	4.3697	0.5620	0.7291	1.1206	1.9058	0.0522	6.2295	5.0148	0.6681	0.5466	2.4780	0.6227	1.8553
国有土地	国有共计	3.9756	3.3243	3.2334				3.2334			0.0909	0.0151			0.0758		0.6370	0.2209	0.4161		0.0143		0.0143
	安阳市共计	0.0944	0.0801	0.0801				0.0801									0.0000				0.0143		0.0143
	汤阴县合计	0.0944	0.0801	0.0801				0.0801									0.0000				0.0143		0.0143
	畜牧场	0.0944	0.0801	0.0801				0.0801									0.0000				0.0143		0.0143
	鹤壁市共计	2.1693	1.9484	1.9484				1.9484									0.2209	0.2209			0.0000		
	开发区小计	0.5507	0.5507	0.5507				0.5507									0.0000				0.0000		
	浚县农场二分场	0.5507	0.5507	0.5507				0.5507									0.0000				0.0000		
	浚县合计	1.6186	1.3977	1.3977				1.3977									0.2209	0.2209			0.0000		
	钜桥镇小计	1.6186	1.3977	1.3977				1.3977									0.2209	0.2209			0.0000		
	原种场	1.6186	1.3977	1.3977				1.3977									0.2209	0.2209			0.0000		
	新乡市共计	1.7119	1.2958	1.2049				1.2049			0.0909	0.0151			0.0758		0.4161		0.4161		0.0000		
	卫辉市合计	1.7119	1.2958	1.2049				1.2049			0.0909	0.151			0.0758		0.4161		0.4161		0.0000		
	后河镇	0.4161	0.0000														0.4161		0.4161		0.0000		
	农科所	1.2958	1.2958	1.2049				1.2049			0.0909	0.0151			0.0758		0.0000				0.0000		

续上表

	名称	共计	农用地														建设用地				未利用地		
			合计	耕地					园地	林地	其他农用地						合计	其中			合计	其中	
				小计	其中						小计	其中											
					菜地	旱地	灌溉水田	水浇地				农村道路	养殖水面	农田水利用地	晒谷场	设施农业用地		居民点及独立工矿	交通运输	水利设施		未利用土地	其他土地
集体土地	集体共计	314.3531	306.2969	292.5344	4.9189	2.2437	7.8418	277.5300	7.5333	1.9504	4.2788	0.5469	0.7291	1.1206	1.8300	0.0522	5.5958	4.7939	0.2520	0.5466	2.4637	0.6227	1.8410
	安阳市共计	140. 6572	136. 9926	128. 5905	3. 9484	0. 7575	7. 8418	116. 0428	7. 3885	0. 4706	0. 5430	0. 1411	0. 0578	0. 2665	0.0776		2.7738	2.7588	0.0150		0.8908	0.5967	0.2941
	安阳县合计	43.0521	41.2041	34.4147	0.4579	0.3000	7.8418	25.8150	6.4943	0.2951							1.7647	1.7647			0.0833	0.0833	
	柏庄镇小计	34.2353	32.7049	26.2861	0.4579		7.8418	17.9864	6.4188								1.5304	1.5304			0.0000		
	西灵芝	0.5509	0.5154	0.5154	0.3343			0.1811									0.0355	0.0355			0.0000		
	北街	21.8663	20.3714	16.5472			7.5240	9.0232	3.8242								1.4949	1.4949			0.0000		
	东街	7.9463	7.9463	5.6517			0.3178	5.3339	2.2946								0.0000				0.0000		
	马庄	3.2904	3.2904	3.2592	0.1236			3.1356	0.0312								0.0000				0.0000		
	沙高村	0.5814	0.5814	0.3126				0.3126	0.2688								0.0000				0.0000		
	韩陵乡小计	8.7425	8.4992	8.1286		0.3000		7.8286	0.0755	0.2951							0.1600	0.1600			0.0833	0.0833	
	乡政府	0.5306	0.3706						0.0755	0.2951							0.1600	0.1600			0.0000		
	李家山	2.7794	2.7794	2.7794				2.7794									0.0000				0.0000		
	东梁贡	4.6012	4.5179	4.5179		0.2024		4.3155									0.0000				0.0833	0.0833	
	东见山	0.8313	0.8313	0.8313		0.0976		0.7337									0.0000				0.0000		
	白壁镇小计	0.0743	0.0000														0.0743	0.0743			0.0000		
	小屯村	0.0743	0.0000														0.0743	0.0743			0.0000		
	北关区合计	11.0463	10.0536	9.8781	1.9219	0.4575		7.4987		0.1755							0.6196	0.6196			0.3731	0.3731	
	彰东办事处小计	11.0463	10.0536	9.8781	1.9219	0.4575		7.4987		0.1755							0.6196	0.6196			0.3731	0.3731	
	后崇义	0.5065	0.4155	0.4155				0.4155									0.0910	0.0910			0.0000		

续上表

	名称	共计	农用地															建设用地				未利用地		
			合计	耕地					园地	林地	其他农用地							合计	其中			合计	其中	
				小计	其中						小计	其中												
					菜地	旱地	灌溉水田	水浇地				农村道路	养殖水面	农田水利用地	晒谷场	设施农业用地			居民点及独立工矿	交通运输	水利设施		未利用土地	其他土地
集体土地	李家庄	0.8336	0.6667	0.6667	0.6667													0.1669	0.1669			0.0000		
	前崇义	0.0708	0.0708	0.0708				0.0708										0.0000				0.0000		
	苏家村	1.0308	0.9823	0.9823	0.9823													0.0485	0.0485			0.0000		
	西见山	1.7772	1.4976	1.3221		0.0753		1.2468		0.1755								0.0215	0.0215			0.2581	0.2581	
	西梁贡	0.6308	0.3822	0.3822		0.3822												0.1336	0.1336			0.1150	0.1150	
	西六村	1.8774	1.8774	1.8774				1.8774										0.0000				0.0000		
	西子曹	2.2825	2.1244	2.1244	0.2729			1.8515										0.1581	0.1581			0.0000		
	中崇义	2.0367	2.0367	2.0367				2.0367										0.0000				0.0000		
	汤阴县合计	38.4476	37.6724	36.3244	1.5686			34.7558	0.8942		0.4538	0.0946	0.0578	0.2238	0.0776			0.3745	0.3745			0.4007	0.1403	0.2004
	白营乡小计	12.9056	12.4394	11.5875	0.4431			11.1444	0.5049		0.3470	0.0080	0.0578	0.2036	0.0776			0.3259	0.3259			0.1403	0.1403	
	张官屯	1.9158	1.9158	1.5952				1.5952	0.1170		0.2036		0.2036					0.0000				0.0000		
	小张盖	0.8754	0.8754	0.8754				0.8754										0.0000				0.0000		
	北店村	2.8155	2.8155	2.8155				2.8155										0.0000				0.0000		
	大张盖	2.3212	2.3212	2.0203				2.0203	0.3009										0.0000				0.0000	
	后湾张	1.5502	1.5502	1.5502				1.5502										0.0000				0.0000		
	杨村	0.3427	0.3427	0.3427				0.3427										0.0000				0.0000		
	北陈王	1.4398	1.1028	1.0078	1.1653			0.8425	0.0870		0.0080	0.0080						0.1967	0.1967			0.1403	0.1403	
	南陈王	1.6450	1.5158	1.3804	0.2778			1.1026			0.1354		0.0578		0.0776			0.1292	0.1292			0.0000		
	城关镇小计	5.8170	5.8170	5.7304	1.0385			4.6919			0.0866	0.0866						0.0000				0.0000		

续上表

名称		共计	农用地														建设用地				未利用地		
			合计	耕地					园地	林地	其他农用地						合计	其中			合计	其中	
				小计	其中						小计	其中											
					菜地	旱地	灌溉水田	水浇地				农村道路	养殖水面	农田水利用地	晒谷场	设施农业用地		居民点及独立工矿	交通运输	水利设施		未利用土地	其他土地
集体土地	五里村	4.0922	4.0922	4.0056				4.0056			0.0866	0.0866					0.0000				0.0000		
	焦孔村	1.7248	1.7248	1.7248	1.0385			0.6863									0.0000				0.0000		
	伏道乡小计	4.5685	4.3244	4.3042				4.3042			0.0202			0.0202			0.0000				0.2441		0.2441
	西关庄	0.8933	0.8431	0.8229				0.8229			0.0202			0.0202			0.0000				0.0502		0.0502
	前小滩	2.3289	2.3289	2.3289				2.3289									0.0000				0.0000		
	寺白寺	1.3463	1.1524	1.1524				1.1524									0.0000				0.1030		0.1030
	宜沟镇小计	15.1565	15.0916	14.7023	0.0870			14.6153	0.3893								0.0486	0.046			0.0103		0.0103
	刘庄	0.4403	0.4402	0.4402				0.4402									0.0000				0.0000		
	大寺台	2.0323	2.0323	1.6430				1.6430	0.3893								0.0000				0.0000		
	高耳庄	3.2178	3.2178	3.2178				3.2178									0.0000				0.0000		
	将城	3.5106	3.4943	3.4943				3.4943									0.0000				0.0163		0.0163
	大青山	5.4424	5.3938	5.3938	0.0870			5.3068									0.0486	0.0486			0.0000		
	新华街	0.5132	0.5132	0.5132				0.5132									0.0000				0.0000		
	文峰区合计	48.1112	48.0625	47.9733				47.9733			0.0892	0.0465		0.0427			0.0150		0.0150		0.0337		0.0337
	中华路办事处小计	7.7752	7.7752	7.7752				7.7752									0.0000				0.0000		
	任家庄	2.4206	2.4206	2.4206				2.4206									0.0000				0.0000		
	盖津店	0.5327	0.5327	0.5327				0.5327									0.0000				0.0000		
	三府村	2.1897	2.1897	2.1897				2.1897									0.0000				0.0000		

续上表

	名称	共计	农用地														建设用地				未利用地		
			合计	耕地					园地	林地	其他农用地						合计	其中			合计	其中	
				小计	其中						小计	其中											
					菜地	旱地	灌溉水田	水浇地				农村道路	养殖水面	农田水利用地	晒谷场	设施农业用地		居民点及独立工矿	交通运输	水利设施		未利用土地	其他土地
集体土地	西瓦亭	2.6186	2.6186	2.6186				2.6186									0.0000				0.0000		
	雷市区	2.6186	2.6186	2.6186				2.6186									0.0000				0.0000		
	高庄乡小计	21.3812	21.3662	21.3235				21.3235			0.0427			0.0427			0.0150		0.0150		0.0000		
	桑园	1.1054	1.1054	1.1054				1.1054									0.0000				0.0000		
	辛庄	1.8734	1.8734	1.8734				1.8734									0.0000				0.0000		
	杨河固	4.7739	4.7589	4.7162				4.7162			0.0427			0.0427			0.0150		0.0150		0.0000		
	张河固	10.7170	10.7170	10.7170				10.7170									0.0000				0.0000		
	大官庄	1.7259	1.7259	1.7259				1.7259									0.0000				0.0000		
	韩河固	1.1856	1.1856	1.1856				1.1856									0.0000				0.0000		
	宝莲寺镇小计	18.9548	18.9211	18.8746				18.8746			0.0465	0.0465	0.0000				0.0000				0.0337	0.0000	0.0337
	赵官屯	12.2836	12.2836	12.2836				12.2836									0.0000				0.0000		
	孙薛庄	0.0724	0.0724	0.0724				0.0724									0.0000				0.0000		
	刘薛庄	1.1671	1.1671	1.1671				1.1671									0.0000				0.0000		
	张村	2.3694	2.3694	2.3229				2.3229			0.0465	0.0465					0.0000				0.0000		
	任庄	2.8457	2.8288	2.8288				2.8288			0.0000						0.0000				0.0169		0.0169
	南马庄	0.1998	0.1998	0.1998				0.1998									0.0000				0.0000		
	镇政府	0.0168	0.0000								0.0000						0.0000				0.0168		0.0168
鹤壁市共计		105.0821	102.5866	99.3048	0.2920			99.0128		1.4798	1.8020	0.0530	0.6713		1.0255	0.0522	2.4040	1.7852	0.2370	0.3818	0.0915	0.0260	0.0655
淇县合计		64.3421	62.7761	60.9999				60.9999		1.4136	0.3626	0.0530	0.0233		0.2341	0.0522	1.4745	1.2823	0.1922		0.0915	0.0200	0.0055

续上表

名称		共计	农用地														建设用地				未利用地		
			合计	耕地					园地	林地	其他农用地						合计	其中			合计	其中	
				小计	其中						小计	其中											
					菜地	旱地	灌溉水田	水浇地				农村道路	养殖水面	农田水利用地	晒谷场	设施农业用地		居民点及独立工矿	交通运输	水利设施		未利用土地	其他土地
集体土地	桥盟乡小计	7.5123	6.7769	6.7769				6.7769									0.7094	0.6954	0.0140		0.0200	0.0260	
	董桥村	3.1610	3.1566	3.1566				3.1566									0.0044		0.0044		0.000		
	郭庄村	2.3540	2.0660	2.0660				2.0660									0.2880	0.2784	0.0096		0.0000		
	后张近村	1.9973	1.5543	1.5543				1.5543									0.4170	0.4170			0.0200	0.0260	
	西岗乡小计	3.2164	3.2164	3.2164				3.2164									0.0000				0.0000		
	余庄村	3.2164	3.2164	3.2164				3.2164									0.0000				0.0000		
	朝歌镇小计	10.5940	10.2203	10.0918				10.0918			0.1285	0.0530	0.0233			0.0522	0.3247	0.2250	0.0988		0.0440		0.0440
	韦庄村	1.2799	1.2799	1.2558				1.2558									0.0000				0.0241		0.0241
	付庄村	0.1581	0.1581	0.1581				0.1581									0.0000				0.0000		
	东街村	1.6477	1.6477	1.6477				1.6477									0.0000				0.0000		
	东关村	1.1869	1.1435	1.1435				1.1435									0.0434		0.0434		0.0000		
	中山街村	0.5789	0.5727	0.5727				0.5727									0.0062		0.0062		0.0000		
	南门里村	2.3516	2.3461	2.3451				2.3451									0.0065		0.0065		0.0000		
	阁南村	0.6432	0.6432	0.6138				0.6138			0.0294					0.0294	0.0000				0.0000		
	南杨庄村	0.3452	0.3333	0.2342				0.2342			0.0991	0.0530	0.0233			0.0228	0.0119	0.0119			0.0000		
	南关村	2.4025	2.1209	2.1209				2.1209									0.2567	0.2140	0.0427		0.0249		0.0249
	高村镇小计	11.0130	10.7794	10.7794				10.7794									0.2336	0.2204	0.0132		0.0000		
	石河岸村	1.1105	1.1105	1.1105				1.1105									0.0000				0.0000		
	古城村	0.7431	0.7431	0.7431				0.7431									0.0000				0.0000		

续上表

	名称	共计	农用地														建设用地				未利用地		
			合计	耕地					园地	林地	其他农用地						合计	其中			合计	其中	
				小计	其中						小计	其中											
					菜地	旱地	灌溉水田	水浇地				农村道路	养殖水面	农田水利用地	晒谷场	设施农业用地		居民点及独立工矿	交通运输	水利设施		未利用土地	其他土地
集体土地	石佛寺村	3.4892	3.2688	3.2688				3.2688									0.2204	0.2204			0.0000		
	二郎庙村	2.4602	2.4602	2.4602				2.4602									0.0000				0.0000		
	贯子村	2.5628	2.5496	2.5496				2.5496									0.0132		0.0132		0.0000		
	泥河村	0.6472	0.6472	0.6472				0.6472									0.0000				0.0000		
	北阳镇小计	32.0064	31.7831	30.1354				30.1354		1.4136	0.5641				0.2341		0.2068	0.1406	0.0662		0.0165		0.0165
	水屯村	1.9949	1.9784	1.9387				1.9387			0.0397				0.0397		0.0000				0.0165		0.0165
	南史庄村	4.3319	4.1600	3.3797				3.3797		0.5859	0.1944				0.1944		0.1719	0.1406	0.0313		0.0000		
	南阳村	2.6168	2.6168	2.3570				2.3570		0.2598							0.0000				0.0000		
	王庄村	18.6824	18.6478	18.0796				18.0796		0.5679							0.0349		0.0349		0.0000		
	常屯村	4.3804	4.3804	4.3804				4.3804									0.0000				0.0000		
	浚县合计	10.4960	10.3076	9.4520	0.2920			9.1600			0.8556		0.3332		0.5524		0.1884	0.0984		0.0900	0.0000		
	钜桥镇小计	10.4960	10.3076	9.4520	0.2920			9.1600			0.8556		0.3332		0.5224		0.1884	0.0984		0.0900	0.0000		
	姬庄	2.7693	2.7059	2.6344				2.6344			0.0715		0.0715				0.0634			0.0634	0.0000		
	路屯	2.6483	2.6483	2.0666	0.2251			1.8415			0.5817		0.0986		0.4831		0.0000				0.0000		
	钮庄	1.2222	1.2222	1.2222				1.2222									0.0000				0.0000		
	申砦	2.2895	2.2895	2.2895				2.2895									0.0000				0.0000		
	赵庄	1.5667	1.4417	1.2393	0.0669			1.1724			0.2024		0.1631		0.0393		0.1250	0.0984		0.0266	0.0000		
	淇滨区合计	18.0352	17.6968	17.5357				17.5357			0.1611		0.1611				0.3384	0.1430	0.0448	0.1506	0.0000		
	大赉店镇小计	18.0352	17.6968	17.5357				17.5357			0.1611		0.1611				0.3384	0.1430	0.0448	0.1506	0.0000		

续上表

名称		共计	农用地														建设用地				未利用地		
			合计	耕地					园地	林地	其他农用地						合计	其中			合计	其中	
				小计	其中						小计	其中											
					菜地	旱地	灌溉水田	水浇地				农村道路	养殖水面	农田水利用地	晒谷场	设施农业用地		居民点及独立工矿	交通运输	水利设施		未利用土地	其他土地
集体土地	田新庄村	2.4859	2.4859	2.4859				2.4859									0.0000				0.0000		
	姬屯	4.6019	4.5123	4.5123				4.5123									0.0896			0.0896	0.0000		
	董庄	3.5948	3.5948	3.4337				3.4337			0.1611		0.1611				0.0000				0.0000		
	曹庄	0.3715	0.3712	0.3712				0.3712									0.0000				0.0000		
	周庄	3.2016	3.0138	3.0138				3.0138									0.1878	0.1430	0.0448		0.0000		
	杨庄	0.6728	0.6728	0.6728				0.6728									0.0000				0.0000		
	东臣投	2.3179	2.2569	2.2569				2.2569									0.0610			0.0610	0.0000		
	孟庄	0.7891	0.7891	0.7891				0.7891									0.0000				0.0000		
	开发区合计	12.208	11.8061	11.3172				11.3172		0.0662	0.4227		0.1537		0.2690		0.4027	0.2615		0.1412	0.0000		
	黎阳路办事处小计	5.2439	5.1215	4.6326				4.6326		0.0662	0.4227		0.1537		0.2690		0.1224	0.1224			0.0000		
	大八角	5.2439	5.1215	4.6326				4.6326		0.0662	0.4227		0.1537		0.2690		0.1224	0.1224			0.0000		
	九州路办事处小计	0.5387	0.4561	0.4561				0.4561									0.0826			0.0826	0.0000		
	西臣投	0.5387	0.4561	0.4561				0.4561									0.0826			0.0826	0.0000		
	长江路办事处小计	6.4262	6.2285	6.2285				6.2285									0.1977	0.1391		0.0586	0.0000		
	姜庄	4.7010	4.5619	4.5619				4.5619									0.1391	0.1391			0.0000		
	牛庄	1.5095	1.4509	1.4509				1.4509									0.0586			0.0586	0.0000		
	桃园村	0.2157	0.2157	0.2157				0.2157									0.0000				0.0000		

续上表

	名称	共计	农用地														建设用地				未利用地		
			合计	耕地					园地	林地	其他农用地						合计	其中			合计	其中	
				小计	其中						小计	其中											
					菜地	旱地	灌溉水田	水浇地				农村道路	养殖水面	农田水利用地	晒谷场	设施农业用地		居民点及独立工矿	交通运输	水利设施		未利用土地	其他土地
	新乡市共计	68.6138	66.7177	64.6391	0.6785	1.4862		62.4744	0.1447		1.9338	0.3528		0.8541	0.7269		0.4147	0.2499	0.0000	0.1648	1.4814		1.4814
	卫辉市合计	66.0323	64.1362	62.2098	0.6785	1.4862		60.0451	0.1448		1.7816	0.3528		0.7019	0.7269		0.4147	0.2499		0.1648	1.4814		1.4814
	柳庄乡小计	18.5475	18.5475	18.0497	0.2957			17.7540			0.4978	0.4898		0.0523	0.2557		0.0000				0.0000		
	庞庄村	2.4581	2.4581	2.4297				2.4297			0.0284	0.0284					0.0000				0.0000		
	大张庄村	5.3427	5.3427	4.9953	0.2957			4.6996			0.3474	0.0555		0.0362	0.2557		0.0000				0.0000		
	八里庄村	0.0735	0.0735	0.0735				0.0735									0.0000				0.0000		
	吕绪屯村	1.3606	1.3606	1.3076				1.3076			0.0530	0.0530					0.0000				0.0000		
	王彦士屯村	5.9051	5.9051	5.8515				5.8515			0.0536	0.0375		0.0161			0.0000				0.0000		
集体土地	董庄村	1.7806	1.7806	1.7652				1.7652			0.0154	0.0154					0.0000				0.0000		
	焦浩屯村	1.6159	1.6159	1.6159				1.6159									0.0000				0.0000		
	许屯村	0.0110	0.0110	0.0110				0.0110									0.0000				0.0000		
	城郊乡小计	10.1195	9.7048	9.668				9.6680			0.0368	0.0283		0.0085			0.4147	0.2499		0.1648	0.0000		
	牛庄村	1.9458	1.7505	1.7397				1.7397			0.0108	0.0108						0.1953			0.0000		
	东关村	3.8364	3.6716	3.6716				3.6716									0.1648			0.1648	0.0000		
	东码头村	3.2457	3.2457	3.2197				3.2197			0.0260	0.0175		0.0085			0.0000				0.0000		
	北关村	0.0750	0.0750	0.0750				0.0750									0.0000				0.0000		
	南关村	1.0166	0.9620	0.9620				0.9620										0.0546			0.0000		
	后河镇小计	3.8292	3.8292	3.7865	0.0854			3.7011			0.0427	0.0154		0.0273			0.0000				0.0000		
	李亨屯村	0.6630	0.6630	0.6509				0.6509			0.0121			0.0121			0.0000				0.0000		

续上表

名称		共计	农用地														建设用地				未利用地		
			合计	耕地					园地	林地	其他农用地						合计	其中			合计	其中	
				小计	其中						小计	其中											
					菜地	旱地	灌溉水田	水浇地				农村道路	养殖水面	农田水利用地	晒谷场	设施农业用地		居民点及独立工矿	交通运输	水利设施		未利用土地	其他土地
集体土地	李兴村	2.6755	2.6755	2.6449	0.0854			2.5595			0.0306	0.0154		0.0152			0.0000				0.0000		
	曹庄村	0.4907	0.4907	0.4907				0.4907									0.0000				0.0000		
	倪湾乡小计	15.2785	15.0537	14.6072		0.6259		13.9813			0.4465	0.0865		0.1990	0.1610		0.0000				0.2248		0.2248
	纪庄村	2.6661	2.6661	2.6523		0.6259		2.0264			0.0138	0.0138					0.0000				0.0000		
	毛楼村	3.9356	3.9356	3.8238				3.8238			0.1118	0.0107		0.1011			0.0000				0.0000		
	大关庄村	3.1622	3.1622	2.9588				2.9588			0.2034	0.0424			0.1610		0.0000				0.0000		
	倪湾村	3.578	3.578	3.5405				3.5405			0.0375			0.0375			0.0000				0.0000		
	周湾村	1.0787	1.0787	1.0591				1.0591			0.0196	0.0196					0.0000				0.0000		
	府君庙村	0.8579	0.6331	0.5727				0.5727			0.0604			0.0604			0.0000				0.2248		0.2248
	顿坊店乡小计	18.2576	17.0010	16.0984	0.2974	0.8603		14.9407	0.1448		0.7578	0.0328		0.4148	0.3102		0.0000				1.2566		1.2566
	上马营村	3.1084	2.8765	2.5166				2.5166			0.3599			0.3599			0.0000				0.2319		0.2319
	黄庄村	4.5739	4.5739	4.2489				4.2489			0.3250			0.0148	0.3102		0.0000				0.0000		
	吉营村	2.9496	2.9495	2.9095				2.9095			0.0401			0.0401			0.0000				0.0000		
	小双村	5.1901	4.8246	4.6470		0.1857		4.4613	0.1448		0.0328	0.0328					0.0000				0.3655		0.3655
	后稻香村	2.3578	1.6986	1.6986	0.2974	0.6746		0.7266									0.0000				0.6592		0.6592
	关屯村	0.0778	0.0778	0.0778				0.0778									0.0000				0.0000		
	延津县合计	2.5815	2.5815	2.4293				2.4293			0.1522			0.1522			0.0000				0.0000		
	小店镇小计	2.5815	2.5815	2.4293				2.4293			0.1522			0.1522			0.0000				0.0000		
	常村	1.9305	1.9305	1.9305				1.9305									0.000				0.0000		
	关屯村	0.4988	0.4988	0.4988				0.4988									0.000				0.0000		
	小店镇政府	0.1522	0.1522								0.1522			0.1522			0.0000				0.0000		

关于京珠国道主干线安阳至新乡高速公路改扩建工程建设项目用地的初审意见

豫国土资文〔2005〕13 号

国土资源部：

根据《建设项目用地预审管理办法》的规定，我厅对河南高速公路发展有限责任公司报送预审的有关材料进行了审查，现提出如下初审意见：

一、京珠国道主干线河南境内安阳至新乡高速公路改扩建项目已列入国家"五纵、七横"重点交通规划。该项目北起冀豫两省交界的安阳市西灵芝主线收费站，南经安阳、汤阴、鹤壁、淇县、卫辉、新乡，南接新乡至郑州段高速公路(黄河二桥)。项目建设规模为 113.173 公里，为原路双侧加宽，双向标准八车道，拟定总投资为 27.4 亿元。该项目可行性研究报告已经河南省发展和改革委员会以豫发改交通〔2004〕2147 号文件上报国家发展和改革委员会。

二、该项目拟占用安阳、鹤壁、新乡市土地面积约 349.1432 公顷，其中农用地 340.2559 公顷，建设用地 6.2755 公顷，未利用地 2.6118 公顷。农用地中耕地 338.03 公顷，基本农田 277.4504 公顷。该项目用地未列入土地利用总体规划，需要按法定程序调整规划并补划基本农田。

三、按照建设占用耕地"占补平衡"的要求，该项目建设单位已将耕地开垦费纳入建设项目总投资概算，承诺报批用地时按实际占用耕地面积和规定标准足额缴纳耕地开垦费，并同沿线有关市、县国土资源管理部门签订了委托补充耕地协议。

综上所述，同意该建设项目用地上报国土资源部预审。

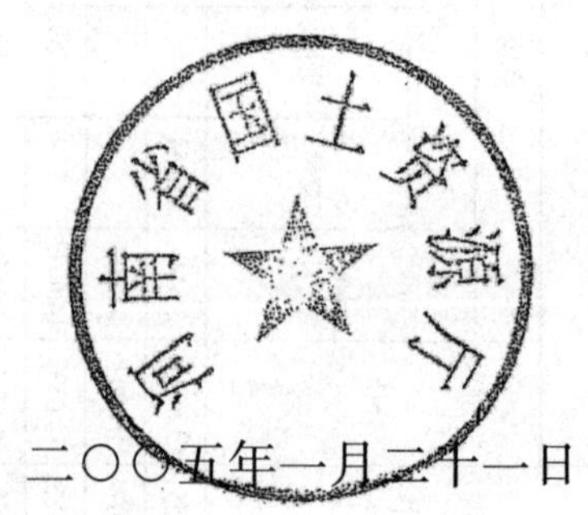

二〇〇五年一月二十一日

关于京港澳、连霍高速公路12个服务区改建、新建工程用地的预审意见

豫国土资函〔2005〕511号

河南高速公路发展有限责任公司：

《河南高速公路发展有限责任公司关于报送京港澳、连霍高速公路12个服务区改建、新建工程土地预审的请示》(豫高司〔2005〕712号)收悉。根据《建设项目用地预审管理办法》的规定，我厅对报送预审的有关材料进行了审查，现提出如下预审意见：

一、该批高速公路服务区扩建、新建工程已经省政府同意。项目用地符合国家土地供应政策。

二、工程用地分别位于三门峡、安阳、郑州、开封、商丘等市，拟用地总规模为1848.2亩。项目建设需要修改土地利用总体规划，报批用地时规划修改方案需随用地报批材料一同按程序上报。涉及基本农田按规定程序上报。

三、根据建设占用耕地"占补平衡"的要求，你单位应开垦同等数量和质量的耕地，如你单位没有开垦条件，需按照省规定的标准足额缴纳耕地开垦费，委托有关市、县国土资源管理部门负责该项目"占补平衡"任务的落实并补划同等数量和质量的基本农田。

四、该项目初步设计阶段，应优化设计，集约合理安排用地，尽可能少占耕地和避开基本农田，征地补偿有关费用要足额列入项目建设总投资估算。项目初步设计经批准后，应抓紧办理建设用地报批手续。

综上所述，同意该建设项目用地通过预审。

二〇〇五年十月二十四日

关于安新至郑漯高速公路改扩建项目征地问题的请示

豫交计〔2006〕76号

河南省人民政府：

京珠国道主干线安阳至新乡段、郑州至漯河段改扩建项目是省政府确定的重点工程项目，分别由省高发公司和中原股份公司负责投资建设。现将两项目前期征地拆迁问题请示如下：

一、项目建设规模及征地规模

安新段改扩建项目全长113.17公里，其中：新乡市境内29.1公里，鹤壁市境内36.82公里，安阳市境内47.25公里，全线需永久占地2111.27亩。郑漯段改扩建项目全长119.64公里，其中：郑州市境内21.83公里，许昌市境内45.15公里，漯河市境内52.66公里，全线需永久占地3716亩。

二、项目进展概况

安新、郑漯高速公路改扩建项目于2005年初开展前期工作，2005年6月，省政府第100次常务会议纪要提出：安新、郑漯高速公路改扩建工程暂缓实施，要做好改扩建工程的方案论证、工可等前期准备工作，待条件成熟后再行实施。按照省政府会议纪要精神，我厅已相继完成了两个项目的土地预审、环境评价、工可报告等前期手续报批工作，初步设计均已编制完成并上报交通部，同时已完成征地勘界、附属物清点等征地拆迁的准备工作。

三、有关征地拆迁方面的问题

目前，两项目已基本具备全面开工的条件，根据省政府提出安新、郑漯高速公路改扩建工程暂缓实施的要求，两个项目的征地手续尚未办理。同时，省政府提出对两项目沿线服务区扩建工程及部分高速公路接点路段改扩建工程应先期实施的要求，由于两项目全线征地手续没有统一办理，服务区扩建工程及部分高速公路接点路段的用地属于改扩建工程用地的一部分，无法单独办理，影响了服务区及部分路段接点改扩建工程的开工建设。

按照省政府对两项目提出的"改扩建工程主线暂缓，服务区及部分路段改扩建可以先期实施"的要求，2006年急需开工建设的项目有豫冀省界超限站、豫冀省界服务区、安阳服务区、鹤壁服务区、许昌服务区、漯河服务区、安林高速与京珠高速安阳段交叉工程等，由于全线征地拆迁手续没有统一办理，各项目征地拆迁工作无法进行，致使工程进展缓慢。

四、有关建议

征地拆迁是建设项目开工前的一项重要前期准备工作之一，应完善征地报批手续。同时，为了服务区扩建工程及部分高速公路接点路段改扩建工程合法用地、顺利开工建设及降低整体改扩建项目的征地成本，建议：尽快实施全线征地拆迁报批工作。

以上建议妥否，请批示。

二〇〇六年四月二十四日

关于申请京珠国道主干线安阳至新乡高速公路改建项目用地预审的请示

豫高司〔2005〕1号

国土资源部:

京珠国道主干线河南境内安阳至新乡高速公路改扩建项目已列入国家“五纵、七横”规划的交通建设项目、项目建设规模为113.173公里,将原路双向加宽为双向标准八车道高速公路总投资为27.4亿元。

京珠国道主干线安阳至新乡高速公路改扩建项目位于河南省中北部,起于安阳市东北冀、豫两省交界处的西灵芝主线收费站,北起京珠高速公路河北段,向南经安阳、汤阴、鹤壁、淇县、卫辉、止于新乡市,南接新乡至郑州段高速公路(郑州黄河二桥)。

设计用地总规模349.1432公顷,占用农用地340.2559公顷,占农用地中的耕地338.03公顷(其中基本农田277.4504公顷);占用建设用地6.2755公顷;占用未利用地2.6118公顷。

补充耕地的资金已列入工程总投资概算;拟采取缴纳耕地开垦费委托开垦的方式补充耕地,我公司承诺按照当地4000元/亩的补偿标准缴纳耕地开垦费。

当否,请批示

二〇〇五年一月四日

国家林业局准予行政许可决定书

林资许准〔2007〕301 号

使用林地审核同意书

河南高速公路发展有限公司：

根据《森林法》和《森林法实施条例》的规定，经审核，同意河南京珠国道主干线安阳至新乡公路改扩建建设项目，征占用安阳县、北关区、文峰区、汤阴县、淇滨区、浚县、淇县、卫辉县、延津县林地96.2234公顷。其中：征用林地 95.3184 公倾；占用林地 0.9050 公倾。

你单位要按照有关规定办理建设用地审批手续，依法缴纳有关占用征用林地的补偿费用。建设用地批准后，需要采伐林木的，要依法办理林木采伐许可手续。

审核机关（印）

年　月　日

二〇〇七年一月二十日

关于京珠国道主干线安阳至新乡公路改扩建工程初步设计的批复

交公路发〔2007〕568 号

河南省交通厅：

你厅《关于上报京珠国道主干线安阳至新乡公路改扩建工程初步设计的请示》（豫交计〔2006〕218 号）收悉。根据《国家发展改革委关于京珠国道主干线安阳至新乡公路改扩建工程可行性研究报告的批复》（发改交运〔2005〕2072 号）确定的建设规模、技术标准和总投资，经审查，批复如下：

一、建设规模与技术标准

（一）安阳至新乡公路改扩建工程，起于安阳西灵芝（冀豫界），接京珠国道主干线河北境段，止于新乡关屯，接京珠国道主干线新乡至郑州段，路线全长 1131.173 公里。

全线改扩建安阳、安阳南、汤阴、鹤壁（淇滨）、浚县、淇县、卫辉 7 处互通式立交。

（二）全线采用双向八车道高速公路标准，设计速度 120 公里/小时，路基宽度 42 米，新建桥涵设计汽车荷载采用公路—I 级，其余技术指标按《公路工程技术标准》（JTC B01—2003）执行。

二、路线

同意采用沿现有高速公路两侧拼宽的改扩建方案。改扩建工程起于安阳西灵芝，经汤阴、淇县、卫辉，止于新乡关屯，符合可行性研究报告批复要求。路线纵面设计应进一步考虑路基沉降及被交道路改造可能，保证通道净空，避免通道内积水，方便人民群众出行。

三、路基路面

（一）原则同意初步设计采用的路基横断面形式、组成参数、一般路基设计原则及路基拼接方案。

1.项目所在区域多为耕地，土地资源宝贵，施工图设计阶段应按照我部《关于在公路建设中实行最严格的耕地保护制度的若干意见》的要求，做好细节设计，节约土地，节省投资。

2.应统一全线标准横断面形式，取消变坡处平台，适当减小排水沟断面尺寸，在此基础上调整占地界，以节约土地。

3.应统一全线路基拼接方案，即边坡清表挖台阶后，分层填压并铺设土工格室，路床掺 6%的灰土进行处治。

4.应进一步加强对现有公路路基沉降、强度、路基压实度、路床模量等指标的检测评价，采取措施，克服新老路基的差异沉降。

5.原则同意采用复合地基（水泥搅拌桩）处治软弱地基。施工图设计阶段应根据沿线地质条件，深化湿陷性黄土、膨胀土、可液化砂土及低填方路段地基处治方案。

6.同意采用工程防护和植物防护相结合的防护方案,植物防护方案宜草、灌结合。

(二)原则同意初步设计推荐的沥青混凝土路面结构组合设计方案及新旧路面拼接方案。新建路面面层厚18厘米,即4厘米SMA—13抗滑面层、6厘米AC—20C中粒式改性沥青混凝土中面层和8厘米AC—25C粗粒式沥青混凝土下面层。对于老路路面,应有选择地补强后加以利用,同意在深层处治的基础上,采用厚4厘米SMA—13改性沥青混凝土罩面的设计方案,本项目只计上面层4厘米SMA—13改性沥青混凝土的工程量。本项目交通量大,施工图设计阶段应根据实测轴载和预测轴次,进一步验算路面厚度,适当加厚。

(三)路基路面排水设计方案基本合理,低填路段、互通区内宜采用植草边沟。

四、桥梁

桥梁改扩建设计原则、加宽方式基本合理。对采用非部颁现行标准图设计的桥涵构造物应严格审查,确保结构工程安全可靠和使用质量。

(一)重建、新建桥梁及既有桥梁加宽部分荷载标准采用新规范规定值,利用桥梁沿用原荷载标准,应做好新旧桥梁衔接设计。

(二)桥梁拼宽后对原桥外侧边板、原墩台盖梁悬臂的受力影响较大,应进行核算,确保桥梁结构安全。

(三)空心板拼接方案,粘贴钢板及后期养护难度较大,建议在拼宽侧原边板外侧上部设置倒角,再通过植筋、浇筑铰缝混凝土形成铰接。

(四)建议取消柱式桥台立柱,采用先进行桥头路堤拼接施工,再施工桥台桩基,桩基直接与台帽相接的方案。

(五)20米宽幅空心板梁高较小,且断面尺寸与16米板相同,应加强验算,确保安全。

五、互通互交

同意安阳、安阳南、汤阴、浚县互通立交采用单喇叭型方案,鹤壁(淇滨)互通立交采用苜蓿叶型方案,淇县、卫辉互通立交采用半苜蓿叶型方案。施工图设计阶段应对各互通式立交平纵面线形进一步优化,合理选用指标,细化平交口渠化设计,提高互通式立交的通行能力和服务水平。

六、交通工程及沿线设施

(一)原则同意初步设计标志、标线、护栏、隔离栅等交通安全设施改扩建方案。建议对老路交通安全设施进一步调查和评价,并按我部《国家高速公路网命名和编号规则》的要求,进行方案修改。

(二)同意全线收费系统维持原封闭型收费制式,人工收费、计算机管理。

(三)建议监控系统采用分期实施方案。

(四)同意全线通信系统维持原SDH光缆干线传输和综合业务接入网方案。

(五)全线管理、养护及服务设施总体布局基本合理。同意结合京珠国道主干线河北境段改扩建,改建省界主线收费站。综合考虑项目实际情况及你厅意见,全线服务区改扩建未纳入本项目。

核定全线新增管理房屋建筑面积1300平方米,补征占用原服务设施土地50亩。

七、概算

本项目初步设计概算依据《公路基本建设工程概算、预算编制办法》(交公路发〔1996〕612号)、《公路工程概算定额》和《公路工程预算定额》(交公发〔1992〕65号)、《公路工程机械台班费用定额》(交公路法〔1996〕610号)、《公路基本建设工程交通工程概(预)算编制的规定》(公设技字〔2000〕285号)、《关于完善公路基本建设工程概算预算编制办法有关内容的通知》(交公路发〔2005〕230号)及河南省有关规定编制。

(一)核定建筑安装工程费2573104078元。

(二)核定设备及工具、器具购置费36692029元。

(三)核定研究试验费2400000元。

(四)核定勘察设计费51810000元(含可研、环评等前期工作费用)。

京珠国道主干线安阳至新乡公路改扩建工程初步设计总概算核定为3457501773元(含建设期贷款利息226795575元)。项目投资应严格控制在初步设计批复概算范围以内,最终工程造价以竣工决算为准。

请你厅组织与相关建筑和设施的主管部门签订责任明确的书面协议,确保本项目顺利实施;做好改扩建期间的交通组织工作,尽量减小对交通运营的影响;认真监督项目法人单位,严格按基本建设程序办事,按本批复要求编制施工图设计文件,防止建设过程中人为的设计变更和调整概算。施工图设计文件由你厅组织审查,审查意见及本批复执行情况报部备案。应加强建设过程中的监督管理,确保工程质量。项目总工期(自开工之日起)3年。

附件:

京珠国道主干线安阳至新乡公路改扩建工程初步设计概算汇总表

二〇〇七年十月二十三日

附件

概 算 对 照 表

项次	工程或费用名称	原报概算(元)	审核概算(元)	增减金额(元)
	第一部分　建筑安装工程	2637423387	2573104078	-64319309
一	路基工程	698178193	658714056	-39464137
二	路面工程	776502562	798493746	21991184
三	桥梁、涵洞工程	300403879	284355083	-16048796
四	交叉工程	415166643	365161586	-50005057
五	隧道工程	—	—	—
六	其他工程及沿线设施	226984703	242657535	15672832
七	临时工程	19799307	31938770	12139463
八	管理、养护及服务房屋	822300	822300	—
九	施工技术装备费	49653433	47638456	-2014977
十	计划利润	66765433	64078804	-2686629
十一	税金	83146934	79243741	-3903193
	第二部分　设备及工具、器具购置费	36692029	36692029	—
一	设备购置费	35342186	35342186	—
二	办公及生活用家具购置	637875	637875	—
	第三部分　工程建设其他费用	652917933	693862514	40944581
一	土地、青苗等补偿和安置补助费	294104043	330277524	36173481
二	建设项目管理费	84358458	82579415	-1779043
1	建设单位(业主)管理费	21873921	21596848	-277073
2	工程质量监督费	3954717	3859656	-95061
3	工程监理费	52729568	51462082	-1267486
4	工程定额测定费	3163774	3087725	-76049
5	设计文件审查费	2636478	2573104	-63374
三	研究试验费	5200000	2400000	-2800000
四	建设项目前期工作费	51527850	51810000	282150
	建设期贷款利息	217727582	226795575	9067993
	第一、二、三部分费用合计	3327033349	3303658621	-23374728
	预留费用	155465288	153843152	-1622136
	预备费	155465288	153843152	-1622136
	概算总金额	3482498637	3457501773	-24996864
	公路基本造价	3482498637	3457501773	-24996864

关于上报京珠国道主干线安阳至新乡公路改扩建工程初步设计的请示

豫交计〔2006〕218 号

交通部：

根据国家发改委发改交运〔2005〕2072 号文“关于京珠国道主干线安阳至新乡公路改扩建工程可行性研究报告的批复”精神，京珠高速公路安阳至新乡段改扩建工程初步设计已由河南省交通规划勘察设计院、中交第一公路勘察设计研究院编制完成。我厅组织有关人员进行了认真审查，现将初步设计随文报送，请鉴核批复：

一、路线走向及建设规模

该改扩建项目起点位于安阳西灵芝（冀豫界），接京珠高速河北境段，在原道路两侧实施加宽，经汤阴、淇县、卫辉，终点位于新乡关屯，接京珠高速新乡至郑州段，全长 115.461 公里。

二、沿线地形、地貌

线路所在地区位于黄河以南、陇海铁路和 G310 国道以北的黄河冲、洪积平原。地势平坦开阔，地势自西向东微倾。

三、工程地质和水文地质

路段所在区域为嵩山古陆的一部分，地表土属第四系全新统冲积层，以粉性土为主。

路段位于黄河南边，穿过的主要河流为贾鲁河及其支流索须河、索河、枯河。

四、地震烈度

根据《中国地震动参数区划图》（GB 18306—2001）的划分，基本地震加速度为 0.15g，该项目区抗震设防烈度为Ⅶ度。

五、主要工程技术标准

按在原有 26 米四车道路基基础上两侧加宽的八车道标准进行设计，设计速度 120 公里/小时。整体式路基：原路基两侧各加宽 8 米，加宽后路基宽 42 米，其中行车道宽 4×2×3.75 米，中央分隔带宽 3 米，左侧路缘带宽 2×0.75 米，硬宽肩宽 2×3 米，土路肩宽 2×0.75米。

加宽部分路面结构自上而下依次为：4 厘米细粒式改性沥青混凝土（SMA—13）+6 厘米中粒式沥青混凝土（AC—20I）+8 厘米粗粒式沥青混凝土（AC—25I）+36 厘米水泥稳定碎石基层+20 厘米水泥稳定粒料底基层。

全线桥涵设计荷载采用公路—Ⅰ级，加宽后桥面净宽：2×18. 75 米。沿线涵洞与路基同宽，设计洪水频率：大中桥 1/100。

六、主要工程数量

全加宽段土方 690.7 万立方米，沥青混凝土路面 301.8 万平方米，加宽大桥 4007.36 米/14 座，加宽涵洞 140 道、通道 146 道，加宽改造互通式立交 8 处，加宽改造分离式立交 47 处，改造天桥一座,新建安阳北服务区 1 处,改造服务区 2 处。

七、工程概算

根据交通部颁发的《公路基本建设工程概算、预算编制办法》及河南省有关文件规定,经审查该项目工程概算控制在 412848 万元以内较为合适(详见概算审核表),请审核批复。

二〇〇六年九月七日

概算汇总表

建设项目名称:安阳至新乡高速公路改扩建工程

项	目	工程或费用名称	单位	数量	概算金额(元)			技术经济指标	各项费用比例(%)	备注
					第一合同段	第二合同段	合计			
		第一部分　建筑安装工程	公路公里	115.461	1226034685	1943606012	3169640697	27452046	76.78	
一		路基工程	公路公里	115.461	251438029	428959140	680397169	5892874	16.48	
	1	土方	m^3	6907173	37588550	59336875	96925425	14		
	2	填方压实	m^3	6230341	14951017	43130715	58081732	9		
	3	原路基边坡清方工程	m^3	201041	1138666		1138666	6		
	4	表土清除及换填	km	37.272	7383275		7383275	198092		
	5	构造物台背处理	m^3	69051	6176377		6176377	89		
	6	特殊路基处理	公路公里	115.461	14007820	167303134	181310954	1570322		
	7	构造物基地处理	m	590429	23263084		23263084	39		
	8	膨胀土处理	m^3	17064	399519		399519	23		
	9	纵向排水工程	公路公里	115.461	38411546	88895154	127306700	1102595		
	10	路面排水工程	道	198	122532		122532	619		
	11	防护工程	公路公里	114.461	85468442	70293262	155761704	1349042		
	12	路床处理	m^3	583520.9	22527201		22527201	39		
二		路面工程	公路公里	115.461	381535005	616146474	997681479	8640853	24.17	
	1	路床掺灰处理	m	54080		76373420	76373420	1412		
	2	水泥稳定碎石底基层	m^2	2965717	29398351	41136838	70535189	24		
	3	水泥稳定碎石基层	m^2	2917724	61363763	97249581	158613344	54		
	4	封层	m^2	2048238		12231588	12231588	6		
	5	沥青混凝土路面	m^2	3018298	153664637	344234694	497899331	165		
	6	路面其他工程	公路公里	115.461	6246277	26897697	33143974	287058		
	7	挖除旧路面	m^2	5024118	5575609	17937755	23513364	5		

续上表

项	目	工程或费用名称	单位	数量	概算金额(元)			技术经济指标	各项费用比例(%)	备注
					第一合同段	第二合同段	合计			
	8	挖除土路肩预制块	m^3	4864		84901	84901	17		
	9	拌和站	处	6	2418952		2418952	403159		
	10	主线收费广场	m^2	10416	1870576		1870576	180		
	11	收费岛修补部分	m^2	713	86881		86881	122		
	12	路面铣刨、开挖	m^2	734592	9747414		9747414	13		
	13	路面补强	m^2	734592	111162545		111162545	151		
三		桥梁、涵洞工程	公路公里	115.461	91970083	216284038	308254121	2669768	7.47	
	1	涵洞	公路公里	115.461	5056080	38530828	43586908	377503		
	2	小桥	m/座	831.48/36	21883650	12587832	34471482	41457/957541		
	3	中桥	m/座	1129.52/28	17190519	35452992	52643511	46607/1880125		
	4	大桥	m/座	4007.36/14	47839834	129712386	177552220	44307/12682301		
四		交叉工程	公路公里	115.461	171808747	316301947	488110694	4227494	11.82	
	1	安阳互通立交	处	1	32148441		32148441	32148441		
	2	安阳南互通立交	处	1	80387849		80387849	80387849		
	3	汤阴互通立交	处	1	25640594		25640594	25640594		
	4	淇滨互通式立交	处	1		69770385	69770385	69770385		
	5	浚县互通式立交	处	1		35381754	35381754	35381754		
	6	淇县互通式立交	处	1		40330863	40330863	40330863		
	7	卫辉互通式立交	处	1		34078915	34078915	34078915		
	8	分离式立体交叉	m/座	47	15608844	74642346	90251190	1920238		
	9	钢筋混凝土盖板通道接长	处	146	16853978	62097684	78951662	540765		

续上表

项	目	工程或费用名称	单位	数量	概算金额(元)			技术经济指标	各项费用比例(%)	备注
					第一合同段	第二合同段	合计			
	10	车行天桥	处	1	1169041		1169041	1169041		
五		其他工程及沿线设施	公路公里	115.461	139445889	121036804	260482693	2256023	6.31	
	1	清除场地	公路公里	115.461	135435	334089	469524	4067		
	2	拆除建筑物、构筑物	公路公里	115.461	256844	3200515	3457359	29944		
	3	桥梁病害处治工程	公路公里	47.25	17935125		17935125	379579		
	4	管理与养护设施	公路公里	115.461	9174648	16901064	26075712	225840		
	5	安全设施	公路公里	115.461	42219320	56446002	98665322	854534		
	6	安阳服务区	处	1	25483851		25483851	25483851		
	7	安阳北服务区	处	1	30789866		30789866	30789866		
	8	鹤壁服务区	处	1		26138228	26138228	26138228		
	9	环境保护工程	公路公里	115.461	13289795	17651979	30941774	267985		
	10	线外涵洞	m/道	34.000/5.000		132780	132780	3905/26556		
	11	公路交工前养护费	公路公里	115.461	161005	232147	393152	3405		
六		临时工程	公路公里	115.461	33836745	43365030	77201775	668639	1.87	
	1	临时收费站	处	1	400000		400000	400000		
	2	便道	km	249.2	5987812	8385064	14372876	57676		
	3	便桥	m/座	3980/57.000	3011058	2306080	5317138	1336/93283		
	4	临时管涵	m	420	102121		102121	243		
	5	临时轨道铺设	km	3.9		332664	332664	85298		
	6	临时水泥路面	km	0.2	41058		41058	205290		
	7	临时电力线路	km	55.1	660868	1611222	2272090	41236		

续上表

项	目	工程或费用名称	单位	数量	概算金额(元)			技术经济指标	各项费用比例(%)	备注
					第一合同段	第二合同段	合计			
	8	临时电讯线路	km	47.25	194266		194266	4111		
	9	施工保通费	项	1	23439562	30730000	54169562	54169562		
七		管理、养护及服务房屋	公路公里	115.461	74203057	53763300	127966357	1108308	3.10	
八		施工技术装备费	公路公里	115.461	20295050.96	37511449	57806500	500658	1.40	
九		计划利润	公路公里	115.461	27482023.03	50015274	77497297	671199	1.88	
十		税金	公路公里	115.461	34020056.35	60222555	94242612	816229	2.28	
		第二部分　设备及工具、器具购置费	公路公里	115.461	27901431	27051660	54953091	475945	1.33	
一		设备购置费	公路公里	115.461	27263556	26314984	53578540	464040		
二		办公及生活用家具购置	公路公里	115.461	637875	736676	1374551	11905		
		第三部分　工程建设其他费用	公路公里	115.461	287836146	430983909	718820055	6225652	17.41	
一		土地、青苗等补偿和安置补助费	公路公里	115.461	124092921	186618663	310711584	2691052	7.53	
	1	土地、青苗等补偿	公路公里	115.461	77561138	135642614	213203752	1846543		
	2	安置补助费	公路公里	115.461	46531783	50976049	9757832	844509		
二		建设单位管理费	公路公里	115.461	38141986	60387838	98529824	853360	2.39	
	1	建设单位管理费	公路公里	115.461	9094265	14324376	23418641	202827		
	2	工程质量监督费	公路公里	115.461	1838464	2915409	4753873	41173		
	3	工程监理费	公路公里	115.461	21512844	38872120	63384964	548973		
	4	定额编制管理费	公路公里	115.461	1470771	233232	3803098	32938		
	5	设计文件审查费	公路公里	115.461	1225642	1943606	3169248	27449		
三		前期工作费	公路公里	115.461	30935000	36514400	67449400	584175	1.63	
	1	研究试验费	公路公里	115.461	2200000	3000000	5200000	45037		

续上表

项	目	工程或费用名称	单位	数量	概算金额(元)			技术经济指标	各项费用比例(%)	备注
					第一合同段	第二合同段	合计			
	2	勘察设计费	项	1	18900000	27284400	46184400	46184400		
	3	2公里试验段费	km	2	4000000		4000000	2000000		
	4	原绿色通道树木移植费	公路公里	47.25	945000		945000	20000		
	5	水土保持报告编制费	项	1	210000	290000	500000	500000		
	6	地址灾害危险性评估费	项	1	210000	290000	500000	500000		
	7	环境影响评价费	项	1	220000	300000	520000	520000		
	8	文物勘探费	项	1	250000	350000	600000	600000		
	9	老路老桥检测费用	项	1	4000000	5000000	9000000	9000000		
		建设期贷款利息	公路公里	115.461	94666239	147463008	242129247	2097065	5.86	
		第一、二、三部分费用合计	公路公里	115.461	1541772262	2401641581	3943413843	34153644	95.62	
		预留费用	元		72355301	112708929	185064230		4.48	
		预备费	元		72355301	112708929	185064230		4.48	
		概算总金额	元		1614127563	2514350510	4128478073		100.00	
		公路基本造价	公路公里	115.461	1614127563	2514350510	4128478073	35756473	100.00	

关于报送《安阳至新乡高速公路改扩建工程初步设计》的请示

豫高司〔2004〕751 号

河南省交通厅：

安阳至新乡高速公路位于我省高速公路规划网的核心地段建设通车来。目前的道路通行能力已远远不能满足车流量要求时常出现车辆拥堵，造成不好的社会影响，为提高该路段的通行能力，我公司决定实施安阳至新乡高速公路改扩建工程。改扩建后的该路段为标准八车道高速公路，整体式路基全宽 42 米，其中扩建宽度为 16 米；设计行车速度采用 120 公里/小时。

为使该项目早日建成通车，缓解该路段交通压力，目前项目各项前期工作正在紧锣密鼓展开，根据基本建设程序，该项目《初步设计》已编制完成，经我公司审核后，认为该设计符合国家及行业有关法律、法规及规范要求。现报请省厅审批。

当否，请批示。

附件：

《安阳至新乡高速公路改扩建工程初步设计》（略）

二〇〇四年十二月二十九日

关于京珠国道主干线安阳至新乡高速公路改扩建工程施工图设计的批复

豫交计〔2008〕92 号

河南高速公路发展有限责任公司：

你公司豫高司〔2008〕53 号文“关于上报安阳至新乡高速公路改扩建工程两阶段施工图设计文件的请示”和由河南省交通规划勘察设计院和中交第一公路勘察设计研究院编制完成的相关施工图设计文件均收悉。根据交通部交公路发〔2007〕568 号文“关于京珠国道主干线安阳至新乡公路改扩建工程初步设计的批复”精神，经审查，批复如下：

一、路线走向及建设规模

该改扩建项目起点位于安阳市东北冀、豫两省交界处的西灵芝主线收费站，北接京珠高速公路河北段；向南经安阳东、汤阴东、鹤壁东、淇县东、卫辉东，终点止于新乡市东北；南接已建成通车的新乡至郑州段高速公路，路线全长 113.174 公里。改扩建方式采用在原道路两侧实施拼接加宽。

二、沿线地形、地貌

项目所在区域基本以卫河、共产主义河为界，北部位于太行山隆起和东濮凹陷的过渡带，属山前倾斜平原，地势西高东低，开阔平整，起伏微弱。南部属黄河冲积平原，地势平缓开阔。

三、工程地质和水文地质

本项目全线位于 NNE 向的汤阴地堑之中，东侧为汤阴断裂，西侧为太行山前清羊口断裂，两断裂具有明显的活动性，主要表现在差异性沉降，年差异沉降 10~20 毫米。项目沿线与公路有关的岩土介质多为第四系全新统地层及上更新统地层，地表以亚黏土、黄褐色亚黏土及亚砂土居多。

项目沿线属黄河流域，路线穿过的主要河流有漳河、安阳河、洪河、汤河、淤泥河、永通河、淇河、思德河、赵家渠、琢胫河、卫河和共产主义渠等。

四、地震烈度

根据《中国地震动参数区划图》（GB 18306—2001）的划分，项目所在区域基本地震加速度为 0.20g，属地震基本烈度Ⅶ—Ⅷ度区。

五、主要工程技术标准

该项目按在原有 26 米四车道路基基础上两侧拼接加宽为八车道标准设计，设计速度 120 公里/小时。加宽后路基宽 42 米（原路基两侧各加宽 8 米），其中行车道宽 4×2×3.75 米，中央分隔带宽 3.0 米，左侧路缘带宽 2×0.75 米，硬路肩宽 2×3.0 米，土路肩宽 2×0.75 米。

加宽部分路面结构自上而下依次为：4 厘米改性沥青玛蹄脂碎石混合料（SMA-13）+6 厘米中粒式改性沥青混凝土（AC-20C）+8 厘米粗粒式沥青混凝土（AC-25C）+10 厘米粗粒

式沥青碎石(ATB-30)+36 厘米水泥稳定碎石基层+20 厘米低剂量水泥稳定碎石底基层。

老路路面采用 4 厘米改性沥青玛蹄脂碎石混合料(SMA-13)罩面。

全线桥涵设计荷载采用公路－Ⅰ级,加宽后桥面净宽:2×19.0 米,设计洪水频率:大、中桥 1/100。

其余技术指标按《公路工程技术标准》(JTG B01—2003)执行。

六、主要工程数量

全加宽段填方 623.0 万立方米,新建沥青混凝土路面 301.8 万平方米,加宽大桥 4007.36 米/14 座,加宽中桥 1129.52 米/28 座,加宽小桥 831.48 米/36 座,加宽涵洞 140 道、通道 146 道,加宽改造互通式立交 7 处、分离式立交 47 处,新建安阳北服务区 1 处,改造服务区 2 处(新建、改扩建不含房建工程)。

七、请你公司抓紧编制工程预算,并报厅批准。

二〇〇八年五月四日

关于上报安阳至新乡高速公路改扩建工程两阶段施工图设计文件的请示

豫高司〔2008〕53号

河南省交通厅：

京珠国道主干线安阳至新乡高速公路改扩建工程初步设计交通部已于2007年10月26日以交公路发〔2007〕568号文件批复，安新改扩建项目设计单位按照交通部对初步设计文件的批复意见进行了施工图设计，现将土建NO.1–NO.15标、预制NO.16–NO.18标两阶段施工图设计文件上报，请省厅予以审批。

附件：

京珠国道主干线安阳至新乡高速公路改扩建工程两阶段施工图设计文件。（略）

二〇〇八年三月四日

关于京珠国道主干线安阳至新乡高速公路旧路改造工程施工图设计的批复

豫交规划〔2010〕148 号

河南交通投资集团有限公司：

你公司"关于安阳至新乡高速公路改建项目旧路改造工程施工图设计的请示"（豫交集团〔2010〕60 号）收悉。经审查，批复如下：

一、路线走向及建设规模。

本项目起于安阳市东北冀、豫两省交界处的西灵芝收费站，北接京港澳高速公路河北段，向南经安阳东、汤阴东、鹤壁东、淇县东、卫辉东、止于新乡市东北，南接京港澳高速公路新乡至郑州段，路线全长 113.173 公里。

二、主要技术方案。

1.旧路改造包括旧路病害处治及路面整体加铺两大部分内容。加铺罩面结构采用 4 厘米 SMA-13+6 厘米 AC-20C（4 厘米 SMA-13 工程量已计入改扩建项目）。

2.桥涵改造包括空心板顶升、更换，支座、垫石更换，空心板绞缝处治，混凝土缺陷处治，伸缩缝更换，桥面铺装破坏修复等处治方案。

3.同意对护栏全部进行拆除、更换（部分工程量计入改扩建项目）。

三、主要技术标准。

桥涵设计荷载：采用汽车—超 20，挂车—120。设计速度 120 公里/小时。其他标准按照部颁《公路工程技术标准》（JTG B01—2003）和《河南省高速公路设计技术要求》（DB41/T419—2005）中的规定执行。

四、主要工程数量。

旧路加铺沥青混凝土面层 26.7 万平方米，病害处理沥青混凝土面层 9123.81 立方米，基层 42279.09 立方米，桥梁顶升 720 孔，桥梁更换支座 35302 立方米，更换伸缩缝 2762.05 米。

五、工程预算。

根据交通部颁发的《公路基本建设工程概算、预算编制办法》及河南省有关文件规定，该项目工程预算总金额核定为 91575 万元。

六、在施工过程中应遵循"动态设计、动态施工"的原则，工程内容可根据现场的实际情况进行"动态调整"，但施工方案和工程数量须经"业主、设计、监理、承包商"四方共同签认。

附件：

预算审核对比表

二〇一〇年五月十九日

预算审核对比表

建设项目名称：京珠国道主干线安阳至新乡高速公路旧路旧桥改造工程

项	目	节	工程或费用名称	单位	报审预算		单位	核定预算		增减	
					工程量	金额(元)		工程量	金额(元)	工程量	金额(元)
			第一部分　建筑安装工程费	公路公里	113.173	1313223224	公路公里	113.173	744345.182	0.00	−568878062
一			临时工程	公路公里	113.173	0	公路公里	113.173	36910134	0.00	36910134
	1		临时道路	项	0.00	0	项	1.00	35174753	1.00	35174753
	2		拌和设施安拆	座	0.00	0	座	2.00	1735381	2.00	1735381
二			路基工程	km	113.17	243331851	km	113.17	11519453	0.00	−231812398
	1		全线老路边坡及桥头路基管桩处理	km	653.90	194232693	km	0.00	0	−653.90	−194232693
	2		中分带新建及中央排水	m	105413.00	39867809	m	0.00	0	−105413.00	−39867809
	3		水沟盖板	m^3	4470.04	9231349	m^3	6578.55	10560351	2108.51	1329002
	4		中央分隔带培土	m^3	0.00	0	m^3	33952.70	959102	33952.70	959102
三			路面工程	km	113.173	608985662	km	113.173	395877664	0.00	−213107998
	1		水泥稳定类基层	m^3	41454.89	14926487	m^3	42279.09	12310859	824.20	−2615628
	2		透层、黏层、封层	m^2	0.00	0	m^2	4628398.47	20329360	4628398.47	20329360
	3		路面加铺	m^3	275910.25	424928640	m^3	267492.28	352735430	−8417.97	−72193210
	4		路面局部病害维修	m^3	8414.08	10917555	m^3	9123.81	10102678	709.73	−814877
	5		路面加宽工程	m^3	444152.00	157686047	m^3	0.00	0	−444152.00	−157686047
	6		中分带开口处路面工程	处	55.00	526933	处	55.00	399337	0.00	−127596
四			桥梁涵洞工程	km	24.00	220204476	km	10.20	178447213	−13.80	−41757263
	1		桥梁顶升	孔	752.00	47002849	孔	720.00	43200000	−32.00	−3802849
	2		支座垫石	m^3	259.21	2034306	m^3	285.60	759053	26.39	−1275253
	3		桥梁更换支座	个	31920.00	21093116	km	32400.00	4820973	480.00	−16272143
	4		现浇混凝土盖梁	m^3	436.72	2210576	m^3	0	0	−436.72	−2210576
	5		修复防震挡块	m^3	143.29	1534661	m^3	250.56	598669	107.27	−935992
	6		环氧混凝土修补缺陷	m^3	177.26	8188508	m^3	6.30	157500	−170.96	−8031008
	7		化学灌浆修补裂缝	m	801.00	59706.00	m	818.97	61089	17.97	1383

续上表

项	目	节	工程或费用名称	单位	报审预算		单位	核定预算		增减	
					工程量	金额(元)		工程量	金额(元)	工程量	金额(元)
	8		露筋、胀裂、起壳处理	m^2	101.33	25349	m^2	108.52	11199	7.19	-14150
	9		粘贴碳纤维布	m^2	3606.7	3130439	m^2	3606.68	3251967	-0.02	121528
	10		粘贴钢板	m^2	1222.00	1600616	m^2	1221.85	1832775	-0.15	232159
	11		铰缝处理	m	34523	26364772	m^3	6477.7	12558404	—	-13806368
	12		墙式护栏	m	7960	4780604	m^3	5174	6332159	—	1551555
	13		波形梁护栏更换	m	7386	14034473	m	0	0	-7386	-14034473
	14		更换伸缩缝	m	6095.2	30990383	m	2762.05	9608424	—	-21381959
	15		边板更换	块	802	46196506	m^3	5799	84391894	—	38195388
	16		桥梁更换支座(边板更换)	个	2902	460033	个	2902	438945	0	-21088
	17		桥头搭板灌浆	m^3	11145.6	8779559	m^3	11145.6	5349888	0	-3429671
	18		换板更换支座垫石	m^3	23.6	184942	m^3	23.56	198764	-0.04	13822
	19		桥面防水层	m^2	0	0	m^2	159266	4875510	159266	4875510
	20		涵洞加固	道	15	1533078	道	0	0	-15	-1533078
五			交叉工程	处	7	154485178	处	0	0	-7	-154485178
	1		新增项目	处	6	131334585	处	0	0	-6	-131334585
	2		安阳南互通式立交	处	1	23150593	处	0	0	-1	-23150593
七			公路设施及预埋管线工程	公路公里	113.173	86216077	公路公里	113.173	121590718	0	35374641
	1		安全设施	公路公里	113.173	86216077	公路公里	113.173	16278430	0	-67937647
	2		护栏维修改造	m	0	0	m	221338	105312288	221338	105312288
			第二部分　设备及工具、器具购置费	公路公里	113.173	14660458	公路公里	0	0	-113.173	-14660458
一			设备购置费	公路公里	113.173	13076036	公路公里	0	0	-113.173	-13076036
	1		需要安装的设备	公路公里	113.173	13076036	公路公里	0	0	-113.173	-13076036
三			办公及生活用家具购置	公路公里	113.173	1584422	公路公里	0	0	-113.173	-1584422
			第三部分　工程建设其他费用	公路公里	113.173	300698006	公路公里	113.173	145315182	0	-155382824
一			土地征用及拆迁补偿费	公路公里	113.173	29592427	公路公里	0	0	-113.17	-29592427

续上表

项	目	节	工程或费用名称	单位	报审预算		单位	核定预算		增减	
					工程量	金额(元)		工程量	金额(元)	工程量	金额(元)
	1		土地补偿费	公路公里	113.173	29592427	公路公里	0	0	-113.17	-29592427
二			建设项目管理费	公路公里	113.173	44038280	公路公里	113.173	27308189	0	-16730091
	1		建设单位管理费	公路公里	113.173	14762997	公路公里	113.173	9979345	0	-4783652
	2		工程监理费	公路公里	113.173	26264465	公路公里	113.173	14886904	0	-11377561
	3		设计文件审查费	公路公里	113.173	1313223	公路公里	113.173	744345	0	-568878
	4		竣(交)工验收试验检测费	公路公里	113.173	1697595	公路公里	113.173	1697595	0	0
四			建设项目前期工作费	公路公里	113.173	28200000	公路公里	113.173	18832000	0	-9368000
	1		初步设计和施工图设计勘察设计费	元		20000000	元		10632000		-9368000
	2		招标文件编制费	元		500	元		500000		0
	3		旧路旧桥检测费	元		6700000	元		6700000		0
	4		预可、工可、专题研究等报告编制费	元		1000000	元		1000000		0
十一			建设期贷款利息	公路公里	113.173	63321183	公路公里	113.173	19953893	0	-43367290
	1		第1年	元		15598656	元		19953893		4355237
	2		第2年	元		47722527	元		0		-47722527
			新增加费用项目(作预备费基数)	公路公里	113.173	135546116	公路公里	113.173	79221100	0	-56325016
	1		安全文明施工措施费	元	113.173	6566116	元	113.173	0	0	-6566116
	2		改扩建及旧路改造施工保通费用	元	113.173	138980000	元	113.173	79221100	0	-49758900
			第一、二、三部分费用合计	公路公里	113.173	1628581708	公路公里	113.173	889660364	0	-738921344
			预备费	元		46957816	元		26091194		-20866622
二			基本预备费	元		46957816	元		26091194		-20866622
			新增加费用(不作预备费基数)	公路公里	113.173	3804000	公路公里	113.173	0	0	-3804000
一			沿线收费站设施改造费	元		2706500	元		0		-2706500
二			验货点办公楼相关设施费用	元		1097500	元		0		-1097500
			预算总金额	元		1679343524	元		915751558		-763591966
			公路基本造价	公路公里	113.173	1679343524	公路公里	113.173	915751558	0	-763591966

关于安阳至新乡高速公路改建项目旧路改造工程施工图设计的请示

豫交集团〔2010〕60号

河南省交通运输厅：

根据工程进展情况，安阳至新乡高速公路改建项目旧路改造工程施工图设计已编制完成，经我公司初步审查，认为该施工图设计基本符合交通运输部《公路工程基本建设项目设计文件编制办法》及相关技术标准、规范、规程的要求。按照项目基本建设程序，现将安阳至新乡高速公路改建项目旧路改造工程施工图设计上报省厅审批。

妥否，请批示。

二〇一〇年五月十一日

关于京珠国道主干线安阳至新乡高速公路改扩建工程绿化施工图设计的批复

豫交规划〔2010〕272号

河南交通投资集团有限公司：

你公司“关于安阳至新乡高速公路改建项目绿化工程施工图设计的请示”（豫交集团〔2010〕61号）已收悉，经审查批复如下：

一、原则同意中交第一公路勘察设计研究院有限公司及河南省交通规划勘察设计院有限责任公司编制完成的京珠国道主干线安阳至新乡高速公路改扩建工程绿化施工图设计。

二、该项目绿化区主线全长112.898公里，互通区绿化7处。

三、项目绿化工程范围为：中央分隔带绿化补充更换、路肩两侧新增绿化、互通区绿化修复更换。

四、应以适地适树原则进行绿化，少用或不用生长缓慢、价格昂贵、不易成活的树种。所采用树种应结合高速公路沿线的实际情况，严格控制相关树种规格，尽量降低造价。

五、要按照乔、灌、草及常绿与落叶树种合理搭配原则进行绿化，乔木、灌木栽植间距要按照其习性和生长规律合理布置。

六、结合《河南省高速公路设计技术要求》（河南省地方标准DB41/T419—2005）的有关规定，经审查，本项目绿化工程施工图预算核定为2781.8万元（详见预算审核对比表）。

附件：

预算审核对比表

二〇一〇年八月十日

预算审核对比表

建设项目名称：安阳至新乡高速公路改扩建工程绿化工程

项	目	节	细目	工程或费用名称	单位	报审预算		审核预算		审核比报审增(+)减(-)	
						数量	金额(元)	数量	金额(元)	数量	金额(元)
				第一部分　建筑安装工程费	公路公里	112.898	25949230	112.898	26058768	0	109538
八				绿化及环境保护工程	公路公里	112.898	25949230	112.898	26058768	0	109538
	1			撒播草种和铺植草皮	公路公里	112.898	3495751	112.898	3616562	0	120811
		1		主线	公路公里	112.898	2889357	112.898	2976290	0	86933
		2		互通区	公路公里	112.898	606394	112.898	640272	0	33878
	2			种植乔、灌木	公路公里	112.898	22453478	112.898	22442206	0	-11272
		1		主线	公路公里	112.898	18778533	112.898	18221498	0	-557035
		2		互通区	公路公里	112.898	3674945	112.898	4220708	0	545763
				第二部分　设备及工具、器具购置费	公路公里	112.898	0	112.898	0	0	0
				第三部分　工程建设其他费用	公路公里	112.898	2731861	112.898	754401	0	-1977460
二				建设项目管理费	公路公里	112.898	2731861	112.898	754401	0	-1977460
	1			建设单位管理费	公路公里	112.898	493457	112.898	207167	0	-286290
	2			工程监理费	公路公里	112.898	518984	112.898	521175	0	2191
	3			设计文件审查费	公路公里	112.898	25949	112.898	26059	0	110
	4			竣(交)工验收试验检测费	公路公里	112.898	1693470	112.898	0	0	-1693470
				第一、二、三部分费用合计	公路公里	112.898	28681091	112.898	26813169	0	-1867922
				预备费	元		860433		804395	0	-56038
二				基本预备费	元		860433		804395	0	-56038
				保通费	公路公里	112.898	200000	112.898	200000	0	0
				预算总金额	元		29741524		27817565	0	-1923959
				其中：回收金额	元					0	0
				公路基本造价	公路公里	112.898	29741524	112.898	27817565	0	-1923959

关于安阳至新乡高速公路改建项目绿化工程施工图设计的请示

豫交集团〔2010〕61 号

河南省交通运输厅：

根据工程进展情况，安阳至新乡高速公路改建项目绿化工程施工图设计已编制完成，经我公司初步审查，认为该施工图设计基本符合交通运输部《公路工程基本建设项目设计文件编制办法》及相关技术标准、规范、规程的要求。按照项目基本建设程序，现将安阳至新乡高速公路改建项目绿化工程施工图设计上报省厅审批。

妥否，请批示。

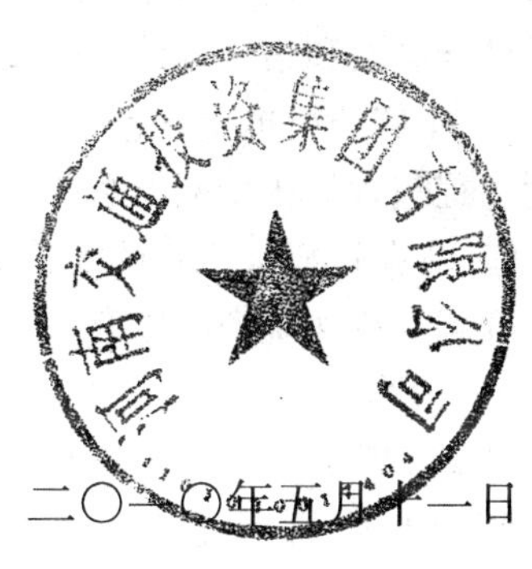

二〇一〇年五月十一日

关于京珠国道主干线安阳至新乡公路改扩建工程机电工程详细设计供配电照明工程施工图设计的批复

豫交规划〔2010〕274 号

河南交通投资集团有限公司：

你公司豫交集团〔2010〕62 号文报送的“关于安阳至新乡高速公路改扩建项目交通机电工程详细设计的请示”已收悉，根据交通部交公路发〔2007〕568 号文对该项目初步设计的批复，结合该路段实际情况，经审查批复如下：

一、原则同意由中交第一公路勘察设计研究院有限公司和河南省交通规划勘察设计院有限责任公司分别编制完成的《安阳至新乡高速公路改扩建工程交通机电工程详细设计》第一设计合同段和第二设计合同段文件。

二、本路段机电工程包含本路段监控、收费、通信系统、外场设备及相关土建工程；配电照明工程包含低压变配电系统及互通立交、收费广场和服务区广场的照明系统。

三、本路段机电工程的实施应按照相关技术要求，实现与省联网中心的联网挂接，同时应确保木工程实施期间原有系统的正常运行。

四、预算

核定本项目交通机电工程预算为 3834 万元（详见工程预算审核对比表），其中：建筑安装工程费 1482 万元；设备及工器具购置费 2074 万元；工程建设其他费 169 万元；预备费 109 万元。

核定本项目供电照明工程预算为 375 万元（详见工程预算审核对比表），其中：建筑安装工程费 184 万元；设备及工器具购置费 159 万元；工程建设其他费 21 万元；预备费 11 万元。

五、以上工程费用从该高速公路改扩建工程批复概算中调剂使用。

二〇一〇年八月十日

详细设计预算审核对比表

项目名称:京珠国道主干线安阳至新乡公路改扩建工程机电工程

项	目	节	工程或费用名称	单位	报审预算		审核预算		审核比报审增(+)减(-)	
					数量	金额(元)	数量	金额(元)	数量	金额(元)
			第一部分　建筑安装工程费	公路公里	113.174	15039628	113.174	14822267	0	-217361
七			公路设施及预埋管线工程	公路公里	113.174	15039628	113.174	14822267	0	-217361
	1		管理、养护设施	公路公里	113.174	15039628	113.174	14822267	0	-217361
		1	收费系统设施	公路公里	113.174	1495156	113.174	851883	0	-643273
		2	通信系统设施	公路公里	113.174	7304688	113.174	7396272	0	91584
		3	监控系统设施	公路公里	113.174	6239783	113.174	6574113	0	334330
			第二部分　设备及工具、器具购置费	公路公里	113.174	22698202	113.174	20741776	0	-1956426
一			设备购置费	公路公里	113.174	22698202	113.174	20741776	0	-1956426
	1		需安装的设备	公路公里	113.174	22367402	113.174	20410976	0	-1956426
		1	收费系统设备	公路公里	113.174	5910028	113.174	5818856	0	-91172
		2	通信系统设备	公路公里	113.174	2968930	113.174	3120930	0	152000
		3	监控系统设备	公路公里	113.174	13488444	113.174	11471190	0	-2017254
	2		不需安装的设备	公路公里	113.174	330800	113.174	330800	0	0
		1	通信系统设备	公路公里	113.174	330800	113.174	330800	0	0
二			工具、器具购置	公路公里	113.174		113.174			
			第三部分　工程建设其他费用	公路公里	113.174	4071949	113.174	1689342	0	-2382607
二			建设项目管理费	公路公里	113.174	680370	113.174	375003	0	-305367
	1		建设单位管理费	公路公里	113.174	364681	113.174	63735	0	-300946
	2		工程监理费	公路公里	113.174	300792	113.174	296445	0	-4347
	3		设计文件审查费	公路公里	113.174	14897	113.174	14822	0	-75
四			建设项目前期工作费	公路公里	113.174	630714	113.174	489453	0	-141261
二			建设期贷款利息	公路公里	113.174	2760865	113.174	824885	0	-1935980
			第一、二、三部分费用合计	公路公里	113.174	41809779	113.174	37253385	0	-4556394
			预备费	公路公里	113.174	1217620	113.174	1092855	0	-124765
一			价差预备费	公路公里	113.174		113.174			
二			基本预备费	公路公里	113.174	1217620	113.174	1092855	0	-124765
			预算总金额	公路公里	113.174	43027400	113.174	38346240	0	-4681160
			公路基本造价	公路公里	113.174	43027400	113.174	38346240	0	-4681160

施工图设计预算审核对比表

项目名称:京珠国道主干线安阳至新乡公路改扩建工程配电照明工程

项	目	节	工程或费用名称	单位	报审预算		审核预算		审核比报审增(+)减(-)	
					数量	金额(元)	数量	金额(元)	数量	金额(元)
			第一部分　建筑安装工程费	公路公里	113.174	2510495	113.174	1839800	0	-670695
七			公路设施及预埋管线工程	公路公里	113.174	2510495	113.174	1839800	0	-670695
	1		管理、养护设施	公路公里	113.174	2510495	113.174	1839800	0	-670695
		1	照明系统设施	公路公里	113.174	2510495	113.174	1839800	0	-670695
			第二部分　设备及工具、器具购置费	公路公里	113.174	1350882	113.174	1596382	0	245500
一			设备购置费	公路公里	113.174	1350882	113.174	1596382	0	245500
	1		需安装的设备	公路公里	113.174	1350882	113.174	1596382	0	245500
		1	照明系统设备	公路公里	113.174	1350882	113.174	1596382	0	245500
二			工具、器具购置	公路公里	113.174		113.174			
			第三部分　工程建设其他费用	公路公里	113.174	405930	113.174	207231	0	-198699
二			建设项目管理费	公路公里	113.174	121499	113.174	46547	0	-74952
	1		建设单位管理费	公路公里	113.174	68565.65573	113.174	7911	0	-60655
	2		工程监理费	公路公里	113.174	50216.09681	113.174	36796	0	-13420
	3		设计文件审查费	公路公里	113.174	2652.859329	113.174	1840	0	-813
四			建设项目前期工作费	公路公里	47.251	97920.821	47.251	80725	0	-17196
二			建设期贷款利息	公路公里	113.174	191129.3534	113.174	79959	0	-111170
			第一、二、三部分费用合计	公路公里	113.174	4267306	113.174	3643414	0	-623892
			预备费	公路公里	113.174	131086.3473	113.174	106903	0	-24183
一			价差预备费	公路公里	113.174		113.174			
二			基本预备费	公路公里	113.174	131086	113.174	106903	0	-24183
			新增加费用项目(不作预备费基数)	公路公里	113.174		113.174			
			预算总金额	公路公里	113.174	4398392.347	113.174	3750317	0	-648075
			公路基本造价	公路公里	113.174	4398392.347	113.174	3750317	0	-648075

关于安阳至新乡高速公路改建项目机电工程施工图设计的请示

豫交集团〔2010〕62 号

河南省交通运输厅：

根据工程进展情况，安阳至新乡高速公路改建项目机电工程施工图设计已编制完成，经我公司初步审查，认为该施工图设计基本符合交通运输部《公路工程基本建设项目设计文件编制办法》及相关技术标准、规范、规程的要求。按照项目基本建设程序，现将安阳至新乡高速公路改建项目机电工程施工图设计上报省厅审批。

妥否，请批示。

二〇一〇年五月十一日

关于报送京珠国道主干线安阳至新乡高速公路改扩建工程绿化、交通机电《两阶段施工图设计》及京珠国道主干线安阳至新乡高速公路旧路改造工程《施工图设计》的请示

豫安新改建〔2010〕50号

河南高速公路发展有限责任公司：

按照基本建设程序和有关要求，我项目部已委托河南省交通勘察设计院和中交第一公路勘察设计研究院有限公司编制完成京珠国道主干线安阳至新乡高速公路改扩建工程绿化、交通机电《两阶段施工图设计》及京珠国道主干线安阳至新乡高速公路旧路改造工程《施工图设计》，经审核后认为，京珠国道主干线安阳至新乡高速公路改扩建工程绿化、交通机电《两阶段施工图设计》及京珠国道主干线安阳至新乡高速公路旧路改造工程《施工图设计》符合规范要求，现将京珠国道主干线安阳至新乡高速公路改扩建工程绿化、交通机电《两阶段施工图设计》及京珠国道主干线安阳至新乡高速公路旧路改造工程《施工图设计》上报。

妥否，请批示！

二〇一〇年四月六日

关于安新机电工程联合设计文件的批复

豫高司工〔2010〕287号

安新改建工程项目部：

你部《关于报送安新高速公路改建工程AXJD-1标联合设计文件的请示》（豫安新改建〔2010〕118号）收悉。由集团营运管理部、高发公司工程管理部、运维中心、通行费管理部、设计、监理、施工单位及专家组成审查小组，对你公司上报的联合设计变更文件进行认真审查。审查组在充分审阅联合设计文件、招、投标文件及原设计单位意见基础上，经充分讨论、集体研究，形成如下意见：

一、监控系统

1.情报板

（1）同意将门架式情报板的面积由2×10改为2×11，情报板应设置在枢纽立交和省界收费站出口主线位置上。为了美观，建议龙门架钢结构采用箱梁式。

（2）F型情报板的尺寸保持不变。

（3）同意取消服务区信息发布屏，建议在服务区建筑物内外增加小型信息发布设施。

（4）情报板设置宜在离出口1公里左右位置，以便司机在高速行驶情况下能安全、顺利变道。

2.一体化摄像机：同意在监控盲区和事故多发点增加全程监控摄像机，技术指标和性能不能低于原有监控摄像机的技术指标。

3.原有的太阳能蓄电池已使用5年，同意对无法正常使用的蓄电池进行更换。

4.同意根据实际情况增加多串口服务器。

5.由于K0+000—K47+520传输方案发生改变，同意把通过通信系统的低速数据接口传输改为为光端机传输。安阳北服务区属BOT项目，暂不考虑其外场设备。

二、通信系统

1.同意取消低速数据接口板。

2.现有30芯主干通信光缆因多次遭受人为破坏，衰耗较大，影响数据传输质量，同意重新敷设一根48芯光缆替换原主干光缆，被替换的光缆作为备用。原设计的监控系统光缆由于传输方式的改变芯数做适当调整（由北向南依次减少）。

3.同意光纤配线单元由72芯变为96芯，同意在分中心增加光纤数字配线柜。

4.同意对备件数量进行合理调整。

5.暂不考虑安阳北服务区的业务电话，但在程控交换机扩容时，应预留200门，以便日后增加新的服务设施时使用。

三、收费系统

1.由于安阳南收费站收费车道由4个增加为10个，同意增加6个车道的机电设备。

2.同意每个收费站增加一台 A3 激光打印机。

3.同意收费站广场至收费站之间的对讲报警信号传输由通信电缆改为光纤传输,相应增加传输设备。

4.安阳南收费站由于办公大楼搬迁至新建站房,同意监控室设备随之搬迁。

5.安阳南站由于增加 6 个收费车道,原设计的 UPS 容量无法满足 10 车道的供电需要,同意对其进行优化,优化后的 UPS 容量应能满足收费车道和监控室同时用电需要。

6.收费广场至监控室 UPS 之间供电电缆遗漏,同意增加 2 根 $VV_{22}3\times16$ 电缆。

7.同意增加 4 对 4 路视频复用光端机。

8.全车牌输入键盘,因为在其他专项工程(尚未实施)中已经包含,存在招标重复问题,请在支付时注意,避免重负计费。

9.根据管理公司要求,研华工控机质量稳定,故障率低,性能稳定,同意工控机品牌由研祥变为研华,价格不变。

10.安新公司 2009 年全部更换为不锈钢收费亭,安阳南站原有 2 个双向收费亭,6 个单向收费亭,为节约起见,原有收费亭继续使用,同意再增加 2 个单向不锈钢收费亭,但应做好新旧车道变换时的保通问题。

四、供配电照明系统

1.为实现交通行业绿色环保、节能减排目标,要求安阳南站:

(1)收费雨棚:可选用显色性较好的 LED 灯或陶瓷金属卤化物灯。陶瓷金属卤化物灯优先选用与标准高压钠灯镇流器和触发器系统兼容的产品,推荐选用显色指数≥80 的陶瓷金属卤化物灯光源。

(2)收费广场:收费广场对光源要求较高,既要显色性好,又要透雾能力强,同时又是收费站用电的重要组成部分,可采用高光效的高压钠灯或暖白光照明灯具(Cosmo)。

2.高压钠灯镇流器应推广使用优质的节能双功率电感镇流器和调频调光电子镇流器。

3.安阳站、安阳南站、汤阴互通主线南北方向主线交会处的位置较集中,建议设置 1 基高杆灯。

4.同意在安阳南收费站增加一台照明配电箱。

5.高杆灯的供电电缆采用单回路供电(高杆灯内配电箱至灯具之间根据照明控制方式不同,可采用多回路电)。

6.同意取消智能照明控制器,改为其他的照明节能方案。

7.请和其他站做电能消耗量比较,从中总结经验,如果成功,可在其他收费站加以推广。

核定增加工程费用 1136925.26 元(安新高速公路机电工程联合设计变更费用明细表)。

二〇一〇年九月二日

安新高速公路机电工程联合设计变更费用明细表

细目号	细目名称	申报情况				合价(A)	审批情况				合价(B)	差价(B-A)	备注
		厂家型号	单位	数量	单价		厂家型号	单位	数量	单价			
一	监控系统												
1	龙门架情报板数量调整												
	门式情报板板面	汉威光电 2×11	套	9	365400	3288600	汉威光电 2×11	套	9	365400	3288600	0	参照合同单价
	门架	汉威光电	套	3	105840	317520	汉威光电	套	3	105840	317520	0	
	门架	汉威光电	套	8	116640	933120	汉威光电	套	6	116640	699840	-233280	合同单价
	门架路中基础		套	11	15120	166320		套	9	15120	136080	-30240	
	门架路侧基础		套	11	15120	166320		套	9	15120	136080	-30240	
2	收费站前屏及 F 型情报板数量调整												
	F 型情报板板面	汉威光电	套	14	129600	1814400	汉威光电	套	14	129600	1814400	0	合同单价
	F 型情报板立柱	汉威光电	套	14	19440	272160	汉威光电	套	14	19440	272160	0	
	F 型情报板基础		个	14	11880	166320		个	14	11880	166320	0	
3	取消服务区信息发布屏												
	服务区信息发布屏	汉威光电	套	0	216000	0	汉威光电	套	0		0	0	
	发布屏立柱	汉威光电	套	0	28080	0	汉威光电	套	0		0	0	
	发布屏基础		套	0	10800	0		套	0		0	0	
4	增加枪式一体化摄像机												
	枪式一体化摄像机	PELCO	套	5	25000	125000	PELCO	套	5	25000	125000	0	
	摄像机立柱	12 米	套	5	7500	37500	12 米	套	5	6500	32500	-5000	
	摄像机基础	定制	套	5	6500	32500	定制	套	5	6500	32500	0	
	摄像机配电箱	定制	套	5	800	4000	定制	套	5	800	4000	0	
	太阳能电池板	尚德，含支架	套	5	22000	110000	尚德，含支架	套	5	20000	100000	-10000	
	太阳能电源控制器	PL-20	套	5	4000	20000	PL-20	套	5	4000	20000	0	
	太阳能电池	每套 12 块	套	5	18000	90000	每套 12 块	套	5	18000	90000	0	
	电池保温箱、电池箱		套	5	3000	15000		套	5	3000	15000	0	

续上表

细目号	细目名称	申报情况				合价(A)	审批情况				合价(B)	差价(B-A)	备注
		厂家型号	单位	数量	单价		厂家型号	单位	数量	单价			
	电池组人井		个	5	3500	17500		个	5	3500	17500	0	
	节点光端机远端机	中威	台	5	12500	62500	中威	台	5	11000	55000	-7500	
	节点光端机中心机	中威	台	1	15000	15000	中威	台	1	15000	15000	0	
	视频分配器	LC-B0832	台	1	800	800	LC-B0832	台	1	800	800	0	
	视频防雷	易龙	台	5	250	1250	易龙	台	5	250	1250	0	
7	更换部分太阳能蓄电池组												
	太阳能电池(12 节)	双登 2V 420AH	套	21	18000	378000	双登 2V 420AH	套	21	18000	378000	0	
	电池组保温箱、电池箱	定制	套	21	3000	63000	定制	套	21	3000	63000	0	
	电池组人井	定制	套	21	3500	73500	定制	套	21	3500	73500	0	
8	增加多串口服务器												
	增加多串口服务器	型号不变	台	2	14040	28080	型号不变	台	2	14040	28080	0	
9	外场监控设备传输方案												
	数据光端机 1:一路数据	中威	对	6	1404	8424	中威	对	6	1404	8424	0	合同单价,据实计量
	数据光端机 2:二路数据	中威	对	0		0	中威	对	8	1620	12960	12960	
	数据光端机 3	中威	对	0		0	中威	对	26	1404	36504	36504	
	数据光端机 1:一路数据	内置中继	对	4	8500	34000	内置中继	对	1	8500	8500	-25500	K0+000-K47+520 传输方案发生改变,其他的按照原有投标价进行计量
	数据光端机 2:二路数据	内置中继	对	17	9500	161500	内置中继	对	9	9500	85500	-76000	
	中继		个	5	5500	27500		个	5	5500	27500	0	
	小计					8429814					8061518	-368296	
二	通信系统												
1	增加敷设联网收费主干光缆												
	RS232 接口板		块	0		0		块	0		0	0	
	48 芯单模光缆	长飞中利	km	148	13000	1917500	长飞中利	km	148	13000	1917500	0	
	48 芯光缆接头盒及熔接		套	85	1500	127500		套	85	1500	127500	0	

续上表

细目号	细目名称	申报情况				合价(A)	审批情况				合价(B)	差价(B-A)	备注
		厂家型号	单位	数量	单价		厂家型号	单位	数量	单价			
2	增加光纤配线单元												
	光纤配线单元(72 芯)	中兴智能	台	1	8843.89	8843.89	中兴智能	台	0	8843.89	0	-8843.89	
	光纤配线单元(96 芯)	中兴智能	台	10	13629.5	136295	中兴智能	台	10	13629.5	136295	0	
	光纤数字配线柜	DF192 单元，DDF80 系统	台	1	33640	33640	DF192 单元，DDF80 系统	台	1	33640	33640	0	
3	通信系统备件优化调整												
	SDH 系统光接口板 L4.1	中兴智能	块	2	65000	130000	中兴智能	块	2	65000	130000	0	
	以太网接口板(4 路/板)	中兴智能	块	2	45000	90000	中兴智能	块	2	45000	90000	0	
	2M 接口板(16 路/板)	中兴智能	块	2	7293	14586	中兴智能	块	2	7293	14586	0	
	高频开关整流模块	中兴智能	块	2	4994.6	9989.2	中兴智能	块	2	4994.6	9989.2	0	
	数字接口板	中兴智能	块	2	13260	26520	中兴智能	块	2	13260	26520	0	
	接入网电源板	中兴智能	块	2	3580.2	7160.4	中兴智能	块	2	3580.2	7160.4	0	
	模拟用户接口板(32 路/板)	中兴智能	块	2	18000	36000	中兴智能	块	2	18000	36000	0	
4	程控交换系统扩容方案调整												
	电话分机(DTMF)		部	0	102.6	0		部	0	102.6	0	0	
	HYAT 100×2×0.7		千米	0.50	23760	11880		千米	0.50	23760	11880	0	
	小计					2549914.49					2541070.6	-8843.89	
三	收费系统												
1	KO-K47 标段安阳南站收费车道扩容												
	车道控制机	北京研华	套	89	16200	1441800	北京研华	套	85	16200	1377000	-64800	
	非接触式 IC 卡读写器	航天金卡	台	26	2106	54756	航天金卡	台	16	2106	33696	-21060	
	票据打印机	STAR 322	台	6	8640	51840	STAR 322	台	6	8640	51840	0	

续上表

细目号	细目名称	申报情况				合价(A)	审批情况				合价(B)	差价(B-A)	备注
		厂家型号	单位	数量	单价		厂家型号	单位	数量	单价			
	费额显示器(含语音模块)	科野	台	6	4968	29808	科野	台	6	4968	29808	0	
	车辆检测器(含线圈)	遵信达	套	10	540	5400	遵信达	套	10	540	5400	0	
	自动栏杆(含栏杆臂、机箱)	遵信达	套	10	5724	57240	遵信达	套	10	5724	57240	0	
	手动栏杆(含支架)	康富威	套	10	918	9180	康富威	套	10	918	9180	0	
	通行信号灯(含黄闪、立柱等)	科野	套	10	1674	16740	科野	套	10	1674	16740	0	
	雨棚信号灯(正、反向)	科野	套	10	2570.4	25704	科野	套	10	2570.4	25704	0	
	雾灯(含立柱)	科野	套	10	1026	10260	科野	套	10	1026	10260	0	
	收费员操作台(含座椅)		套	10	1080	10800		套	10	1080	10800	0	
	伪钞识别器		台	6	378	2268		台	6	378	2268	0	
	IP 双制空调(1 匹)		台	9	2700	24300		台	2	2700	5400	-18900	
	计重系统		套	6	75060	450360		套	6	75060	450360	0	
	广场以太网交换机		个	2	2862	5724		个	2	2862	5724	0	
	收费亭配电箱		个	10	216	2160		个	2	216	432	-1728	
	单通道数据叠加器	富视佳 FSD-831	个	2	648	1296	富视佳 FSD-831	个	2	648	1296	0	
	双通道数据叠加器	富视佳 FSD-832	个	10	864	8640	富视佳 FSD-832	个	10	864	8640	0	
	收费车道应用软件(暂定金额)	型号不变	套	89	1870	166430	型号不变	套	85	1870	158950	-7480	
	收费车道摄像机(含立柱)深圳英特	型号不变	套	10	3780	37800	型号不变	套	10	3780	37800	0	
	亭内摄像机	深圳英特	套	10	453.6	4536	深圳英特	套	10	453.6	4536	0	
	单路视频光端机	深圳英特	对	6	712.8	4276.8	深圳英特	对	6	712.8	4276.8	0	
	硬盘录像机	海康威视	台	21	11016	231336	海康威视	台	21	11016	231336	0	
	内部对讲分机	爱峰 NA-A	个	10	205.2	2052	爱峰 NA-A	个	10	205.2	2052	0	
	报警踏板		个	10	54	540		个	10	54	540	0	

续上表

细目号	细目名称	申报情况				合价(A)	审批情况				合价(B)	差价(B-A)	备注
		厂家型号	单位	数量	单价		厂家型号	单位	数量	单价			
	单向收费岛		个	8	23760	190080		个	8	23760	190080	0	
	双向收费岛		个	1	30240	30240		个	1	30240	30240	0	
	单人收费亭护栏		套	16	4320	69120		套	16	4320	69120	0	
	收费亭防撞柱		根	20	5400	108000		根	20	5400	108000	0	
	电动栏杆基础		个	10	324	3240		个	10	324	3240	0	
	车道摄像机基础		个	10	324	3240		个	10	324	3240	0	
	通行信号灯基础		个	10	324	3240		个	10	324	3240	0	
	雾灯基础		个	10	324	3240		个	10	324	3240	0	
	广场摄像机基础		个	2	4536	9072		个	2	4536	9072	0	
	手动栏杆基础		套	10	324	3240		套	10	324	3240	0	
	车牌识别摄像机基础		个	0	324	0		个	0	324	0	0	
	线缆转接手孔		个	18	1620	29160		个	18	1620	29160	0	
	ϕ114×4.0 镀锌焊接钢管		米	444	75	33300		米	444	75	33300	0	
2	财务室更换报表打印机												
	激光打印机	HP 5200-L	台	9	7800	70200	HP 5200-L	台	9	7000	63000	-7200	
3	优化安阳南站对讲报警系统												
	信号电缆	HYAT 2×10×0.5	公里	0		0	HYAT 2×10×0.5	公里	0		0	0	
	对讲光端机(10 路)	深圳英特	对	1	20000	20000	深圳英特	对	1	18000	18000	-2000	
	报警光端机(10 路)	深圳英特	对	1	6500	6500	深圳英特	对	1	6500	6500	0	
4	安阳南站机房搬迁												
	安阳南站监控室设备搬迁		项	1	50000	50000		项	1	50000	50000	0	
5	KO-K47 标段安阳南站 UPS 优化												
	UFS	爱克赛 EK815	台	2	37500	75000	爱克赛 EK815	台	2	33500	67000	-8000	

续上表

细目号	细目名称	申报情况				合价(A)	审批情况				合价(B)	差价(B-A)	备注
		厂家型号	单位	数量	单价		厂家型号	单位	数量	单价			
6	安阳南站增加收费系统主干电缆												
	电缆 VV22-1KV-2×16	2×16	米	400	39	15600	3×16	米	400	59	23600	8000	
7	安阳南站增加视频传输光端机												
	视频光端机	深圳英特	台	26	5400	140400	深圳英特	对	13	5400	70200	-70200	合同价
8	安阳南站增加网络机柜												
	收费广场网络机柜	含基础	个	1	4500	4500	含基础	个	1	4500	4500	0	
	收费站 UPS 配电箱	定制	个	1	1500	1500	定制	个	1	1500	1500	0	
9	安阳南站收费亭												
	单向收费亭	不锈钢	个	8	35000	280000	不锈钢	个	2	35000	70000	-210000	参照 2009 年收费亭招标价格
	双向收费亭	不锈钢	个	1	49500	49500	不锈钢	个	0	49500	0	-49500	
	小计					3853618.8					3400750.8	-452868	
四	照明系统												
1	取消智能型照明控制器												
	智能型照明控制器		台	0		0		台	0		0	0	
2	减少高杆灯数量												
	高杆灯	型号不变	基	12	97200	1166400	型号不变	基	12	97200	1166400	0	
	高杆灯基础		基	12	27000	324000		基	12	27000	324000	0	
3	增加安阳南站广场照明配电箱												
	照明系统配电箱	定制	个	1	4500	4500	定制	个	1	4500	4500	0	
	照明配电箱基础	定制	个	1	1500	1500	定制	个	1	1000	1000	-500	
	小计					1496400					1495900	-500	
	合计					16329747.29					15499239.4	-830507.89	

关于报送安新高速公路改建工程 AXJD-1 标联合设计文件的请示

豫安新改建〔2010〕118 号

河南高速公路发展有限责任公司：

根据《京港澳高速公路安阳至新乡高速公路改扩建工程机电工程详细设计专家评审意见》，安新高速公路改扩建工程交通机电项目设计单位中交第一公路勘察设计研究院有限公司（K0-K47+251 标段）和河南省交通规划勘察设计院有限责任公司（K47+251-K113+173 标段）进行了《安阳至新乡高速公路改扩建工程机电工程详细设计》的补充设计，完成了安阳至新乡高速公路改扩建工程机电工程详细设计文件及图纸。安新改建项目部会同本项目的设计单位、监理单位、安新分公司、中标施工单位共同完成了本项目的联合设计文件。现将联合设计文件报送省公司，请省公司审阅。

妥否，请批示。

二〇一〇年八月十日

关于京港澳高速公路安阳服务区改扩建工程施工图设计的批复

豫交规划〔2011〕161 号

河南交通投资集团有限公司：

你公司豫交集团〔2010〕335 号文报送的京港澳高速公路安阳服务区改扩建工程施工图设计及预算收悉。根据省发改委豫发改基础〔2010〕1471 号文对该工程项目申请报告核准的批复，结合《河南省高速公路设计指导性原则和技术要求》，经审查，现批复如下：

一、原则同意设计单位编制完成的该工程施工图设计。

二、建设规模

该项目总占地面积 312.3 亩，其中新增用地 168.3 亩。总建筑面积核定为 13183 平方米，其中综合楼 8179 平方米（新建 3500 平方米、改造 4679 平方米），新建职工宿舍楼 2988 平方米，加油站、修理车间、配电房等附属用房共 2016 平方米。道路停车场、广场等面积 120289 平方米，绿化面积 77592 平方米。

三、结构形式

综合楼新建部分为地上一层钢筋混凝土框架结构，结构安全等级为二级，建筑耐火等级为二级，建筑抗震设防烈度为 8 度，框架抗震等级为二级；改造部分维持原结构形式。职工宿舍楼宿舍部分为地上三层砌体结构，食堂及办公部分为地上一层钢筋混凝土框架结构。加油站房屋为单层砌体结构，其余附属用房均为单层钢筋混凝土框架结构。

四、应特别注意综合楼各功能用房面积的合理分配，并且尽可能提高使用面积系数，以满足实际需求。

五、核定该工程施工图预算为 14068 万元（详见该工程预算审核对比表），其中：建筑安装工程费 9142 万元，设备及工、器具购置费 2152 万元，其他费用 2374 万元，预备费 400 万元。

六、工程建设应严格按照已批复的设计进行，根据实际情况确需进行设计变更的，必须切实履行设计变更程序。

附件：

预算审核对比表

二〇一一年七月五日

预算审核对比表

建设项目名称:京港澳高速公路安阳服务区改扩建工程

项	目	节	细目	工程或费用名称	单位	报审预算		审核预算		审核较报审增减	
						数量	金额(元)	数量	金额(元)	数量	金额(元)
				第一部分 建筑安装工程费	项	1	104149433	1	91421245	0	-12728189
九				管理、养护及服务用房	处	1	104149433	1	91421245	0	-12728189
	3			服务设施	处	1	104149433	1	91421245	0	-12728189
		1		服务区	处	1	104149433	1	91421245	0	-12728189
			1	新建综合楼	m^2/座	3500.34/2	6674280	3500.34/2	6064806	0	-609473
			2	原有综合楼改造	m^2/座	4678.8/2	2241185	4678.8/2	2180694	0	-60491
			3	综合楼精装修	m^2/座	5060/2	21002040	5060/2	9859458	0	-11142582
			4	职工宿舍楼	m^2/座	2988.2/1	6088013	2988.2/1	5211691	0	-876322
			5	维修车间	m^2/座	654.4/2	1177926	654.4/2	1144105	0	-33821
			6	综合机房	m^2/座	614/2	944495	614/2	923419	0	-21076
			7	加油站站房	m^2/座	540/2	6031917	540/2	794818	0	-5237099
			8	加油站大棚	m^2/座	2266/2	2207612	2266/2	2174028	0	-33584
			9	加油站罐区及附属	座	2	489012	2	477588	0	-11424
			10	原建、构筑物拆除	项	1	4492560	1	183875	0	-4308685
			11	室外场区工程	m^2	120289	47732153	120289	56446245	0	8714092
			12	公厕(双侧)	m^2	208/4	492240	208/4	479571	0	-12669
			13	绿化工程	m^2	77592	3576000	77592.1	4171042	0	595042
			14	场区标志及标线	项	1	1000000	1	1309904	0	309904
				第二部分 设备及工具、器具购置费	项	1	17282408	1	21521725	0	4239317
一				供水设备(双侧)	项	1	875000	1	603000	0	-272000
二				中水回用 20t	项	1	7920400	1	5760000	0	-2160400
三				太阳能热水系统	项	1	400000	1	400000	0	0
四				供配电照明工程(双侧)	项	1	5296186	1	5296186	0	0

续上表

项	目	节	细目	工程或费用名称	单位	报审预算		审核预算		审核较报审增减	
						数量	金额(元)	数量	金额(元)	数量	金额(元)
五				光伏发电(双侧)	项			1	1740000	1	1740000
六				加油站设备(双侧)	项			1	2961826	1	2961826
七				监控系统	项			1	989840	1	989840
八				空调设备	项	1	2489650	1	1835839	0	-653811
七				办公、生活等其他	项			1	1887767	1	1887767
八				备品备件购置费	项	1	301172	1	47266	0	-253906
				第三部分　工程建设其他费用	项	1	27746621	1	23741846	0	-4004775
一				土地征用及拆迁补偿费	项	1	12449580	1	11519257	0	-930323
二				建设项目管理费	项	1	3404442	1	3964076	0	559634
	1			建设单位管理费	项	1	1139600	1	1944651	0	805051
	2			工程监理费	项	1	2186000	1	1828425	0	-357575
	3			设计文件审查费	项	1	78842	1	191000	0	112158
三				建设项目前期工作费	项	1	6665000	1	4120000	0	-2545000
	1			工可编制费	项			1	300000	1	300000
	2			研究实验费	项	1	3145000			-1	-3145000
	3			工程设计费	项	1	3520000	1	3820000	0	300000
四				建设期贷款利息	项	1	4427599	1	3498148	0	-929451
五				专项评价费	项	1	100000	1	290522	0	190522
六				保通费、保经费	项	1	700000	1	349843	0	-350157
				第一、二、三部分费用合计	处	1	149178463	1	136684816	0	-12493647
				预备费	元		3642955		3995600		352645
				预算总金额	元		152821418		140680416		-12141002
				公路基本造价	处	1	152821418	1	140680416	0	-12141002

关于京港澳高速公路鹤壁服务区改扩建工程施工图设计的批复

豫交规划〔2011〕163 号

河南交通投资集团有限公司：

你公司豫交集团〔2010〕335 号文报送的京港澳高速公路鹤壁服务区改扩建工程施工图设计及预算收悉。根据省发改委豫发改基础〔2010〕1470 号文对该工程项目申请报告核准的批复，结合《河南省高速公路设计指导性原则和技术要求》，经审查，现批复如下：

一、原则同意设计单位编制完成的该工程施工图设计。

二、建设规模。

该项目总占地面积 289.3 亩，其中新增用地 213.3 亩。总建筑面积核定为 14643 平方米，其中综合楼 9290 平方米(新建 4013 平方米、改造 5277 平方米)，新建职工宿舍楼 3225 平方米，加油站、修理车间、配电房等附属用房共 2128 平方米。道路停车场、广场等面积 129220 平方米，绿化面积 52680 平方米。

三、结构形式。

综合楼新建部分为地上一层钢筋混凝土框架结构，结构安全等级为二级，建筑耐火等级为二级，建筑抗震设防烈度为 8 度，框架抗震等级为二级；改造部分维持原结构形式。职工宿舍楼宿舍部分为地上四层砌体结构，食堂餐厅部分为地上一层钢筋混凝土框架结构；加油站房屋为单层砌体结构，其余附属用房均为单层钢筋混凝土框架结构。

四、应特别注意综合楼各功能用房面积的合理分配，并且尽可能提高使用面积系数，以满足实际需求。

五、核定该工程施工图预算为 14465 万元(详见该工程预算审核对比表)，其中：建筑安装工程费 9721 万元，设备及工、器具购置费 1960 万元，其他费用 2373 万元，预备费 411 万元。

六、工程建设应严格按照已批复的设计进行，根据实际情况确需进行设计变更的，必须切实履行设计变更程序。

附件：

预算审核对比表

二〇一一年七月五日

预算审核对比表

建设项目名称：京港澳高速公路鹤壁服务区改扩建工程

项	目	节	细目	工程或费用名称	单位	报审预算		审核预算		审核较报审增减	
						数量	金额(元)	数量	金额(元)	数量	金额(元)
				第一部分　建筑安装工程费	项	1	110125297	1	97208138	0	−12917160
九				管理、养护及服务用房	处	1	110125297	1	97208138	0	−12917160
	3			服务设施	处	1	110125297	1	97208138	0	−12917160
		1		服务区	处	1	110125297	1	97208138	0	−12917160
			1	新建综合楼	m^2/座	4012.54/2	8991861	4012.54/2	7439719	0	−1552142
			2	原有综合楼改造	m^2/座	5277.44/2	3664035	5277.44/2	3571538	0	−92498
			3	综合楼精装修	m^2/座	5728/2	13054920	5728/2	11174052	0	−1880868
			4	职工宿舍楼	m^2/座	3225/1	5449556	3225/1	5658007	0	208451
			5	维修车间	m^2/座	648/2	1061012	648/2	1028760	0	−32252
			6	综合机房	m^2/座	614/2	1370850	614/2	1342002	0	−28848
			7	加油站站房	m^2/座	268.04/2	5485766	268.04/2	478279	0	−5007487
			8	加油站大棚	m^2/座	2288/2	2458901	2288/2	2204686	0	−254215
			9	加油站罐区及附属	座	2	490876	2	477588	0	−13288
			10	原建、构筑物拆除	项	1	3672300	1	192656	0	−3479644
			11	室外场区工程	m^2	129220	58510949	129220	57622205	0	−888744
			12	货车服务中心	m^2/座	598.08/2	1464271	598.08/2	1437014	0	−27257
			13	绿化工程	m^2	52679.62	3450000	52679.62	3399737	0	−50263
			14	场区标志及标线	项	1	1000000	1	1181895	0	181895
				第二部分　设备及工具、器具购置费	项	1	18335795	1	19600547	0	1264751
一				供水设备(双侧)	项	1	600000	1	374000	0	−226000
二				中水回用20t	项	1	7840000	1	5760000	0	−2080000
三				太阳能热水系统	项	1	488000	1	488000	0	0

续上表

项	目	节	细目	工程或费用名称	单位	报审预算		审核预算		审核较报审增减	
						数量	金额(元)	数量	金额(元)	数量	金额(元)
四				供配电照明工程(双侧)	项	1	4680000	1	4320000	0	-360000
五				空调设备(详见附表)	项	1	2881588	1	2714132	0	-167456
六				加油站设备(双侧)	项			1	2930946	1	2930946
七				监控系统	项			1	989140	1	989140
八				办公、生活、餐具设备	项			1	1887767	1	1887767
九				备品备件购置费	项	1	1846207	1	136561	0	-1709646
				第三部分　工程建设其他费用	项	1	31298989	1	23727578	0	-7571411
一				土地征用及拆迁补偿费	项	1	15639267	1	11520546	0	-4118721
二				建设项目管理费	项	1	3356330	1	4172295	0	815965
	1			建设单位管理费	项	1	1707334	1	2051130	0	343796
	2			工程监理费	项	1	1570472	1	1944163	0	373691
	3			设计文件审查费	项	1	78524	1	177002	0	98478
三				建设项目前期工作费	项	1	6969681	1	3840049	0	-3129632
	1			可行性研究报告编制费	项			1	300000	1	300000
	2			研究实验费	项	1	3176000			-1	-3176000
	3			工程设计费	项	1	3793681	1	3540049	0	-253632
四				建设期贷款利息	项	1	4533711	1	3596717	0	-936994
五				专项评价费	项	1	100000	1	293475	0	193475
六				保通费、保经营	项	1	700000	1	304496	0	-395504
				第一、二、三部分费用合计	处	1	159760081	1	140536262	0	-19223819
				预备费	元		3853833		4108186	0	254354
				预算总金额	元		163613914		144644449	0	-18969465
				公路基本造价	处	1	163613914	1	144644449	0	-18969465

关于报送京港澳高速公路安阳服务区鹤壁服务区改扩建工程《施工图设计》的请示

豫安新改建〔2010〕152 号

河南高速公路发展有限责任公司:

按照基本建设程序和有关要求,我项目部已委托河南省交通规划勘察设计院有限责任公司编制完成京港澳高速公路安阳服务区、鹤壁服务区改扩建工程《施工图设计》,经审核后认为,京港澳高速公路安阳服务区、鹤壁服务区改扩建工程《施工图设计》符合规范要求,现予以上报,请公司领导审核。

妥否,请批示。

二〇一〇年九月二十八日

第二部分

交 工 验 收

京珠国道主干线安阳至新乡
高速公路改扩建工程
交工验收报告

一、交工验收工作组织情况

依据交通部《公路工程竣（交）工验收办法》的要求，设计、监理、施工等参建单位已完成相关竣工文件的编制；河南省交通基本建设质量监督检测站委托河南高速公路工程试验检测中心有限公司完成了项目的验收检测工作，并形成相应的工程质量检测报告，该项目目前已经满足了八车道通车运营的要求，具备交工验收的条件。

2010 年 10 月 26 日至 27 日，河南高速公路发展有限责任公司在新乡市组织了对京珠国道主干线安阳至新乡高速公路改扩建工程的交工验收。交工验收委员会由工程建设、设计、监理、施工、质量监督、管理养护等单位的代表组成，交工验收工作邀请河南省交通运输厅、河南交通投资集团有限公司代表参加（详见交工验收委员会成员名单）。

交工验收委员会下设综合组、路基路面交安组、桥涵组、交通机电房建组、内业组。

交工验收委员会认真听取了工程参建各方的报告：

（一）建设单位关于工程项目执行情况的报告；

（二）设计单位关于工程设计情况的报告；

（三）监理单位关于工程监理（含设计变更）情况的报告；

（四）施工单位关于工程施工情况的报告。

交工验收委员会在听取报告、审查资料和实地察看的基础上，审查通过了河南高速公路发展有限责任公司安新改建工程项目部关于京珠国道主干线安阳至新乡高速公路改扩建工程执行情况的报告。

二、工程概况

安阳至新乡高速公路是京珠国道主干线河南省境内的重要组成部分，北接京珠高速公路河北段，南接京珠高速公路新乡至郑州段（郑州黄河二桥），向北直至首都北京，向南至广东沿海地区，是承载国家南北运输的公路大动脉，而且也是河南省南北向最为繁忙的运输通道，是河南省经济发展的“基轴”之一，途径安阳、鹤壁、新乡 3 个省辖市 10 个县市区。该项目全长 113.173 公里，全线共有大中小桥梁 91 座，涵洞通道 333 座，互通式和分离式立交 61 座，收费站 8 个，超限站 1 个，服务区 2 个。改建后路基宽度 42 米，桥面净宽 2×19 米，设计速度 120 公里/小时，采用两侧直接拼接加宽双向 8 车道高速公路标准。该项目概算总投资 43.7325 亿元，计划工期 3 年。

2005 年国家发展和改革委员会以“发改交运〔2005〕2072 号”文《国家发展改革委关于京珠国道主干线安阳至新乡公路改扩建工程可行性研究报告的批复》批复了项目可行性研究报告，2007 年交通部“交公路发〔2007〕568 号”文《关于京珠国道主干线安阳至新乡公路改扩建工程初步设计的批复》批复了项目初步设计，交通厅“豫交计〔2008〕92 号”《关于京珠国道主干线安阳至新乡公路改扩建工程施工图设计的批复》批复了施工图设计。

项目部先后进行了设计、监理招标以及土建工程、路面工程、服务区工程、护栏专项工程、标志、标线工程、旧路改造工程、机电工程、绿化工程的施工招标；河南省交通规划勘察设计院有限责任公司和中交第一公路勘察设计研究院有限公司依据初步设计批复和施工图专家意见完成了京珠国道主干线安阳至新乡高速公路改扩建工程以及绿化、机电工程的施工图设计任务，经交通运输厅批复（批复文件分别见“豫交计〔2008〕92 号、豫交规划〔2010〕272 号、豫交规划〔2010〕274 号），江苏省交通科学研究院股份有限公司根据施工图专家意见完成了京珠国道主干线安阳至新乡高速公路旧路改造工程施工图设计，并经交通运输厅批复（豫交规划〔2010〕148 号）。2010 年 10 月京珠国道主干线安阳至新乡高速公路改扩建工程合同规定的各项工作完成。

（一）建设工期：36 个月

（二）建设单位：河南高速公路发展有限责任公司安新改建工程项目部

（三）设计单位：中交第一公路勘察设计研究院有限公司

河南省交通规划勘察设计院有限责任公司

江苏省交通科学研究院股份有限公司

（四）监理单位：河南省中原公路工程监理有限公司

北京华通公路桥梁监理咨询有限公司

（五）质量监督单位：河南省交通基本建设质量检测监督站

（六）施工单位：

1.土建工程

合同段	起 讫 桩 号	长度(km)	施 工 单 位
No.1	K0+000～K10+000	10	北京城建道桥工程有限公司
No.2	K10+000～K17+000	7	中交第一公路工程局有限公司
No.3	K17+000～K24+000	7	中交第三公路工程局有限公司
No.4	K24+000～K32+000	8	中铁十一局集团有限公司
No.5	K32+000～K39+000	7	无锡市交通工程局有限公司
No.6	K39+000～K47+251.093	8.251	中铁四局集团有限公司
No.7	K47+250～K55+950	8.7	中铁十五局集团第一工程有限公司
No.8	K55+950～K62+050	6.1	中铁五局集团第一工程有限责任公司
No.9	K62+050～K69+500	7.45	中铁十五局集团第五工程有限公司
No.10	K69+500～K76+500	7	路桥集团国际建设股份有限公司
No.11	K76+500～K84+050	7.55	中铁十一局集团第一工程有限公司
No.12	K84+050～K92+000	7.95	河南省公路工程局集团有限公司
No.13	K92+000～K99+500	7.5	中交一公局第六工程有限公司
No.14	K99+500～K106+000	6.5	河南省公路工程局集团有限公司
No.15	K106+000～K113+173.78	7.173	中铁九局集团有限公司
No.16	预制标		路桥华东工程有限公司
No.17	预制标		中铁十局集团有限公司
No.18	预制标		中交一公局第六工程有限公司

2.路面工程

合同段	起讫桩号	长度(km)	施工单位
No.19	K0+000~K17+000	17	路桥华翔国际经济技术合作有限公司
No.20	K17+000~K32+000	15	中交第四公路工程局有限公司
No.21	K32+000~K47+251.093	15.251	中国凯瑞国际经济技术合作有限公司
No.22	K47+250~K62+050	14.8	山东枣庄道桥工程有限公司
No.23	K76+500~K92+000	15.6	河南省公路工程局集团有限公司
No.24	K62+050~K76+500	14.35	河南路桥建设集团有限公司
No.25	K92+000~K113+174	21.174	河南省公路工程局集团有限公司

3.交通安全设施

(1)护栏

合同段	起讫桩号	长度(km)	施工单位
AXHL-1标	K0+000~K32+000	32	山西长达交通设施有限公司
AXHL-2标	K32+000~K47+251.093	15.251	新乡六通实业有限公司
AXHL-3标	K47+250~K70+000	22.75	潍坊东方交通设施工程有限公司
AXHL-4标	K70+000~K92+000	22	天津华安公路交通工程有限公司
AXHL-5标	K92+000~K113+174	21.174	山东富博交通设施有限公司

(2)标志

合同段	起讫桩号	长度(km)	施工单位
AXBZ-1标	K0+000~K47+251.093	47.251	江苏博纳华交通科技有限公司
AXBZ-2标	K47+250~K113+174	67.923	周口市公路交通设施有限公司

(3)标线

合同段	起讫桩号	长度(km)	施工单位
AXBX-1标	K0+000~K24+000	24	河南富昌道路设施有限公司
AXBX-2标	K24+000~K47+251.093	25.251	开封市通达公路工程有限公司
AXBX-3标	K47+250~K70+000	22.75	安徽恒通交通工程有限公司
AXBX-4标	K70+000~K92+000	22	天津华安公路交通工程有限公司
AXBX-5标	K92+000~K113+174	21.173	天津华安公路交通工程有限公司

(4)绿化工程

合同段	起讫桩号	长度(km)	施工单位
AXLH-1标	K0+000~K47+250	47.25	河南万绿园林绿化工程有限公司
AXLH-2标	K47+250~K113+174	65.923	河南林峰园林绿化工程有限公司

(5)服务区改扩建工程

合同段	起 讫 桩 号	处	施 工 单 位
AXGJFWQ1 标	安阳服务区 K25+310	1	北京城建二建设工程有限公司
AXGJFWQ2 标	鹤壁服务区 K82+090	1	河南水利建筑工程有限公司
AXGJFWQ3 标	安阳服务区 K25+310	1	河南省大河筑路有限公司
AXGJFWQ4 标	鹤壁服务区 K82+090	1	中原油田建筑集团公司

(6)交通机电、照明、配电

合同段	起 讫 桩 号	长度(km)	施 工 单 位
AXJD-1 标	K0+000~K113+174(断链长度 277m)	112.897	河南中天高新智能科技开发有限责任公司

(7)旧路改造

合同段	起 讫 桩 号	长度(km)	施 工 单 位
AXGZ-1 标	K0+000~K113+174(断链长度 277m)	112.897	安徽水利开发股份有限公司
AXGZ-2 标	K0+000~K24+000	24	上海先为土木工程有限公司
AXGZ-3 标	K24+000~K47+250	23.25	上海久坚加固工程有限公司
AXGZ-4 标	K47+250~K84+289(断链长度 277m)	36.762	北京特希达科技有限公司
AXGZ-5 标	K84+289~K113+174	28.885	中交三公局桥梁隧道工程有限公司

(七)建设依据

1.国家发展和改革委员会《国家发展改革委关于京珠国道主干线安阳至新乡公路改扩建工程可行性研究报告的批复》(发改交运〔2005〕2072 号);

2.交通部《关于京珠国道主干线安阳至新乡公路改扩建工程初步设计的批复》(交公路发〔2007〕568 号);

3.河南省交通厅《关于京珠国道主干线安阳至新乡高速公路改扩建工程施工图设计的批复》(豫交计〔2008〕92 号);

4.河南省交通厅《关于京珠国道主干线安阳至新乡高速公路旧路改造工程施工图设计的批复》(豫交规划〔2010〕148 号)。

(八)主要设计标准

根据本项目在全国干线公路网中的功能、作用、远景交通量以及《工可报告》研究确定的建设标准,按照交通部颁发实施的《公路工程技术标准》(JTG B01—2003)中关于确定拟建项目技术标准的有关原则,全线采用八车道高速公路标准,结合沿线地形地质条件以及地物等情况,本项目设计速度为 120 公里/小时,路基宽度采用 42 米;桥涵设计荷载(加宽部分)采用公路—Ⅰ级,路面结构为沥青混凝土路面:4cm 改性沥青玛蹄脂碎石混合料(SMA-13)、6cm 中粒式改性沥青混凝土(AC-20C)、12cm 密级配沥青碎石混合料(ATB-30)、热喷 SBS 改性沥青、36cm 水泥稳定碎石(5%)、20cm 水泥稳定碎石(3%);沥青混凝土路面设计使用年限为 15 年。本项目主要技术指标见下表。

序号	指 标 名 称	单 位	指 标 值	备 注
1	设计速度	公里/小时	120	
2	建设里程	公里	113.173	
3	车道数	个	8	
4	路基宽度	米	42	
5	平曲线最小半径	米	1000	
6	不设超高的平曲线最小半径	米	5500	
7	平曲线最小长度	米	1560.824	
8	最大纵坡	%	1.15	
9	最小坡长	米	475	
10	凸形竖曲线最小半径	米	17000	
11	凹形竖曲线最小半径	米	6000	
12	竖曲线最小长度	米	250	
13	停车视距	米	210	
14	路基设计洪水频率	—	1/100	
15	大、中、小桥及涵洞设计洪水频率	—	1/100	
16	桥涵设计荷载(加宽部分)	公路—I级		

(九)主要工程数量

本次交工路段共有路基填方751.784万立方米,挖方164.296万立方米,全线共有大中小桥梁91座,涵洞通道333座,互通式和分离式立交61座,收费站8个,超限站1个,服务区2个。

本次交工路段工程项目:土建工程划分18个施工标段(其中有3个预制标);路面工程划分7个标段;服务区工程划分4个标段;护栏划分5个标段;标志划分2个标段;标线划分为5个标段;绿化工程划分2个标段;交通机电工程划分1个标段;旧路改造工程划分5个标段。本项目划分为2个监理代表处。

三、工程质量评议

交工验收委员会在听取建设单位、设计单位、施工单位、监理单位报告、查阅档案资料和查看工程现场后,根据河南省交通基本建设质量检测监督站的质量检测意见,对工程质量进行了评议。

(一)该工程设计合理,线形、路面结构、主要结构物及沿线设施工程符合规范要求。

(二)桥梁工程各部位混凝土强度均符合要求,几何尺寸准确,外观质量良好;涵洞洞身顺直,水路畅通;路基边坡自然稳定;排水系统连接完善;防护工程合理、稳定;路面强度、压实度、平整度、抗滑等指标均符合设计和规范要求;互通式立交工程线形流畅,上下标志清晰,使用性能良好。

(三)该项目工程数量与批准的设计文件基本相符,与工程计量数量基本一致。

(四)施工单位及监理单位对工程质量评定客观、真实,反映了该项目工程质量的真实情况。

(五)内业资料中施工文件部分,材料检验、材料配比、试验数据、检测数据、施工记录、施工自检资料等基本齐全。

（六）监理工程师能够按照《公路工程施工监理规范》的要求对工程实施全方位的监理，认真履行合同赋予的职责，监理日志记录真实，抽检资料、试验数据齐全。对工程质量、工期、投资的控制和合同的管理起到了应有的作用。

安阳至新乡高速公路改扩建工程项目部在施工单位对工程质量自检，监理工程师对工程质量评定的基础上，按照交通部颁发《公路工程竣（交）工验收办法》计算得出该工程质量评分值为95.4分，交工验收委员会认定整体工程质量合格。

四、存在问题及建议

存在问题：

1.边沟预制块有破损、部分未勾缝，个别路侧排水沟预制盖板有损坏现象；

2.卫共河大桥桥面排水管直通共产主义渠，存在污染隐患，个别通道内有少量垃圾，无有效排水设施，个别房间内墙漆存在起皮现象；

3.个别路段刺丝网有倒伏，龙门架情报板个别字体显示不完整；

4.个别内业资料中有复印件，个别审、签表签字盖章不齐全，尽快督促施工、监理档案的归类、建档和移交，为竣工验收做好准备；

5.个别可变标志字体显示缺陷。

建议：

1.清除个别路段涵洞存在的建筑垃圾；急流槽汇水口形式应统一；个别路侧汇水槽与路面接缝处路段路面压实不好，应妥善处理；进一步完善通道排水设施；

2.加快服务区房建施工进度；进一步对情报板、高杆灯进行调试，确保运行稳定；外场设备基础螺栓进行混凝土包封保护，以防基础螺栓锈蚀，确保安全。

3.交工后尽快进行工程清算、完成工程数量表、工程决算和财务决算，做好工程最终审计；

4.尽快办理土地证、房产证；

5.尽快办理环评单项工程桥梁径面流水沉降池的建设，尽快委托环保设施的全面检测工作；

6.加快环保、档案两个专项和房建、机电、绿化三个单项交工验收的前期准备工作。

对上述以及质量检测报告中提出的问题，由建设单位和监理部门负责督促相关施工单位逐项落实、整改和完善。

五、结论及意见

（一）安阳至新乡高速公路改扩建工程经交工验收委员会现场查看、内业资料检查，认为建设单位、设计单位、监理单位、施工单位在工程建设中能够遵守有关基本建设法规，履行合同，相互配合，圆满完成了建设任务，工程质量合格，同意通过交工验收。

（二）参见单位在交工验收后及时向业主移交工程资料档案，以便档案专项验收顺利进行。

（三）凡属缺陷责任期内出现的质量问题，由原施工单位负责处理，运营中非工程质量原因出现的问题由管养单位负责解决。各施工单位和管理养护部门要密切配合，做好安新高速公路的缺陷修复和养护管理工作。

（四）交工验收委员会建议安新高速公路改扩建项目部尽快完成工程决算，做好工程审计、环保验收和档案资料归档整理等工作，为竣工验收做好准备。

附件：

1.京珠国道主干线安阳至新乡高速公路改扩建工程交工验收报告

2.京珠国道主干线安阳至新乡高速公路改扩建工程交工验收质量评定报告

3.京珠国道主干线安阳至新乡高速公路改扩建工程交工验收各合同段质量评分一览表

4.京珠国道主干线安阳至新乡高速公路改扩建工程交工验收委员会名单

河南高速公路发展有限责任公司

安新改扩建工程项目部交工验收委员会

2010 年 10 月 27 日

附件 1

京珠国道主干线安阳至新乡高速公路改扩建工程交工验收报告

一	工程名称	京珠国道主干线安阳至新乡高速公路改扩建工程
二	工程地点及主要控制点	该项目北起京珠高速公路豫冀界收费站,途径安阳、鹤壁、新乡 3 个省辖市 10 个县市区,南接新乡至郑州高速公路。 主要控制点是安阳互通、安阳南互通、汤阴互通、跨汤濮铁路桥、淇滨互通、淇县互通、沧河北大桥、沧河南大桥、卫共河特大桥、卫辉互通
三	建设依据	1.国家发展和改革委员会《国家发展改革委关于京珠国道主干线安阳至新乡公路改扩建工程可行性研究报告的批复》(发改交运〔2005〕2072 号); 2.交通部《关于京珠国道主干线安阳至新乡公路改扩建工程初步设计的批复》(交公路发〔2007〕568 号); 3.河南省交通厅《关于京珠国道主干线安阳至新乡高速公路改扩建工程施工图设计的批复》(豫交计)〔2008〕92 号); 4.国土资源部《关于京珠国道主干线安阳至新乡高速公路改扩建工程建设用地的批复》(国土资函〔2008〕166 号)
四	技术标准与主要指标	本项目改建后路基宽度 42 米,桥面净宽 2×19 米,设计速度 120 公里/小时,采用两侧直接拼接加宽双向 8 车道高速公路标准,桥涵设计荷载(加宽部分)采用公路—Ⅰ级,设计洪水频率:特大桥为 1/300,大、中、小桥及涵洞均为 1/100;路面结构为沥青混凝土路面:4cm 改性沥青玛蹄脂碎石混合料(SMA-13)、6cm 中粒式改性沥青混凝土(AC-20C)、12cm 密集配沥青碎石混合料(ATB-30)、热喷 SBS 改性沥青、36cm 水泥稳定碎石(5%)、20cm 水泥稳定碎石(3%);沥青混凝土路面设计使用年限为 15 年
五	建设规模及性质	双向各增加两车道至八车道高速公路(全长 113.173 公里),改扩建工程
六	开工日期	2008 年 4 月
	完工日期	2010 年 10 月
七	批准概算	43.7325 亿(其中旧路改造工程为 9.1575 亿)
八	工程建设主要内容	双向新增各两车道的路基工程、路面工程、桥涵工程、交通安全设施、交通机电工程、环境保护工程、改建服务区房建工程
九	实际征用土地数(亩)	4774.9305 亩
十	建设项目工程质量交工验收结论	合格,通过交工验收
十一	存在问题及建议	存在问题: 1.边沟预制块有破损、部分未勾缝,个别路侧排水沟预制盖板有损坏现象; 2.卫共河大桥桥面排水管直通共产主义渠,存在污染隐患,个别通道内有少量垃圾,无有效排水设施,个别房间内墙漆存在起皮现象; 3.个别路段刺丝网有倒伏,龙门架情报板个别字体显示不完整; 4.个别内业资料中有复印件,个别审、签表签字盖章不齐全,尽快督促施工、监理档案的归类、建档和移交,为竣工验收做好准备; 5.个别可变标志字体显示缺陷。 建议: 1.清除个别路段涵洞存在的有建筑垃圾;急流槽汇水口形式应统一;个别路侧汇水槽与路面接缝处路段路面压实不好,应妥善处理;进一步完善通道排水设施;

续上表

一	工 程 名 称	京珠国道主干线安阳至新乡高速公路改扩建工程
十一	存在问题及建议	2.加快服务区房建施工进度;进一步对情报板、高杆灯进行调试,确保运行稳定;外场设备基础螺栓进行混凝土包封保护,以防基础螺栓锈蚀,确保安全; 3.交工后尽快进行工程清算、完成工程数量表、工程决算和财务决算,做好工程最终审计; 4.尽快办理土地证、房产证; 5.尽快办理环评单项工程桥梁径面流水沉降池的建设,尽快委托环保设施的全面检测工作; 6.加快环保、档案两个专项和房建、机电、绿化三个单项交工验收的前期准备工作。步完善通道排水设施
十二	附件	1.京珠国道主干线安阳至新乡高速公路改扩建工程交工验收质量评定报告 2.京珠国道主干线安阳至新乡高速公路改扩建工程交工验收证书

附件 2

京珠国道主干线安阳至新乡高速公路改扩建工程交工验收质量评定报告

根据交通部令（2004 年第 3 号）《公路工程竣（交）工验收办法》、交公路发〔2004〕第 446 号文件的要求，2010 年 10 月 19 至 26 日，项目公司组织监理、承包商对京珠国道主干线安阳至新乡高速公路改扩建工程各分项工程、分部工程、单位工程进行了质量评定。

本次质量评定按照《公路工程质量检验评定标准》JTG F80/1—2004 及《公路工程竣（交）工验收办法》的规定，采取实测实量，并查阅施工和监理资料，从分项工程到单位工程逐级进行评定，最终对整个建设项目进行打分。

本项目经监理单位评定，项目公司汇总，整个建设项目得分为 95.4 分。

河南高速公路发展有限责任公司
安新改建工程项目部
2010 年 10 月 27 日

附件 3

京珠国道主干线安阳至新乡高速公路改扩建工程交工验收各合同段工程质量评分一览表

序号	标段	施工单位评定分数	监理评定分数	备注
1	No.1	95.8	95.5	土建
2	No.2	96	95	土建
3	No.3	95.7	95.2	土建
4	No.4	94.7	95	土建
5	No.5	96.5	96	土建
6	No.6	95.6	95	土建
7	No.7	96.6	94.6	土建
8	No.8	94.8	93.4	土建
9	No.9	95.6	94.1	土建
10	No.10	96.1	94.7	土建
11	No.11	96.0	94.2	土建
12	No.12	94.1	93.3	土建
13	No.13	94.7	93.7	土建
14	No.14	95.3	94.2	土建
15	No.15	94.7	93.6	土建
16	No.16	95.9	96	预制
17	No.17	94.0	93.2	预制
18	No.18	95.0	94.6	预制
19	No.19	96.5	96.2	路面
20	No.20	96.2	96.1	路面
21	No.21	95.9	96	路面
22	No.22	96.5	93.7	路面
23	No.23	97.0	93.3	路面
24	No.24	96.9	94.1	路面
25	No.25	96.6	94.8	路面
26	AXGZ-1	96.8	94.3	老路改造
27	AXGZ-2	96	96.2	老路改造
28	AXGZ-3	96.5	96.6	老路改造
29	AXGZ-4	94.7	94.1	老路改造
30	AXGZ-5	95.5	94.8	老路改造
31	AXHL-1	96.9	95	护栏
32	AXHL-2	95.9	95.3	护栏
33	AXHL-3	96.6	93.7	护栏
34	AXHL-4	96.7	93.1	护栏
35	AXHL-5	96.8	94.0	护栏
36	AXBZ-1	96.7	96.8	标志

续上表

序号	标段	施工单位评定分数	监理评定分数	备注
37	AXBZ-2	97.8	93.9	标志
38	AXLH-1	95.5	96.2	绿化
39	AXLH-2	97.8	93.3	绿化
40	AXBX-1	96.3	96.4	标线
41	AXBX-2	96.1	96.4	标线
42	AXBX-3	96.7	94.0	标线
43	AXBX-4	97.5	93.4	标线
44	AXBX-5	97.2	94.1	标线
鉴定得分		95.4		

附件 4

京珠国道主干线安阳至新乡高速公路改扩建工程交工验收委员会名单

姓名		单位	职务/职称	签名
主任	吉维凡	河南高速公路发展有限责任公司	董事长	
副主任委员	刘　闯	河南省交通运输厅建管处	处长/高工	
	王　辉	河南交通投资集团工程部	部长/教高	
	韩　冰	河南高速公路发展有限责任公司	副总/教高	
委员会成员	李宏志	安新改建工程项目部	总经理/教高	
	刘传河	河南省交通质监站	书记	
	贾渝新	河南省交通质监站	总工/教高	
	常　琳	河南省交通运输厅建管处	工程师	
	闫秀萍	河南省交通质监站	处长	
	郭伦远	河南高发公司养护部	部长/高工	
	张廷明	岭南、德郑公司	副总/教高	
	韩　利	周口公司	书记/高工	
	付立军	河南高发公司监理咨询公司	副总/高工	
	齐　明	河南交投集团工程部	工程师	
	陈玉梅	河南高发公司工程部	高工	
	张　宇	河南高发公司工程部	工程师	
	魏志新	河南高发公司养护部	高工	
	邢晓立	安新改建纪检监察	纪检书记	
	侯钦涛	安新改建工程项目部	副总经理	
	李柏盛	安新改建工程项目部	副总经理	
	林根发	安新改建工程项目部	副总经理	

续上表

姓名		单位	职务/职称	签名
委员会成员	孟学清	中交第一公路勘察设计研究院有限公司	项目负责人	
	张忠民	河南省交通规划勘察设计院有限公司	项目负责人	
	白琦峰	江苏省交通科学研究院	项目负责人	
	杨林锋	河南中原监理公司	总监	
	于进恺	北京华通监理公司	总监	
	赵强	北京城建道桥工程有限公司	项目经理	
	鹿成俊	中交第一公路工程局有限公司	项目经理	
	李家亮	中交第三公路工程局有限公司	项目经理	
	李法卷	中铁十一局集团有限公司	项目经理	
	杜景山	无锡市交通工程局有限公司	项目经理	
	邓二龙	中铁四局集团有限公司	项目经理	
	牛跃军	中铁十五局集团第一工程有限公司	项目经理	
	荣登陆	中铁五局集团第一工程有限责任公司	项目经理	
	吴德强	中铁十五局集团第五工程有限公司	项目经理	
	于建光	路桥集团国际建设股份有限公司	项目经理	
	云天才	中铁十一局集团第一工程有限公司	项目经理	
	刘国忠	河南省公路工程局集团有限公司	项目经理	
	王瑞江	中交一公局第六工程有限公司	项目经理	
	刘勇	河南省公路工程局集团有限公司	项目经理	
	董玉明	中铁九局集团有限公司	项目经理	

续上表

姓名		单位	职务/职称	签名
委员会成员	顾建忠	路桥华东工程有限公司	项目经理	
	刘长乐	中铁十局集团有限公司	项目经理	
	白建山	中交一公局第六工程有限公司	项目经理	
	尹泽强	路桥华翔国际经济技术合作有限公司	项目经理	
	徐志业	中交第四公路工程局有限公司	项目经理	
	丁一飞	中国凯瑞国际经济技术合作有限公司	项目经理	
	李光祖	山东枣庄道桥工程有限公司	项目经理	
	潘贤林	河南省公路工程局集团有限公司	项目经理	
	李彬	河南路桥建设集团有限公司	项目经理	
	陈军	河南省公路工程局集团有限公司	项目经理	
	凌卫华	山西长达交通设施有限公司	项目经理	
	张秋民	新乡交通实业有限公司	项目经理	
	张贵祥	潍坊东方交通设施工程有限公司	项目经理	
	于庆华	天津华安公路交通工程有限公司	项目经理	
	王建勇	山东富博交通设施有限公司	项目经理	
	陈建	江苏博纳华交通科技有限公司	项目经理	
	郭贵峰	周口市公路交通设施有限公司	项目经理	
	李军	河南富昌道路设施有限公司	项目经理	
	蔡淑江	开封市通达公路工程有限公司	项目经理	
	詹双益	北京城建二建设工程有限公司	项目经理	

续上表

姓名		单位	职务/职称	签名
委员会成员	吴皖雄	安徽恒通交通工程有限公司	项目经理	
	刘冬	天津华安公路交通工程有限公司	项目经理	
	王健	天津华安公路交通工程有限公司	项目经理	
	马松波	河南万绿园林绿化工程有限公司	项目经理	
	曹乃康	河南林峰园林绿化工程有限公司	项目经理	
	孙峰	河南水利建筑工程有限公司	项目经理	
	时玉虎	河南省大河筑路有限公司	项目经理	
	秦鹏	中原油田建筑集团公司	项目经理	
	陈会峰	河南中天高新智能科技开发有限责任公司	项目经理	
	梅建华	安徽水利开发股份有限公司	项目经理	
	袁凤翔	上海先为土木工程有限公司	项目经理	
	刘白宇	上海久坚加固工程有限公司	项目经理	
	徐承伟	北京特希达科技有限公司	项目经理	
	徐高峰	中交三公局桥梁隧道工程有限公司	项目经理	

京港澳高速公路安阳至新乡段改扩建工程交工验收工程质量检测报告

河南省交通基本建设工程质量监督站委托河南省公路工程试验检测中心有限公司对京港澳高速公路安阳至新乡段改扩建工程项目进行交工验收前的工程质量检测工作。检测工作在河南省交通基本建设质量检测监督站全程指导、监督下,在京港澳高速公路安阳至新乡段改扩建工程项目公司的大力支持下,在各施工、监理单位的全力配合下,于2010年10月20日~10月25日顺利完成交工检测,现将检测情况报告如下。

一、项目概况

京港澳高速公路安阳至新乡段改扩建工程是河南省重点建设项目,是豫、晋、冀、鲁四省交界和连接河南豫北地区的重要交通枢纽。该项目北起京港澳高速公路豫冀界收费站,途径安阳、鹤壁、新乡3个省辖市10个县市区,南接新乡至郑州高速公路。

该项目全长113.173公里,全线共有大中小桥梁91座,涵洞通道333座,互通式和分离式立交61座,收费站8个,超限站1个,服务区3个。先后连接安林、鹤濮、济东3条高速公路,1条107国道,4条省道,跨越安阳河、淇河、卫河等13条河流和1条铁路。改建后路基宽度42米,桥面净宽2×19米,设计行车时速120公里,采用两侧直接拼接加宽双向8车道高速公路标准。该项目概算总投资34.575亿元,计划工期3年。

本项目严格执行《中华人民共和国招投标法》、国务院以及交通部颁发的有关交通建设招投标管理办法,最后确定土建标十八家、路面标七家、护栏标五家、标线标五家、标志标二家、绿化标二家、机电标一家、旧路改造标五家、服务区改扩建标四家,共计49家标价合理、资质合格、业绩优良的施工单位中标。参加的建设单位、监理单位和主要施工单位见表1。

建设单位、监理单位和主要施工单位 表1

建设单位			
河南高速公路发展有限责任公司安新改建工程项目部			
监理单位			
A带:河南省中原公路工程监理有限公司 B带:北京华通公路桥梁监理咨询有限公司			
主要施工单位			
中标单位名称	中标长度(km)	合同价(元)	备注
北京城建道桥工程有限公司	10.00	99305766	土建1标
中交第一公路工程局有限公司	7.00	107588847	土建2标
中交第三公路工程局有限公司	7.00	109838732	土建3标

续上表

中标单位名称	中标长度(km)	合同价(元)	备注
中铁十一局集团有限公司	8.00	130882072	土建4标
无锡市交通工程有限公司	7.00	94817507	土建5标
中铁四局集团有限公司	8.25	98544736	土建6标
中铁十五局集团第一工程有限公司	8.67	156451706	土建7标
中铁五局集团第一工程有限公司	6.13	96660218	土建8标
中铁十五局集团第五工程有限公司	7.95	112815227	土建9标
路桥集团国际建设股份有限公司	6.50	129862260	土建10标
中铁十一局集团第一工程有限公司	7.789	159201418	土建11标
河南省公路工程局集团有限公司	7.711	148552851	土建12标
中交一公局第六工程有限公司	7.50	112006389	土建13标
河南省公路工程局集团有限公司	6.50	87672670	土建14标
中铁九局集团有限公司	7.173	177001858	土建15标
路桥华祥国际工程有限公司	17.00	184510795	路面19标
中交建设工程公司	15.00	159246800	路面20标
中国凯瑞国际经济技术合作有限公司	15.250	81366481	路面21标
枣庄市道桥工程有限公司	14.80	98594996	路面22标
河南省公路工程局集团有限公司	15.60	93376120	路面23标
河南路桥建设集团有限公司	14.45	117848270	路面24标
河南省公路工程局集团有限公司	21.173	243084360	路面25标
山西长达交通设施有限公司	32.00	31044840	护栏1标
河南省新乡六通实业有限公司	15.25	12689147	护栏2标
潍坊东方交通设施工程有限公司	22.75	20832849	护栏3标
天津华安公路交通工程有限公司	22.50	18656321	护栏4标
山东富博交通设施有限公司	18.252	17602132	护栏5标
河南富昌道路设施有限公司	24.00	5067813	标线1标
开封市通达公路工程有限公司	23.25	4193355	标线2标
安徽恒通交通工程有限公司	22.75	4707312	标线3标
天津华安公路交通工程有限公司	22.00	4382399	标线4标
天津华安公路交通工程有限公司	21.173	4352667	标线5标

二、检测依据及组织情况

1.检测依据

(1)河南省交通基本建设质量检测监督站、河南省公路工程试验检测中心和京港澳高速公路安阳至新乡段改扩建工程项目委托检测合同；

(2)交通运输部《公路工程竣(交)工验收办法》,2004；

(3)交通运输部:《公路工程竣(交)工验收办法与实施细则》,2010.4;

(4)交通运输部:《公路工程质量检验评定标准》(JTG F80/1—2004);

(5)交通运输部:相关标准、规范、规程;

(6)本项目设计及相关文件。

2.外业检测组织情况

河南省交通基本建设质量检测监督站对交工检测提出总体要求,由河南省公路工程试验检测中心有限公司组织了30余人、10余台套自动化检测仪器设备及充足的小型检测器具,出动10余辆交通车辆进行实施,于2010年9月19日~24日对工程质量进行了全面检测。

检测工作分路基组、路面组、桥梁组、交通安全设施组,分别对能够实测实量的工程项目进行了实际量测。

根据本项目的特点,路基组主要负责路基边坡,排水工程几何尺寸、铺砌厚度,涵洞尺寸、强度的检测;路面组负责路面平整度、弯沉、压实度等指标的检测;桥梁组负责混凝土强度、主要结构几何尺寸、结构保护层厚度等指标的检测;交安组负责标志、标线、波形护栏等项目的几何尺寸、逆反射系数等指标的检测,同时各组负责相关项目的外观检查。外业组仪器设备配备见表2。

检测设备一览表

表2

序号	检测项目	主要仪器设备	规格型号	单位	数量	产地
1	路基边坡	坡度尺	—	把	1	
2	断面、结构、标志尺寸	钢卷尺、钢板尺	3m、5m、30m、50m、50cm	把	若干	
3	混凝土强度	回弹仪	ZC3-A	台	4	山东乐陵
4	钢筋保护层厚度	钢筋位置测定仪	ZBL-R610	台	4	北京
5	流水面高程、路面横坡	水准仪、2m直尺、塞尺	拓普康	台	1	北京
6	路面压实度	取芯机 天平	—	台	2	浙江
7	路面弯沉	落锤式弯沉仪	JSTRIFWD2000	台	1	江苏
8	路面平整度	激光平整度CHE	CT-501A	台	1	西安
9	路面厚度	路面雷达探测车	PULSE	套	1	美国
10	路面摩擦系数	摩阻检测车	SCRIM-2001	台	1	交通部
11	墩柱、立柱垂直度	2m靠尺	—	套	4	
12	标志板、波形板逆反射	逆反射系数测定仪	STT-101	台	1	交通部
13	标线逆反射	逆反射系数测定仪	FB-94	台	1	交通部

三、抽查项目、检测方法及检测频率

按照交通运输部《公路工程竣交工验收办法实施细则》的要求,交工检测主要集中在工程实体检测、外观检查和内业资料审查三个方面。

(一)抽查项目

1.路基工程:包括路基土石方、排水、小桥、涵洞及支挡工程等分部工程,抽查项目有路基压实度、路基弯沉、边坡坡度、排水工程断面尺寸、铺砌厚度、小桥混凝土强度、主要结构尺寸、涵洞结构尺寸、流水面高程、支挡工程断面尺寸及表面平整度等。

2.路面工程:含路面面层一个分部工程,抽查项目有路面压实度、弯沉、平整度、抗滑、厚度、宽度及横坡等。

3.桥梁工程:包括下部、上部两个分部工程,抽查项目有下部墩台混凝土强度、主要结构尺寸、墩台垂直度,上部结构混凝土强度、主要结构尺寸、钢筋保护层厚度,桥面宽度、厚度、横坡及桥面抗滑,混凝土护栏强度及尺寸等。

4.交通安全设施:包括标线、标志、波形防护栏三个分部工程,抽查项目有标线厚度、标线逆反射系数,标志牌厚度、立柱竖直度、标志板净空和尺寸,防护栏波形板厚度、护栏立柱埋深、立柱壁厚度及横梁中心高度等。

(二)检测方法

抽查项目均采用交通运输部部颁检测、试验方法进行,其中混凝土强度采用回弹仪,钢筋保护层厚度采用钢筋位置测定仪,路面平整度采用激光平整度检测车,路面厚度采用雷达测厚仪,路面弯沉采用 FWD2000 落锤式弯沉仪,路面抗滑采用摩擦系数测试车。检测数据按照交通部有关规程规定的方法处理。

(三)检测频率

检测时主要依据《公路工程竣交工验收办法实施细则》,根据工程的实际情况,确定合同段检测频率。

1.路基工程

(1)路基工程边坡、压实度每公里抽查不少于 1 处,压实度每个合同段不少于 10 个。路基弯沉以每半幅每公里为评定单元。

(2)排水工程的断面尺寸每公里抽查 2~3 处,铺砌厚度每合同段抽查不少于 3 处。

2.路面工程

路面工程的弯沉、平整度以每半幅每公里为评定单元,其他抽查项目每公里不少于 1 处。

3.桥梁工程

特大桥、大桥逐座检查;中桥抽查不少于总数的 30%且每种桥型不少于 1 座。

桥梁下部工程抽查不少于墩台总数的 20%且不少于 5 个,墩台数量少于 5 个时全部检测。每种结构形式抽查不少于 1 个。

桥梁上部工程抽查不少于总孔数的 20%且不少于 5 个,孔数少于 5 个时全部检测。每种结构形式抽查不少于 1 个。

4.交通安全设施

交通安全设施中防护栏、标线每公里抽查不少于 1 处;标志抽查不少于总数的 10%。

四、检测结果(单点合格率)

1.土建工程合同段

土建工程合同段抽检项目及单点合格率见表 3。

2.路面工程合同段

路面工程合同段抽检项目及单点合格率见表 4。

3.交安工程合同段

交通安全设施合同段抽检项目及单点合格率见表 5。

4.建设项目检测结果汇总见表 6。

京港澳高速公路安阳至新乡段改扩建工程土建工程检查结果汇总表

表 3

单位工程	分部工程	检测项目	土建 No.1			土建 No.2			土建 No.3			土建 No.4			土建 No.5		
			抽检点数	合格点数	合格率(%)	抽检点数	合格点数	合格率(%)	抽检点数	合格点数	合格率(%)	抽检点数	合格点数	合格率(%)	抽检点数	合格点数	合格率(%)
路基工程	路基土石方	边坡	28	19	67.9	28	24	85.7	16	14	87.5	32	23	71.9	28	25	89.3
	排水工程	断面尺寸	28	24	85.7	28	23	82.1	16	16	100.0	32	30	93.8	28	26	92.9
		铺砌厚度				3	3	100.0							3	3	100.0
	小桥	混凝土强度	20	20	100.0	20	20	100.0	20	20	100.0	20	20	100.0	20	20	100.0
		结构尺寸	10	10	100.0	10	10	100.0	12	12	100.0	10	10	100.0	12	12	100.0
	涵洞	混凝土强度	10	10	100.0	40	40	100.0	30	30	100.0	20	20	100.0	30	30	100.0
		结构尺寸	6	6	100.0	24	18	75.0	18	14	77.8	12	12	100.0	18	18	100.0
桥梁工程	下部	墩台混凝土强度	50	50	100.0	36	36	100.0	20	20	100.0	54	54	100.0	56	56	100.0
		主要结构尺寸	24	24	100.0	20	20	100.0	21	17	81.0	31	31	100.0	46	46	100.0
		钢筋保护层厚度	44	39	88.6	35	31	88.6	16	11	68.8	54	39	72.2	46	36	78.3
		墩台竖直度	40	40	100.0	40	40	100.0	6	6	100.0	22	22	100.0	33	33	100.0
	上部	混凝土强度	130	130	100.0	110	110	100.0	60	60	100.0	110	110	100.0	150	150	100.0
		主要结构尺寸	58	58	100.0	110	110	100.0	29	29	100.0	50	50	100.0	50	50	100.0
		钢筋保护层厚度	52	46	88.5	44	38	86.4	19	14	73.7	28	19	67.9	30	24	80.0
交通安全设施	防护栏	混凝土护栏强度	40	40	100.0	30	30	100.0	10	10	100.0	40	40	100.0	40	40	100.0
		混凝土护栏尺寸	40	40	100.0	30	30	100.0	10	10	100.0	40	39	97.5	40	39	97.5

单位工程	分部工程	检测项目	土建 No.6			土建 No.7			土建 No.8			土建 No.9			土建 No.10		
			抽检点数	合格点数	合格率(%)	抽检点数	合格点数	合格率(%)	抽检点数	合格点数	合格率(%)	抽检点数	合格点数	合格率(%)	抽检点数	合格点数	合格率(%)
路基工程	路基土石方	边坡	24	23	95.8	28	19	67.9	28	19	67.9	32	25	78.1	24	22	91.7
	排水工程	断面尺寸	24	20	83.3	28	24	85.7	24	20	83.3	32	26	81.3	24	20	83.3
		铺砌厚度	3	3	100.0	3	3	100.0	3	3	100.0				3	3	100.0

续上表

单位工程	分部工程	检测项目	土建 No.6			土建 No.7			土建 No.8			土建 No.9			土建 No.10		
			抽检点数	合格点数	合格率（%）	抽检点数	合格点数	合格率（%）	抽检点数	合格点数	合格率（%）	抽检点数	合格点数	合格率（%）	抽检点数	合格点数	合格率（%）
路基工程	小桥	混凝土强度	60	60	100.0	20	20	100.0	20	20	100.0	20	20	100.0	20	20	100.0
		结构尺寸	30	30	100.0	10	10	100.0	10	10	100.0	10	10	100.0	10	10	100.0
	涵洞	混凝土强度	10	10	100.0	30	30	100.0	20	20	100.0	20	20	100.0	20	20	100.0
		结构尺寸	6	6	100.0	18	15	83.3	16	16	100.0	32	29	90.6	13	5	38.5
桥梁工程	下部	墩台混凝土强度	54	54	100.0	31	31	100.0	28	28	100.0	40	40	100.0	46	46	100.0
		主要结构尺寸	30	29	96.7	26	26	100.0	12	12	100.0	24	24	100.0	28	28	100.0
		钢筋保护层厚度	38	28	73.7	22	22	100.0	14	6	42.9	34	30	88.2	34	21	61.8
		墩台竖直度	20	20	100.0	16	16	100.0	8	8	100.0	36	36	100.0	39	39	100.0
	上部	混凝土强度	100	100	100.0	109	109	100.0	50	50	100.0	60	60	100.0	170	170	100.0
		主要结构尺寸	35	35	100.0	50	50	100.0	30	30	100.0	30	30	100.0	40	40	100.0
		钢筋保护层厚度	20	19	95.0	24	22	91.7	15	12	80.0	18	16	88.9	41	37	90.2
交通安全设施	防护栏	混凝土护栏强度	10	10	100.0	20	20	100.0	30	30	100.0	30	30	100.0	40	40	100.0
		混凝土护栏尺寸	10	10	100.0	20	20	100.0	30	27	90.0	30	30	100.0	40	39	97.5

单位工程	分部工程	检测项目	土建 No.11			土建 No.12			土建 No.13			土建 No.14			土建 No.15		
			抽检点数	合格点数	合格率（%）	抽检点数	合格点数	合格率（%）	抽检点数	合格点数	合格率（%）	抽检点数	合格点数	合格率（%）	抽检点数	合格点数	合格率（%）
路基工程	路基土石方	边坡	28	27	96.4	24	22	91.7	28	26	92.9	24	23	95.8	20	17	85.0
	排水工程	断面尺寸	16	16	100.0	24	18	75.0	28	24	85.7	24	22	91.7	20	13	65.0
		铺砌厚度	3	3	100.0	3	3	100.0	3	3	100.0	3	2	66.7			
	小桥	混凝土强度	20	20	100.0	20	20	100.0	20	20	100.0	20	20	100.0	20	20	100.0
		结构尺寸	10	10	100.0	10	10	100.0	10	10	100.0	10	10	100.0	10	10	100.0
	涵洞	混凝土强度	30	30	100.0	30	30	100.0	40	40	100.0	20	20	100.0	30	30	100.0
		结构尺寸	18	18	100.0	18	18	100.0	24	24	100.0	12	12	100.0	18	14	77.8

续上表

单位工程	分部工程	检测项目	土建 No.11			土建 No.12			土建 No.13			土建 No.14			土建 No.15		
			抽检点数	合格点数	合格率(%)	抽检点数	合格点数	合格率(%)	抽检点数	合格点数	合格率(%)	抽检点数	合格点数	合格率(%)	抽检点数	合格点数	合格率(%)
桥梁工程	下部	墩台混凝土强度	78	78	100.0	140	140	100.0	26	26	100.0	32	32	100.0	10	10	100.0
		主要结构尺寸	80	80	100.0	140	140	100.0	18	18	100.0	36	36	100.0	6	6	100.0
		钢筋保护层厚度	52	42	80.8	140	118	84.3	26	20	76.9	32	28	87.5	10	8	80.0
		墩台竖直度	40	40	100.0	80	80	100.0	12	12	100.0				4	4	100.0
	上部	混凝土强度	130	130	100.0	290	290	100.0	50	50	100.0	60	60	100.0	20	20	100.0
		主要结构尺寸	30	30	100.0	45	45	100.0	20	20	100.0	20	20	100.0	10	10	100.0
		钢筋保护层厚度	26	24	92.3	66	56	84.8	16	13	81.3	12	10	83.3	10	9	90.0
交通安全设施	防护栏	混凝土护栏强度	30	30	100.0	40	40	100.0	20	20	100.0	20	20	100.0	10	10	100.0
		混凝土护栏尺寸	30	30	100.0	40	40	100.0	20	18	90.0	20	20	100.0	10	10	100.0

京港澳高速公路安阳至新乡段改扩建工程路面工程检查结果汇总表

表 4

单位工程	分部工程	检测项目	路面 No.19			路面 No.20			路面 No.21			路面 No.22		
			抽检点数	合格点数	合格率	抽检点数	合格点数	合格率	抽检点数	合格点数	合格率	抽检点数	合格点数	合格率
路面工程	路面面层	沥青路面压实度	18	17	94.4	15	13	86.7	15	15	100.0	14	13	92.9
		沥青路面弯沉	34	34	100.0	28	28	100.0	32	32	100.0	30	30	100.0
		渗水系数	18	16	88.9	15	10	66.7	15	12	80.0	15	14	93.3
		平整度	34	34	100.0	30	30	100.0	30	30	100.0	30	30	100.0
		抗滑	320	320	100.0	300	300	100.0	300	300	100.0	280	280	100.0
		雷达测厚	284	284	100.0	294	294	100.0	264	264	100.0	270	270	100.0
		横坡	18	17	94.4	15	14	93.3	15	13	86.7	15	14	93.3
		取芯厚度	18	18	100.0	15	15	100.0	15	15	100.0	15	15	100.0
全线			744	740	99.5	712	704	98.9	686	681	99.3	669	666	99.6

续上表

单位工程	分部工程	检测项目	路面 No.23			路面 No.24			路面 No.25			合计		
			抽检点数	合格点数	合格率	抽检点数	合格点数	合格率	抽检点数	合格点数	合格率	抽检点数	合格点数	合格率
路面工程	路面面层	沥青路面压实度	16	16	100.0	12	11	91.7	21	19	90.5	111	104	93.7
		沥青路面弯沉	32	32	100.0	28	28	100.0	42	42	100.0	226	226	100.0
		渗水系数	16	13	81.3	12	10	83.3	21	20	95.2	112	95	84.8
		平整度	32	32	100.0	28	28	100.0	40	40	100.0	224	224	100.0
		抗滑	290	290	100.0	310	310	100.0	420	420	100.0	2220	2220	100.0
		雷达测厚	255	255	100.0	266	266	100.0	398	398	100.0	2031	2031	100.0
		横坡	7	7	100.0	12	12	100.0	21	20	95.2	103	97	94.2
		取芯厚度	16	16	100.0	12	12	100.0	21	21	100.0	112	112	100.0
全线			664	661	99.5	680	677	99.6	984	980	99.6	5139	5109	99.4

京港澳高速公路安阳至新乡段改扩建工程交通安全设施检查结果汇总表

表 5

单位工程	分部工程	检测项目	交安 AXHL-1 标			交安 AXHL-2 标			交安 AXHL-3 标			交安 AXHL-4 标			交安 AXHL-5 标		
			抽检点数	合格点数	合格率	抽检点数	合格点数	合格率	抽检点数	合格点数	合格率	抽检点数	合格点数	合格率	抽检点数	合格点数	合格率
交通安全设施	防护栏	波形板厚度	160	150	93.8	80	77	96.3	110	104	94.5	105	98	93.3	90	82	91.1
		立柱壁厚度	160	148	92.5	80	76	95.0	110	103	93.6	105	100	95.2	90	85	94.4
		立柱埋入深度	64	60	93.8	32	30	93.8	44	41	93.2	42	38	90.5	36	33	91.7
		横梁中心高度	160	154	96.3	80	80	100.0	110	109	99.1	105	103	98.1	90	90	100.0
全线			544	512	94.1	272	263	96.7	374	357	95.5	357	339	95.0	306	290	94.8

单位工程	分部工程	检测项目	交安 AXBX-1 标			交安 AXBX-2 标			交安 AXBX-3 标			交安 AXBX-4 标			交安 AXBX-5 标		
			抽检点数	合格点数	合格率	抽检点数	合格点数	合格率	抽检点数	合格点数	合格率	抽检点数	合格点数	合格率	抽检点数	合格点数	合格率
交通安全设施	标线	标线逆反射系数	120	108	90.0	115	98	85.2	115	102	88.7	110	97	88.2	110	96	87.3
		标线厚度	120	76	63.3	115	105	91.3	115	107	93.0	110	101	91.8	110	103	93.6
全线			240	184	76.7	230	203	88.3	230	209	90.9	220	198	90.0	220	199	90.5

京港澳高速公路安阳至新乡段改扩建工程建设项目检查结果汇总表 表6

单位工程	分部工程	检测项目	检测项目合计			单位工程小计		
			抽检点数	合格点数	合格率(%)	抽检点数	合格点数	合格率(%)
路基工程	路基土石方	边坡	392	328	83.7	1945	1798	92.4
	排水工程	断面尺寸	376	322	85.6			
		铺砌厚度	30	29	96.7			
	小桥	混凝土强度	340	340	100.0			
		结构尺寸	174	174	100.0			
	涵洞	混凝土强度	380	380	100.0			
		结构尺寸	253	225	88.9			
路面工程	路面面层	沥青路面压实度	111	104	93.7	5139	5109	99.4
		沥青路面弯沉	226	226	100.0			
		渗水系数	112	95	84.8			
		平整度	224	224	100.0			
		抗滑	2220	2220	100.0			
		雷达测厚	2031	2031	100.0			
		横坡	103	97	94.2			
		取芯厚度	112	112	100.0			
桥梁工程	下部	墩台混凝土强度	701	701	100.0	4863	4678	96.2
		主要结构尺寸	542	537	99.1			
		钢筋保护层厚度	597	479	80.2			
		墩台竖直度	396	396	100.0			
	上部	混凝土强度	1599	1599	100.0			
		主要结构尺寸	607	607	100.0			
		钢筋保护层厚度	421	359	85.3			
交通安全设施	标线	标线逆反射系数	570	501	87.9	3813	3566	93.5
		标线厚度	570	492	86.3			
	波形梁护栏	波形板厚度	545	511	93.8			
		立柱壁厚度	545	512	93.9			
		立柱埋入深度	218	202	92.7			
		横梁中心高度	545	536	98.3			
	混凝土护栏	混凝土护栏强度	410	410	100.0			
		混凝土护栏断面尺寸	410	402	98.0			

五、检测结果评价

Ⅰ.单位工程

(一)路基工程

1.路基土石方

抽查了路基边坡坡度,进行了外观检查,认为边坡坡度基本符合设计要求,边坡坡体稳定、坡面平顺。

2.排水工程

排水工程抽查项目包括断面尺寸和铺砌厚度。实测了断面尺寸、开挖检查了铺砌厚度及外观检查。排水工程断面尺寸控制较好;拱形骨架勾缝整齐、铺砌平整,无脱落现象;铺砌厚度经开挖检查基本满足设计要求;排水沟内侧及沟底基本平顺,总体施工质量良好。

3.小桥

抽查项目有混凝土强度及主要结构尺寸。实测了小桥的主要构件尺寸、混凝土强度及外观检查。结构混凝土强度(回弹法)符合设计要求,绝大多数混凝土构件表面密实,尺寸满足设计要求,施工质量总体较好。

4.涵洞

抽查项目有混凝土强度及结构尺寸。实测了涵洞主要尺寸、混凝土强度及外观检查。涵洞混凝土强度(回弹法)符合设计要求,绝大多数混凝土构件表面密实,尺寸满足设计要求,沉降缝按设计布置,施工质量控制较好。

(二)路面工程

路面工程包括沥青路面压实度、路面弯沉、路面车辙、平整度、抗滑(摩擦系数)、厚度、横坡、渗水等抽查项目。

1.沥青路面压实度和厚度

本次检测路面厚度采用取芯抽查和路用地质雷达普查两种方式进行。检测结果表明:共取芯芯样112个厚度全部大于设计值,合格率100%。地质雷达连续测厚度数据:全线面层总厚度检测区间数2031,合格数2031,全线合格率为100%。

面层压实度:全线路面取芯111处,合格点数为104点,全线合格率为93.7%。

2.路面弯沉

本次全线弯沉检测共得到226个弯沉代表值,全部大于设计值(设计16.3mm^{-2}),全部合格,全线的路面弯沉值符合要求,路面整体强度满足要求。

3.路面平整度

全线测得平整度IRI值共226个评定数据,全部小于规范规定值2.0,项目平整度总合格率为100%,全线路面平整度总体控制良好。

4.路面抗滑

全线路面摩擦系数实测2220点,合格点数为2220,全部合格,全线路面抗滑性能较好。

5.渗水系数

全线路面进行了112个点的渗水检测,合格点数为95,合格率84.8,说明路面整体抗渗性能能够满足要求。

6.横坡及外观检查

全线路面横坡检测103点,横坡合格率94.2%。面层表面绝大部分平整密实,无松散、裂缝等明显缺陷,接茬处紧密平顺,与构造物连接基本直顺。检测认为路面横坡合格率较好,施工控制较好。

(三)桥梁工程

1.下部构造

主要实测了混凝土强度(回弹法)、墩台直径和竖直度。各抽查桥梁结构混凝土强度符合要求,墩台的断面尺寸和竖直度控制较好。

2.上部构造

主要实测了混凝土强度、主要结构尺寸、桥面铺装平整度、抗滑及宽度、厚度和横坡。各抽查桥梁结构混凝土强度符合要求,结构尺寸、桥面铺装平整度、抗滑及宽度、厚度和横坡控制较好。

3.桥梁外观检查及内业资料审查

经检查认为:桥梁内外轮廓清晰、顺滑,各部位尺寸控制较好,混凝土强度符合设计及规范要求,外观质量良好,质保资料较齐全。桥梁铺装平顺,伸缩缝性能良好,护栏牢固、直顺;梁体混凝土表面平整,色泽较为一致,无明显施工接缝,梁板连接牢靠;支座安装较好;盖梁、墩柱等构件尺寸控制较好,桩基均进行了无破损检测,混凝土表面质量基本良好。

(四)交通安全设施

交通安全设施主要检测了标线及防护栏,实测了标线的厚度和逆反射系数、波形梁护栏厚度、横梁中心高度、立柱壁厚和埋入深度,抽查的各项指标控制较好。在进行外观检查后认为:标线玻璃珠撒播均匀、附着牢固、反光均匀;波形梁护栏线形顺适,安装牢靠,镀层均匀,色泽一致。

Ⅱ.总体评价

路基边坡坡体稳定,坡面平顺,曲线圆滑;排水工程尺寸满足设计要求,内侧及沟底基本平顺,沟底基本无阻水,拱形骨架勾缝较饱满,拱形骨架基础铺砌厚度基本满足设计要求;涵洞混凝土强度满足设计要求,表面平整、密实。路面表面平整、均匀,未见泛油、松散、裂缝、离析现象;原材料质量得到了较好控制;施工配比符合规范;路面强度、厚度、抗滑性能、抗渗性能及横坡控制良好,满足设计及规范要求,路面整体施工质量控制较好。桥梁外形顺滑,轮廓清晰;桥面平整,伸缩缝安装质量较好,桥面宽度、横坡控制较好;受力构件制作规范,尺寸控制较好,混凝土强度符合设计要求,混凝土表面平整、密实,未见明显蜂窝、麻面、开裂及缺损现象;支座安装平整;墩柱尺寸控制良好,混凝土强度满足设计要求,表面平整、密实。标线玻璃珠撒播均匀、附着牢固、反光均匀;波形梁护栏线形顺适,安装牢靠,镀层均匀,色泽一致。从检测的整体情况看,各单位工程均为合格以上,该项目已具备通车条件。

六、工程存在的主要问题及建议

1.部分路基边坡陡于设计值,有待继续修整;个别路段排水沟存在杂物,如土建 15 标,建议马上清理。

2.个别涵洞口堵塞,通道口杂土堆积,如 K108+124.04 涵洞、K85+340.19 盖板涵,建议对桥涵及通道处的杂土和建筑垃圾进行清理。

3.路面 20 标部分路段上面层有渗水现象,建议对渗水部位详细排查并采取处理措施。

4.交安标线 1 标标线厚度较多达不到规定值。建议施工单位对厚度不能达到要求的标线进行整改处理。

5.个别桥梁空心板企口缝有较轻渗水痕迹,铰缝混凝土局部脱落较严重,如 K39+277.107 跨汤濮铁路分离式立交桥 1-1#、1-2#梁之间,K64+563.88 淇河大桥 14-1#、14-2#梁之间。建议对空心板及立柱混凝土脱落处修补,如有露筋需除锈后再修补。

6.个别桥梁板式橡胶支座钢垫板锈蚀,如 K38+336.624 淤泥河大桥。建议对锈蚀的支座钢垫板除锈后刷防锈漆。

7.部分桥下未设限高标志,梁底有刮擦痕迹,如 K95+658.75 小桥、K65+908.486 中桥。建议对桥下通行超高车辆处设限高设施。

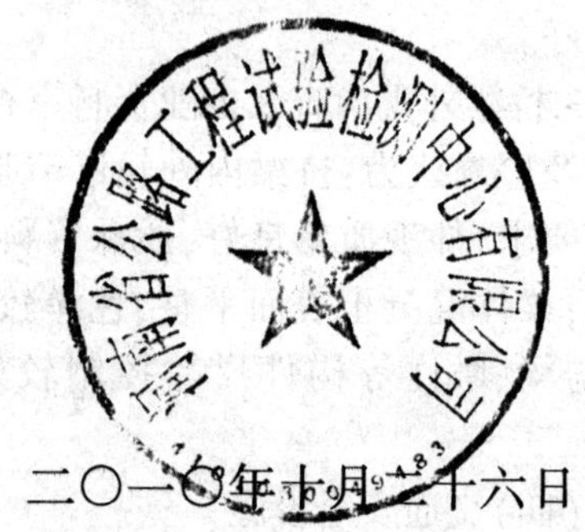

二〇一〇年十月二十六日

京珠国道主干线安新高速公路改扩建绿化工程交工验收报告

京珠国道主干线安新高速公路改扩建工程（以下简称“安新高速”）绿化工程于2010年5月1日正式开工，2010年10月30日完工。项目建设单位河南高速公路发展有限责任公司安新改建工程项目部依据交通部《公路工程竣（交）工验收办法》的有关规定，组织对该项目进行了交工验收。

一、交工验收工作组织情况

依据交通部《公路工程竣（交）工验收办法》的要求，安新高速绿化工程设计、监理、施工等参建单位已完成相关交工文件的编制；河南省交通基本建设质量检测监督站完成了工程的验收检测工作，并出具了工程质量检测报告，工程已具备交工验收条件。

2013年9月3日，河南高速公路发展有限责任公司安新改建工程项目部在安阳服务区组织了安新高速绿化工程交工验收工作。交工验收委员会由工程建设、设计、监理、施工、质量监督、管理养护等单位的代表组成，并邀请了河南交通投资集团有限公司、河南高速公路发展有限责任公司等单位的代表参加（详见交工验收委员会成员名单）。

交工验收委员会认真听取了建设单位工程项目执行报告、设计单位工程设计执行报告、监理单位工程监理工作报告、施工单位工程施工总结报告、省交通基本建设质量检测监督站出具的质量检测意见，并通过实地察看和资料审查，形成了安新高速绿化工程交工验收报告。

二、工程概况

（一）京珠国道主干线安新高速公路改扩建工程绿化工程简介

安阳至新乡高速公路（以下简称“安新高速公路”）是京珠国道主干线河南境内中心段落，全长113.173公里。本项目绿化区主线全长112.898公里，互通区绿化七处。

（二）建设依据

1.中华人民共和国国家发展和改革委员会《国家发展改革委关于京珠国道主干线安阳至新乡高速公路改扩建工程可行性研究报告的批复》（发改交运〔2005〕2072号文）

2.中华人民共和国交通部《关于京珠国道主干线安阳至新乡高速公路改扩建工程初步设计的批复》（交公路发〔2007〕568号文）

3.施工图预算由河南省交通运输厅《关于京珠国道主干线安阳至新乡高速公路改扩建工程绿化施工图预算的批复》（豫交规划〔2010〕272号文）

（三）项目的管理及各标段施工单位组成情况

1.建设单位：河南高速公路发展有限责任公司安新改建工程项目部

2.设计单位：河南省交通规划勘察设计院有限责任公司

3.监理单位：北京华通公路桥梁监理咨询有限公司

4.质量监督单位：河南省交通基本建设质量检测监督站

5.施工单位：河南万绿园林绿化工程有限公司
河南林峰园林绿化工程有限公司

三、工程质量评议

（一）工程检验情况

交工验收委员会下设巡视组、绿化组、内业组，对项目绿化工程外业、内业进行了检查，认真审查了施工承包人和监理单位的交工文件资料，形成了一致意见。

交工验收委员会认为，本项目严格执行了国家基本建设程序和有关法律法规，参与本项目的建设、设计、施工、监理和质量监督单位，认真履行了各自的工作职责。

1.建设单位认真执行了国家法律法规和交通基本建设程序，实行了项目法人责任制、工程招标投标制、工程监理制，程序完善、规范；加强了项目建设管理，明确了相关职责，分工明确，强化了工程建设的组织协调，使工程管理的各项指令和决策得到了有效的落实。

2.设计单位认真执行了工程技术标准，在设计阶段注重新技术运用和专业部门间的合作，工程设计科学合理。在项目实施过程中派驻设计代表，注重现场设计服务工作，引入动态设计理念，不断补充和完善设计，为方便施工、保证设计质量起到了较好的作用。

3.监理单位认真执行了合同和监理规范，做到了事前、事中和事后控制，遵循"严格监理、优质服务、科学公正、廉洁自律"的监理原则，以质量控制为中心，制定切实可行的"监理实施细则"和"监理要点"，采用试验、检测、旁站、巡视、指令等监理手段，严把质量关，履行了监理职责。

4.施工单位能够按照设计图纸、施工技术规范精心组织施工，积极采用新工艺、新技术，建立健全了质量保证体系和工序间的检查制度，认真填写各项施工记录，履约情况较好。

（二）工程质量评审意见

1.该工程设计科学合理，施工符合规范要求。

2.该项目工程数量与批准的设计变更文件相符，与工程计量数量一致。

3.施工单位及监理单位对工程质量评定客观，完整地反映该项目工程质量的真实情况。

4.内业资料施工文件部分，检测数据、施工记录、施工自检资料等齐全。

5.监理工程师能够按照《公路工程施工监理规范》的要求对工程实施全方位的监理，内业资料基本满足交工验收的要求。

（三）交工验收意见

安新高速绿化工程在施工单位对工程质量自检、监理工程师对工程质量评定的基础上，按照交通部颁发的《公路工程竣（交）工验收办法》计算得出该工程质量评分值为99.4分，整体工程质量合格。

四、存在问题及建议

（一）问题

部分区域存在苗木缺失和枯死现象。

（二）建议

1.进一步加强后期养护管理，严厉打击盗砍、侵占现象。

2.加强管养，及时修剪，提高苗木成活率，对缺失及枯死苗木在适宜季节及时补植。

3.继续加强档案管理，及时收集新形成的资料，建档入库。

五、结论及意见

（一）安新高速绿化工程经交工验收委员会现场察看、内业资料检查，认为建设单位、设计单位、监理单位、施工单位在工程建设中能够遵守有关基本建设法规，履行合同，相互配合，圆满完成了建设任务，工程质量合格，同意通过交工验收。

(二)凡属缺陷责任期内出现的质量问题,由原施工单位负责处理,运营中非工程质量原因出现的问题由管养单位负责解决。

(三)交工验收委员会建议建设单位尽快完成工程、财务决算,做好工程审计等工作,为项目竣工验收做好准备。

附件:

1.安新高速绿化工程专项交工验收报告

2.安新高速绿化工程验收质量评定报告

3.安新高速房建、机电、绿化工程交工验收委员会名单

4.安新高速绿化工程现场内外业检查表

京珠国道主干线安新高速公路改扩建
绿化工程交工验收委员会
二〇一三年九月三日

附件 1

安新高速绿化工程专项交工验收报告

一	工程名称	安新高速绿化工程
二	工程地点及主要控制点	安阳至新乡段
三	建设依据	1.中华人民共和国国家发展和改革委员会《国家发展改革委关于京珠国道主干线安阳至新乡高速公路改扩建工程可行性研究报告的批复》(发改交运〔2005〕2072 号文) 2.中华人民共和国交通部《关于京珠国道主干线安阳至新乡高速公路改扩建工程初步设计的批复》(交公路发〔2007〕568 号文) 3.施工图预算由河南省交通运输厅《关于京珠国道主干线安阳至新乡高速公路改扩建工程绿化施工图预算的批复》(豫交规划〔2010〕272 号文)
四	技术标准与指标	本项目原为平原区四车道高速公路,路基宽度 26 米。根据工可报告的研究结论,本项目按照八车道标准进行扩建,设计行车速度采用 120 公里/小时,路基宽度 42 米
五	建设规模及性质	本项目绿化区主线全长 112.898 公里,互通区绿化 7 处
六	开工日期	2010 年 5 月 1 日
	完工日期	2013 年 10 月 30 日
七	批准概算	3834 万元
八	工程建设主要内容	换土段土方外运,保留段土方外运,换土段土方回填,水泥稳定层破除及外运,河南桧修剪,换土段河南桧清理,蜀桧、红叶李、鸢尾、麦冬等苗木的栽植施工
九	实际征用土地数(亩)	
十	建设项目工程质量认定结论	合格,通过交工验收

附件 2

安新高速绿化工程验收质量评定报告

根据交通运输部《公路工程竣(交)工验收办法》(交通部令 2004 年第 3 号)文件和《公路工程竣(交)工验收办法实施细则》(交公路发〔2010〕65 号)文件要求,项目部组织监理、施工单位对京珠国道主干线安新高速公路改扩建工程交工验收进行了质量评价。

经现场实测实量,并核查施工和监理资料,在施工单位对工程质量自检、监理工程师对工程质量评定的基础上,按照《公路工程质量检验评定标准》(JTG F80/1—2004)及《公路工程竣(交)工验收办法》计算出该项目工程质量评分为 95.8 分。

详见《京珠国道主干线安新高速公路改扩建绿化工程交工验收监理对各合同段工程质量评分一览表》。

河南高速公路发展有限责任公司

安新改建工程项目部

二〇一二年十二月二十五日

京珠国道主干线安新高速公路改扩建工程交工验收监理对各合同段工程质量评分一览表

项目名称:绿化工程

合 同 段	实 得 分	投 资 额	备 注
AXLH-1	95.5	5491898	
AXLH-2	96.2	4253974	
加权得分	95.8		

附件 3

安新高速房建、机电、绿化工程交工验收委员会名单

姓 名	单 位	职务	委员会	签 名
陈亚莉	河南高速公路发展有限责任公司	副总经理/教高	主 任	
李宏志	河南高速公路发展有限责任公司 安新改建工程项目部	总经理/教高	副主任	
闫秀萍	河南省交通基本建设质量检测监督站检测处	处长	委员	
齐 明	河南交通投资集团有限公司	高级工程师	委员	
盛勇	河南高速公路发展有限责任公司 交通机电运维中心	主任/高工	委员	
孙建波	河南高速公路发展有限责任公司 工程技术部	副部长/教高	委员	
何红霞	河南高速公路发展有限责任公司 养护管理部	副部长/教高	委员	
申小利	河南高速公路发展有限责任公司 通行费管理部	副部长/经济师	委员	
邢晓立	河南高速公路发展有限责任公司 安新分公司	党委书记	委员	
吕建锋	河南高速公路发展有限责任公司 安新分公司	副总经理	委员	
陈玉梅	河南高速公路发展有限责任公司 工程管理部（特邀专家）	高级工程师	委员	
张国育	河南高速公路发展有限责任公司 养护管理部（特邀专家）	高级工程师	委员	
陈 彬	河南高速公路发展有限责任公司 服务区改扩建项目部	处长/高级工程师	委员	
商东旭	河南高速公路发展有限责任公司 工程技术部	工程师	委员	

附件 4　安新高速绿化工程现场内外业检查表

京珠国道主干线安新高速公路改扩建工程交工验收内业组

（内业资料）

项目名称：绿化工程

内业资料组	一、现场查看基本情况： 1.工程项目批文、工程招投标、工程交接表，交工图表、初步设计、施工图设计、设计变更、设计和施工中大问题来往文件和会议纪要基本齐全。 2.施工文件中施工原始记录、试验检测报告、质量评定等基本齐全。 3.部分标段的档案整理及归档工作已接近完成。 二、存在问题： 个别资料存在签章不齐全、涂改现象。 三、建议： 1.整改存在问题的资料。 2.依照档案专项验收标准进一步规范资料整理，为专项验收做好准备
签名	组长： 成员： 日期：2013 年 9 月 3 日

京珠国道主干线安新高速公路改扩建机电绿化安阳收费站工程交工验收外业组

（绿化工程）

项目名称：绿化工程

<table>
<tr><td>绿化组</td><td>一、现场查看情况：
1.草坪平整、均匀；
2.灌木、乔木杆径大小搭配合理、排列整齐；
3.孤植树木冠幅完整；
4.树木排列的林缘线、林冠线符合设计要求；
5.花卉冠径大小搭配合理，排列整齐。
二、存在问题：
1.部分区域存在苗木缺失和枯死现象。
2.存在绿化空白段，中分带达不到防眩效果。
三、建议：
1.进一步加强后期养护管理，严厉打击盗砍、侵占现象。
2.加强管养，及时修剪，提高苗木成活率，对缺失及枯死苗木在适宜季节及时补植。
3.完善绿化空白段</td></tr>
<tr><td>签名</td><td>组长：

成员：

日期：2013 年 9 月 3 日</td></tr>
</table>

京港澳高速公路安阳至新乡段改扩建绿化工程交工验收检测报告

一、工程概况

1.项目简介

京港澳高速公路安阳至新乡高速公路位于河南省中北部,起于安阳市东北冀、豫两省交界处的西灵芝主线收费站,北接京珠高速公路河北段,向南经安阳东、汤阴东、鹤壁东、淇县东、卫辉东,止于新乡市东北,南接新乡至郑州段高速公路(郑州黄河二桥),路线全长约113.173公里,全线共有大中小桥梁91座,涵洞通道333座,互通式和分离式立交61座,收费站8个,超限站1个,服务区2个。改建后路基宽度42米,路面净宽2×19米,设计行车时速120公里,采用两侧直接拼接加宽双向8车道高速公路标准。

2.参建单位

建设单位:河南高速公路发展有限责任公司安新改建工程项目部。

施工单位:见下表。

施工单位一览表

序号	合同段	里程桩号	建设里程(km)	单位名称	主要内容
1	No.1	K0+000~K10+000	10	北京城建道桥工程有限公司	边坡植草,主要种植狗牙根,间隔插播苜蓿、紫穗槐、胡枝子
2	No.2	K10+000~K17+000	7	中交第一公路工程局有限公司	
3	No.3	K17+000~K24+000	7	中交第三公路工程局有限公司	
4	No.4	K24+000~K32+000	8	中铁十一局集团有限公司	
5	No.5	K32+000~K39+000	7	无锡市交通工程有限公司	
6	No.6	K39+000~K47+250	8.25	中铁四局集团有限公司	
7	No.7	K47+250~K55+920	8.67	中铁十五局集团第一工程有限公司	
8	No.8	K55+920~K62+050	6.13	中铁五局集团第一工程有限公司	
9	No.9	K62+050~K70+000 (断链长度276.77m)	7.673	中铁十五局集团第五工程有限公司	
10	No.10	K70+000~K76+500	6.5	路桥集团国际建设股份有限公司	
11	No.11	K76+500~K84+289	7.789	中铁十一局集团第一工程有限公司	
12	No.12	K84+289~K92+000	7.711	河南省公路工程局集团有限公司	
13	No.13	K92+000~K99+500	7.5	中交一公局第六工程有限公司	
14	No.14	K99+500~K106+000	6.5	河南省公路工程局集团有限公司	
15	No.15	K106+000~K113+173	7.173	中铁九局集团有限公司	
16	AXLH-1	K0+000~K47+250	47.25	河南万绿园林绿化工程有限公司	中央分隔带绿化
17	AXLH-2	K47+250~K113+173.78	65.647	河南林峰园林绿化工程有限公司	中央分隔带绿化、互通区绿化、土路肩试验段绿化

二、检测依据及分组情况

根据河南高速公路发展有限责任公司安新改建工程项目部的申请，依据交通运输部《公路绿化工程质量检验评定暂行规定》《公路工程竣（交）工验收办法》，按照《城市绿化工程施工及验收规范》及《公路工程质量检验评定标准》和能够检测的项目要求，河南省交通基本建设质量检测监督站委托开封市天平路桥工程检测有限公司，于 2013 年 5 月 13 日至 2013 年 5 月 15 日对京港澳高速公路安阳至新乡段改扩建绿化工程进行交工检测。

本次绿化工程检测频率及方法按照《公路绿化工程质量检验评定暂行规定》的规定进行。苗木规格采用皮尺、游标卡尺、塔尺测量，苗木数量、成活率、覆盖率采用目测尺量与设计值比较，苗木间距用钢卷尺测量，土层厚度采用钢板尺、塔尺测量。

检测组分别配备了相应的检测仪器设备。检测仪器设备一览表如下。

检测设备一览表

序号	检测项目	检测仪器、设备名称	规格型号	单位	数量	产地
1	结构尺寸	钢卷尺	3m、5m、30m	把	若干	
2		钢板尺	30cm、50cm	把	若干	
3		胸径尺	—	把	若干	北京
4		塔尺	—	把	若干	北京

三、检测结果

京港澳高速公路安阳至新乡段改扩建绿化工程检测结果总汇总表

标段	分部工程类别	检测项目	检测点数	合格点数	合格率(%)	说明
绿化一标	中央分隔带	苗木规格	690	565	81.9	
		土层厚度	符合要求			
		苗木成活率	2489	2333	93.7	
绿化二标	中央分隔带、路肩、互通区	苗木规格	1852	1656	89.4	
		土层厚度	符合要求			
		苗木成活率	34876	34718	99.5	
边坡		草坪覆盖率	110	107	97.3	

京港澳高速公路安阳至新乡段改扩建工程绿化工程检测结果汇总表（绿化一标）

分部工程类别	检测项目			设计值（设计数量）	实测点数（实测数量）	合格点数	合格率(%)
绿化一标	苗木规格	红叶李	地径	5.5~6cm	288	219	76.0
		鸢尾	丛数	36 丛/m^2	194	149	76.8
		河南桧	高	2.2m	148	146	98.6
		木槿	冠径	0.6m	4	4	100.0
		木槿	高	1.2m	4	4	100.0
		中叶麦冬	丛数	36 丛/m^2	52	43	82.7
	苗木数量	蜀桧		—	713	619	86.8
		红叶李		—	663	638	96.2

续上表

分部工程类别	检测项目		设计值（设计数量）	实测点数（实测数量）	合格点数	合格率（%）
绿化一标	苗木数量	河南桧	—	1104	1067	96.6
		木槿	—	4	4	100.0
		百日红	—	5	5	100.0
	附属设施		符合设计	无设计		
	苗木成活率（%）		≥95%	2489	2333	93.7

京港澳高速公路安阳至新乡段改扩建工程绿化工程检测结果汇总表（绿化二标中分带）

分部工程类别	检测项目			设计值（设计数量）	实测点数（实测数量）	合格点数	合格率（%）
二标	苗木规格	河南桧	高	2.2m	216	216	100.0
		红叶李	地径	5.5~6cm	302	238	78.8
		鸢尾	丛数	36 丛/m^2	178	151	84.8
		中叶麦冬	丛数	36 丛/m^2	66	60	90.9
		石楠	高	1.0m	144	144	100.0
		石楠	冠径	1.0m	144	132	91.7
		大叶黄杨	高	60cm	96	96	100.0
		木槿	冠径	0.6m	12	12	100.0
		木槿	高	1.2m	12	12	100.0
	苗木数量	河南桧		—	1870	1831	97.9
		红叶李		—	611	610	99.8
		蜀桧		—	401	382	95.3
		石楠		—	1292	1292	100.0
		木槿		—	70	70	100.0
	附属设施			符合设计	无设计		
	苗木成活率（%）			≥95	4244	4185	98.6
	备注：狗牙根覆盖率（%）检测5段，平均覆盖率为75.8%						

京港澳高速公路安阳至新乡段改扩建工程绿化工程检测结果汇总表（绿化二标路肩）

分部工程类别	检测项目			设计值（设计数量）	实测点数（实测数量）	合格点数	合格率（%）
二标路肩	苗木规格	小叶女贞	高	0.7m	120	120	100.0
		木槿	高	≥1.2m	24	22	91.7
			冠幅	≥0.6m	24	24	100.0
		火棘	高	≥1.0m	20	20	100.0
			冠幅	≥1.0m	20	20	100.0
		发青	高	≥1.2m	60	45	75.0
			冠幅	≥0.4m	60	45	75.0
		石楠	高	1.0m	40	38	95.0
			冠幅	≥1.0m	40	34	85.0

续上表

分部工程类别	检测项目		设计值（设计数量）	实测点数（实测数量）	合格点数	合格率(%)
二标路肩	苗木数量	小叶女贞	30240	29232	29232	100.0
		木槿	200	180	179	99.4
		火棘	100	100	92	92.0
		发青	400	300	242	80.7
		石楠	100	100	94	94.0
	附属设施		符合设计	无设计		
	苗木成活率(%)		≥95	29912	29839	99.8
	草坪覆盖率(%)		≥85	10	9	90.0

京港澳高速公路安阳至新乡段改扩建工程绿化工程检测结果汇总表(淇滨互通区)

分部工程类别	检测项目			设计值（设计数量）	实测点数（实测数量）	合格点数	合格率(%)
淇滨互通区	苗木规格	柳树	高	3m	60	46	76.7
			胸径	7~8cm	60	48	80.0
		火炬树	胸径	5~6cm	42	35	83.3
		黄山栾	高	3m	20	17	85.0
			胸径	10~12cm	20	16	80.0
		法桐	胸径	10~12cm	20	15	75.0
		玫瑰红独杆木槿	高	0.8~1m	20	20	100.0
		玫瑰红高杆紫薇	高	1~1.2m	20	20	100.0
	苗木数量	柳树		—	206	206	100.0
		火炬树		—	67	62	92.5
		黄山栾		—	77	77	100.0
		法桐		—	52	52	100.0
		玫瑰红独杆木槿		—	80	77	96.3
		玫瑰红高杆紫薇		—	88	70	79.5
	附属设施			符合设计	无设计		
	苗木成活率(%)			≥95	570	544	95.4
	草坪覆盖率(%)			符合要求	符合要求(目测)		

京港澳高速公路安阳至新乡段改扩建工程绿化工程检测结果汇总表(安阳收费站互通区)

分部工程类别	检测项目			设计值（设计数量）	实测点数（实测数量）	合格点数	合格率(%)
安阳南站互通区	苗木规格	柳树	高	3m	12	10	83.3
	苗木数量	柳树		—	150	150	100.0
	附属设施			符合设计	无设计		
	苗木成活率(%)			≥95	150	150	100.0
	草坪覆盖率(%)			符合要求	符合要求(目测)		

京港澳高速公路安阳至新乡段改扩建工程绿化工程检测结果汇总表(边坡)

检测部位	规定值	检测段落	合格段落	合格率(%)
东侧	覆盖率≥95%	55	53	96.4
西侧		55	54	98.2

四、主要存在问题

1.路基边坡个别路段卵石较多。

2.路基边坡个别路段有被火烧的现象。

五、检测意见

现场抽查苗木质量总体情况较好,该工程各种苗木种植数量与规格基本满足设计标准和规范要求。

经检测认为,京港澳高速公路安阳至新乡改扩建绿化工程抽查结果基本符合相关专业的质量验收要求和观感要求。建议对缺损的苗木在适宜季节尽快加以补栽。

二○一二年五月十七日

京珠国道主干线安新高速公路改扩建交通机电工程交工验收报告

京珠国道主干线安新高速公路改扩建工程(以下简称“安新高速”)交通机电工程于2010年5月1日开始施工,2010年10月30日调试完毕,进入通车试运营。项目建设单位河南高速公路发展有限责任公司安新改建工程项目部依据交通部《公路工程竣(交)工验收办法》的有关规定,组织对该项目进行了交工验收。

一、交工验收工作组织情况

依据交通部《公路工程竣(交)工验收办法》的要求,安新高速交通机电工程设计、监理、施工等参建单位已完成相关交工文件的编制;河南省交通基本建设质量检测监督站完成了工程的验收检测工作,并出具了工程质量检测报告,工程已具备交工验收条件。

2013年9月3日,河南高速公路发展有限责任公司安新改建工程项目部在安阳组织了安新高速交通机电工程交工验收工作。交工验收委员会由工程建设、设计、监理、施工、管理养护等单位的代表组成,并邀请了河南交通投资集团有限公司、河南高速公路发展有限责任公司等单位的代表参加(详见交工验收委员会名单)。

交工验收委员会认真听取了建设单位工程项目执行报告、设计单位工程设计执行报告、监理单位工程监理工作报告、施工单位工程施工总结报告、省交通基本建设质量检测监督站出具的质量检测意见,并通过实地察看和资料审查,形成了安新高速交通机电工程交工验收报告。

二、工程概况

(一)京珠国道主干线安新高速公路改扩建工程机电工程简介

安阳至新乡高速公路(以下简称“安新高速公路”)是京珠国道主干线河南境内中心段落,全长113.173公里。安新高速公路项目改扩建项目按照八车道标准进行扩建,以满足远景年份交通量增长及沿线经济发展的需要。改扩建方案采用在原有道路基础上两侧加宽成标准八车道的形式,路线走向与老路相同。安新高速公路改改建工程机电系统包括监控系统、通信系统、收费系统、照明系统。

1.监控系统

监控系统工程主要包括监控外场设备的安装调试、供电线路的敷设工程。本路段原有一个监控分中心,功能是负责辖区内路段的日常交通管理,具体实施道路的监视与控制的职能,并具备向上一级道路监控机构上传监控数据的能力。本项目不建监控分中心,所有设备接入原有监控分中心。

2.通信系统

安阳至新乡高速公路通信系统采用光纤数字传输系统和程控交换机系统形成一套数字综合通信系统。

3.收费系统

安阳至新乡高速公路收费系统的管理体制分为三级,即省收费结算中心—收费分中心—收费站。根据《河南省高速公路联网收费总体规划》,保留原有管理体制。本次改扩建工程不改变收费系统原有的管理结构,除安阳匝道收费站以外,其余收费站规模维持原规模不变。新开通安阳收费广场收费车道及更换的设备均接入与原来相对应的网络。

收费系统由收费车道设备、计算机系统、视频监视系统、内部对讲系统和安全报警系统、收费附属设施等构成。

4.照明系统

照明系统的工程范围包括系统中收费广场和互通立交区内的高频耦合灯、电力电缆、绝缘导线等的设计、设备的提供、运输、安装、试运行、培训、提供资料、交付使用、保修、提供备件等工作项目,并负责缺陷责任期的维护,提供一个满足本招标文件功能要求的,高可靠性的系统。

主要包括安阳站收费广场照明(8 套低杆照明灯)和互通立交区内的照明(12 套高杆灯)、电力电缆、绝缘导线等。

(二)建设依据

1.中华人民共和国国家发展和改革委员会《国家发展改革委关于京珠国道主干线安阳至新乡高速公路改扩建工程可行性研究报告的批复》(发改交运〔2005〕2072 号文)

2.中华人民共和国交通部《关于京珠国道主干线安阳至新乡高速公路改扩建工程初步设计的批复》(交公路发〔2007〕568 号文)

3.河南省交通运输厅《关于京珠国道主干线安阳至新乡高速公路改扩建工程机电工程详细设计 供配电照明工程施工图预算的批复》(豫交规划〔2010〕274 号文)

(三)项目管理及各标段施工单位组成情况

1.建设单位:河南高速公路发展有限责任公司安新改建工程项目部

2.设计单位:河南省交通规划勘察设计院有限责任公司

中交第一公路勘察设计研究院有限责任公司

3.监理单位:北京华通公路桥梁监理咨询有限公司

4.质量监督单位:河南省交通基本建设质量检测监督站

5.施工单位:河南中天高新智能科技开发有限责任公司

三、工程检验情况及评定结论

(一)工程检验情况

交工验收委员会下设巡视组、机电组、内业组,对项目机电工程外业、内业进行了检查,认真审查了施工承包人和监理单位的交工文件资料,形成了一致意见。

交工验收委员会认为,本项目严格执行了国家基本建设程序和有关法律法规,参与本项目的建设、设计、施工、监理和质量监督单位,认真履行了各自的工作职责。

1.建设单位认真执行了国家法律法规和交通基本建设程序,实行了项目法人责任制、工程招标投标制、工程监理制,程序完善、规范;加强了项目建设管理,明确了相关职责,强化了工程建设的组织协调,使工程管理的各项指令和决策得到了有效的落实。

2.设计单位认真执行了工程技术标准,在设计阶段注重新技术运用和专业部门间的合作,工程设计科学合理。在项目实施过程中派驻设计代表,注重现场设计服务工作,引入动态设计理念,不断补充和完善设计,为方便施工、保证设计质量起到了较好的作用。

3.监理单位认真执行了合同和监理规范,做到了事前、事中和事后控制,遵循"严格监理、优质服务、科学公正、廉洁自律"的监理原则,以质量控制为中心,制定切实可行的"监理实施细则"和"监理要点",采用试验、检测、旁站、巡视、指令等监理手段,严把质量关,履行了监理职责。

4.施工单位能够按照设计图纸、施工技术规范精心组织施工,积极采用新工艺、新技术,建立健全了质量保证体系和工序间的检查制度,认真填写各项施工记录,履约情况较好。

(二)工程质量评审意见

1.该工程设计科学合理,满足功能要求。

2.监控系统、通信系统、收费系统和供配电照明系统设备安装符合设计和规范要求,设备运行状态良好。

3.施工内业资料中,材料检验、试验数据、施工记录、自检资料等基本齐全。

4.监理工程师能够按照《公路工程施工监理规范》的要求对工程实施全方位的监理,内业资料基本满足交工验收的要求。

5.施工单位及监理单位对工程质量评定客观,完整地反映了该项目工程质量的真实情况。

(三)交工验收意见

安新高速交通机电工程在施工单位对工程质量自检、监理工程师对工程质量评定的基础上,按照交通部颁发的《公路工程竣(交)工验收办法》计算得出该工程质量评分值为93.11分,整体工程质量合格。

四、工程存在问题及建议

(一)问题

1.监控外场设备机箱和接地极引出线有锈蚀现象。

2.个别气象检测器温度数据采集不正常,传输不稳定。

3.安阳站配电房发电机组未做基础,排气管未引至室外。

(二)建议

1.做好线缆标示,粘贴机箱永久性接线图。

2.对外场设备基础进行包封,做好防腐处理。

五、结论及建议

1.本项目交通机电工程经交工验收委员会评审,认为建设单位、施工单位、监理单位在工程建设中能够履行合同,遵守国家有关基础建设法规,相互配合,圆满完成任务,通过了交工验收,同意交付使用。

2.凡属于缺陷责任期出现的质量问题,由原施工单位负责处理,运营维护中非质量原因出现的问题,由接养单位负责解决,各施工单位和运营维护单位要密切配合,做好安新改扩建交通机电工程的缺陷修复和运营维护工作。

3.交工验收委员会建议建设单位尽快完成工程、财务决算,做好工程审计等工作,为项目竣工验收做好准备。

附件：

1.安新高速机电工程专项交工验收报告

2.安新高速机电工程交工验收质量评价

3.安新高速机电工程内外业检查表

4.安新高速房建、机电、绿化工程交工验收委员会名单

京珠国道主干线安新高速公路改扩建

交通机电工程交工验收委员会

2013 年 9 月 3 日

附件 1

安新高速机电工程专项交工验收报告

一	工程名称	安新高速交通机电工程
二	工程地点及主要控制点	安阳至新乡段
三	建设依据	1.中华人民共和国国家发展和改革委员会《国家发展改革委关于京珠国道主干线安阳至新乡高速公路改扩建工程可行性研究报告的批复》(发改交运〔2005〕2072 号文) 2.中华人民共和国交通部《关于京珠国道主干线安阳至新乡高速公路改扩建工程初步设计的批复》(交公路发〔2007〕568 号文) 3.河南省交通运输厅《关于京珠国道主干线安阳至新乡高速公路改扩建工程机电工程详细设计　供配电照明工程施工图预算的批复》(豫交规划〔2010〕274 号文)
四	技术标准与指标	本项目原为平原区四车道高速公路,路基宽度 26 米。根据工可报告的研究结论,本项目按照八车道标准进行扩建,设计行车速度采用 120 公里/小时,路基宽度 42 米
五	建设规模及性质	路线全长约 113.173 公里
六	开工日期	2010 年 5 月 1 日
	完工日期	2010 年 11 月 1 日
七	批准概算	3834 万元
八	工程建设主要内容	安新高速公路改扩建工程监控系统、通信系统、收费系统、照明系统
九	实际征用土地数(亩)	无
十	建设项目工程质量认定结论	合格,通过交工验收
十一	存在问题及建议	(一)问题: 1.监控外场设备机箱和接地极引出线有锈蚀现象。 2.个别气象检测器温度数据采集不正常,传输不稳定。 3.安阳站配电房发电机组未做基础,排气管未引至室外。 (二)建议: 1.做好线缆标示,粘贴机箱永久性接线图。 2.对外场设备基础进行包封,做好防腐处理

附件 2

安新高速机电工程交工验收质量评价

根据交通运输部《公路工程竣(交)工验收办法》(交通部令 2004 年第 3 号)文件和《公路工程竣(交)工验收办法实施细则》(交公路发〔2010〕65 号)文件要求,项目部组织监理、施工单位对京珠国道主干线安新高速公路改扩建工程交工验收进行了质量评价。

经现场实测实量,并核查施工和监理资料,在施工单位对工程质量自检、监理工程师对工程质量评定的基础上,按照《公路工程质量检验评定标准》(JTG F80/1—2004)及《公路工程竣(交)工验收办法》计算出该项目工程质量评分为 98.11 分。

详见《京珠国道主干线安新高速公路改扩建交通机电工程交工验收监理对各合同段工程质量评分一览表》。

河南高速公路发展有限责任公司

安新改建工程项目部

二〇一二年十二月二十五日

京珠国道主干线安新高速公路改扩建工程交工验收

监理对各合同段工程质量评分一览表

项目名称:交通机电工程

合 同 段	实 得 分	投 资 额	备 注
AXJD-1	98.11	28558865	
加权得分	98.11		

附件3　安新高速机电工程内外业检查表

京珠国道主干线安新高速公路改扩建机电、绿化、安阳收费站

交工验收外业组

（机电工程）

项目名称：交通机电工程

机电组	一、现场察看基本情况： 1.收费车道设备完好，运行正常。 2.收费站机电设施完好，运行正常。 3.通信系统设施完好，各通信链路畅通。 4.监控外场设施基本完好。 二、问题： 1.监控外场设备机箱和接地极引出线有锈蚀现象。 2.个别气象检测器温度数据采集不正常，传输不稳定。 3.收费车道工控机缺少永久性接线图。 4.安阳站配电房发电机组未做基础，排气管未引至室外。 三、建议： 1.做好线缆标示，粘贴机箱永久性接线图。 2.对外场设备基础进行包封，做好防腐处理
签名	组长：盛勇 成员：陈玉梅　胡志欣　杨先平 日期：2013年9月3日

京珠国道主干线安新高速公路改扩建工程交工验收内业组

（内业资料）

项目名称：鹤壁服务区改扩建工程

<table>
<tr><td>内业资料组</td><td>一、现场查看基本情况：
1.工程项目批文、工程招投标、工程交接表，交工图表、初步设计、施工图设计、设计变更、设计和施工中大问题来往文件和会议纪要基本齐全。
2.施工文件中施工原始记录、试验检测报告、质量评定等基本齐全。
3.部分标段的档案整理及归档工作已接近完成。
二、存在问题：
个别资料存在签章不齐全、涂改现象。
三、建议：
1.整改存在问题的资料。
2.依照档案专项验收标准进一步规范资料整理，为专项验收做好准备</td></tr>
<tr><td>签名</td><td>组长：
成员：
日期：2013 年 9 月 3 日</td></tr>
</table>

附件 4

安新高速房建、机电、绿化工程交工验收委员会名单

姓 名	单 位	职务	委员会	签 名
陈亚莉	河南高速公路发展有限责任公司	副总经理/教高	主 任	
李宏志	河南高速公路发展有限责任公司安新改建工程项目部	总经理/教高	副主任	
闫秀萍	河南省交通基本建设质量检测监督站检测处	处长	委员	
齐 明	河南交通投资集团有限公司	高级工程师	委员	
盛勇	河南高速公路发展有限责任公司交通机电运维中心	主任/高工	委员	
孙建波	河南高速公路发展有限责任公司工程技术部	副部长/教高	委员	
何红霞	河南高速公路发展有限责任公司养护管理部	副部长/教高	委员	
申小利	河南高速公路发展有限责任公司通行费管理部	副部长/经济师	委员	
邢晓立	河南高速公路发展有限责任公司安新分公司	党委书记	委员	
吕建锋	河南高速公路发展有限责任公司安新分公司	副总经理	委员	
陈玉梅	河南高速公路发展有限责任公司工程管理部（特邀专家）	高级工程师	委员	
张国育	河南高速公路发展有限责任公司养护管理部（特邀专家）	高级工程师	委员	
陈 彬	河南高速公路发展有限责任公司服务区改扩建项目部	处长/高级工程师	委员	
商东旭	河南高速公路发展有限责任公司工程技术部	工程师	委员	

京珠国道主干线安阳至新乡高速公路改扩建工程机电项目交工验收检测报告

河南省交通基本建设工程质量监督站委托中交国通公路工程技术有限公司对京珠国道主干线安阳至新乡高速公路改扩建工程机电工程进行交工验收工作。质量检测工作在河南省交通基本建设质量检测监督站全程指导、监督下，在河南中原高速公路股份有限公司的大力支持下，在各施工、监理单位的全力配合下，于2013年3月26日~3月27日顺利完成交工检测，现将检测情况报告如下：

一、工程概况

1.项目简介

京港澳高速安阳至鹤壁段是京港澳高速的一部分，京港澳高速南北贯通穿河南省中部，位于107国道以东，沿线为河南省经济最活跃的地带，在省会郑州市东北部与连霍国道主干线相交。在交通流日趋增长的严峻形势下，进行改扩建工作。

京港澳高速安阳至新乡段高速公路是国家高速公路网规划及河南省公路网主骨架的重要组成部分，北接京港澳高速公路河北段，南接在建的新乡至郑州段高速公路（郑州黄河二桥），向北直至首都北京，向南至广东沿海地区，是承载国家南北运输的公路大动脉，而且也是河南省南北向最繁忙的运输通道，是河南省经济发展的“基轴”之一。安新高速公路1994年9月开工建设，1997年11月建成交付使用，是一条功能设施齐全，全封闭，全立交的四车道高速公路。

安新高速公路改扩建工程勘察设计分两个设计标段：安阳至鹤壁段（第一合同段），鹤壁至新乡段（第二合同段）。

2.参建单位

标段	建设单位	监理单位	施工单位
AXJD-1	河南省高速公路发展有限责任公司	北京华通公路桥梁监理咨询公司	河南中天高新智能科技开发有限责任公司

二、检测依据及分组情况

依据交通部《公路工程竣（交）工验收办法》，按照《公路工程质量检验评定标准》，河南省交通基本建设质量检测监督站委托中交国通公路工程技术有限公司组成监控系统检测组、通信系统检测组、收费系统检测组、照明设施检测组四个检测组，于2013年3月26日~3月27日对京珠国道主干线安阳至新乡高速公路改扩建工程机电工程进行交工检测。

本次机电工程检测频率及方法按照《公路工程竣（交）工验收办法》的规定进行。机电工程三大系统全部采用国内目前先进的仪器设备进行现场测量，照明设施主要采用目测及功能验证的办法进行测试。

三、检测结果

京珠国道主干线安阳至新乡高速公路改扩建工程机电工程检测结果汇总表

单位工程	分部工程类别	检测项目	检测点数	合格点数	合格率(%)
机电工程	监控系统	闭路电视监视系统传输通道指标	3	3	100.0
		可变标志显示屏平均亮度	3	3	100.0
		机电接地电阻	12	12	100.0
		绝缘电阻	6	6	100.0
	通信系统	光纤接头损耗平均值	3	3	100.0
	收费系统	车道设备各车种处理流程	47	47	100.0
		接地电阻	18	18	100.0
	照明设施	互通匝道照度及均匀度	1	1	100.0
		照明设备控制装置的接地电阻	2	2	100.0
		收费广场照度及均匀度	1	1	100.0

检测： 审核： 签发：

四、主要存在问题

(一)监控系统存在问题

(A)闭路电视监视系统

1.机箱门锁损坏；

2.外场金属机箱表面有多处锈蚀现象；

3.个别布线不够整齐。

(B)可变标志

1.立柱法兰盘表面局部存在划痕；

2.接地引出线有锈蚀现象。

(C)资料部分

资料基本齐全但部分内容有欠缺,原始资料个别有涂改现象。

(二)通信系统存在问题

(A)通信管道与光电缆线路

ODF 内线缆排列不整齐。

(B)资料部分

资料整理基本齐全,但不够系统。

(三)收费系统存在问题

(A)收费站入口车道设备

1.布线略有混乱,个别标识不清楚；

2.设备防护层剥落(浚县收费站)。

(B)收费站出口车道设备

1.设备固定不可靠(卫辉收费站);

2.标示不清晰,个别标记有脱落现象;

3.设备配线不太规范,不整齐。

(C)资料部分

资料整理顺序条理不清晰,个别工序资料整理不够细致,顺序混乱。

(四)照明设施存在问题

(A)照明设施

1.灯杆表面有划伤;

2.基础混凝土有损边、掉角现象;

3.接地极引出线裸露金属基体锈蚀。

(B)资料部分

调试记录不全。

五、检测意见

(一)监控系统检测意见

(A)闭路电视监视系统

抽查了闭路电视监视系统的外场摄像机的安装质量及监控室视频通道指标,认为其安装质量满足基本要求,重点实测项目绝缘电阻、接地电阻、视频传输通道指标满足规范设计要求。但外观上存机箱表面存在机箱门锁损坏,外场金属机箱表面有多处锈蚀现象、个别布线不够整齐等问题,建议及时对锈蚀位置进行除锈防腐处理。

(B)可变标志

抽查了可变标志的安装质量,认为其安装质量满足基本要求,重点实测项目绝缘电阻、接地电阻、显示屏平均亮度满足规范设计要求。但外观上存在立柱表面局部存在立柱法兰盘表面局部存在划痕,接地引出线有锈蚀现象等问题,建议对锈蚀、划痕位置进行除锈防腐处理。

(二)通信系统检测意见

抽查了通信系统的光电缆线路,对光电缆线路的基本要求、光线接头损耗平均值、外观质量进行了检查,认为其基本要求、光线接头损耗平均值、外观安装质量基本满足规范要求。但存在 ODF 内线缆排列不整齐现象,建议及时对布线进行整理。

(三)收费系统检测意见

(A)入口车道

抽查了收费系统的入口车道设备安装基本要求、各车种处理流程、外观鉴定,认为其安装质量满足基本要求,重点实测项目各车种处理流程、绝缘电阻、接地电阻满足设计要求。但外观上布线略有混乱、个别标识不清楚等问题,建议及时对布线进行整理、并完善标识,并对设备的状态进行调整。

(B)出口车道

抽查了收费系统的出口车道设备安装基本要求、各车种处理流程、外观鉴定,认为其安装质量满足基本要求,重点实测项目各车种处理流程、绝缘电阻、接地电阻满足设计要求。但外观上设备配线不太规范,不整齐,个别标识缺失,个别设备防护层剥落等问题,建议及时对布线进行整理、并完善标记,并对设备的状态进行调整。

(四)照明设施检测意见

抽查了互通匝道及收费广场照明设施的基本要求、照度及均匀度、外观鉴定,认为其基本要求、照度及均匀度、外观满足规范要求,其总体安装质量满足设计要求。

二〇一三年三月

京珠国道主干线安新高速公路
改扩建安阳收费站工程
交工验收报告

京珠国道主干线安新高速公路改扩建工程安阳收费站(以下简称安阳收费站)于2010年7月开工,2013年7月5日完工。项目建设单位河南高速公路发展有限责任公司安新改建工程项目部依据交通部《公路工程竣(交)工验收办法》的有关规定,组织对该项目进行了交工验收。

一、交工验收组织情况

2013年7月5日,河南省交通基本建设质量检测监督站组织并完成了对该项目的房建主体、装饰、场区路面、绿化、水电安装、收费大棚等工程进行了交工验收质量外业检验和内业资料审查工作,认为本项目已经具备交工验收条件。

2013年9月3日,河南高速公路发展有限责任公司安新改建工程项目部(以下简称安新项目部)组织并主持了本项目工程的交工验收。交工验收委员会由工程建设、设计、监理、施工、质量监督等单位代表组成,并邀请了河南交通投资集团有限公司、河南高速公路发展有限责任公司等单位代表参加(详见交工验收委员会成员名单)。

交工验收委员会认真听取了建设单位工程项目执行报告、设计单位工程设计工作报告、监理单位工程监理工作报告、施工单位工程施工总结报告、省交通基本建设质量检测监督站出具的质量检测意见,通过实地察看和资料审查,形成了京珠国道主干线安新高速公路改扩建安阳收费站工程交工验收报告。

二、项目概况

(一)概述

安阳收费站位于京港澳高速公路K508处,新增占地约10亩;其中综合楼为3层,建筑面积2900.43m^2,门房47.76m^2,附属用房192.64m^2,配电房119.52m^2,收费大棚870m^2,场区道路面积2397.63m^2,绿化面积2167.85m^2。

(二)项目建设依据

1.中华人民共和国国家发展和改革委员会《国家发展改革委关于京珠国道主干线安阳至新乡高速公路改扩建工程可行性研究报告的批复》(发改交运〔2005〕2072号文)

2.中华人民共和国交通部《关于京珠国道主干线安阳至新乡高速公路改扩建工程初步设计的批复》(交公路发〔2007〕568号文)批准。

3.中华人民共和国国土资源部《关于京珠国道主干线安阳至新乡高速公路改扩建工程建设用地的批复》(国土资函〔2008〕166号)。

(三)项目的管理及各标段施工单位组成情况

本项目由1家设计单位设计,设1个监理驻地办,1个施工标段(详见表1)。

1.建设单位:河南高速公路发展有限责任公司安新改建工程项目部

2.设计单位:中交第一公路勘察设计研究院有限责任公司

3.监理单位:河南省中原公路工程监理公司

4.质量监督单位:河南省交通基本建设质量检测监督站

5.施工单位:路桥集团三公局工程有限公司

三、工程检验情况及工程质量评审意见

(一)工程检验情况

交工验收委员会下设巡视组、房建装饰组、场区路面绿化组、水电安装组、内业组,对全线外业、内业进行了检查,认真审查了施工承包人和监理单位的交工文件资料,形成了一致意见。

交工验收委员会认为,本项目严格执行了国家基本建设程序和有关法律法规,参与本项目的建设、设计、施工、监理和质量监督单位,认真履行了各自的工作职责。

1.建设单位认真执行了国家法律法规和交通基本建设程序,实行了项目法人责任制、工程招标投标制、工程监理制,程序完善、规范;加强了项目建设管理,明确了相关职责,分工明确,强化了工程建设的组织协调,使工程管理的各项指令和决策得到了有效的落实。

2.设计单位认真执行了工程技术标准,在设计阶段注重新技术运用和专业部门间的合作,工程设计科学合理。在项目实施过程中派驻设计代表,注重现场设计服务工作,引入动态设计理念,不断补充和完善设计,为方便施工、保证设计质量起到了较好的作用。

3.监理单位认真执行合同和监理规范,做到了事前、事中和事后控制,遵循"严格监理、优质服务、科学公正、廉洁自律"的监理原则,以质量控制为中心,制定切实可行的"监理实施细则"和"监理要点",采用试验、检测、旁站、巡视、指令等监理手段,严把质量关,履行了监理职责。

4.施工单位能够按照设计图纸、施工技术规范精心组织施工,积极采用新工艺、新技术,建立健全了质量保证体系和工序间的检查制度,认真填写各项施工记录,履约情况较好。

(二)工程质量评审意见

1.该工程设计科学合理,满足功能要求。

2.房屋结构主体稳定,各分部工程质量满足规范要求。

3.施工内业资料中,材料检验、混合料配比、试验数据、施工记录、自检资料等基本齐全。

4.监理工程师能够按照《公路工程施工监理规范》的要求对工程实施全方位的监理,内业资料基本满足交工验收的要求。

5.施工单位及监理单位对工程质量评定客观,完整地反映了该项目工程质量的真实情况。

(三)交工验收意见

安阳收费站工程在施工单位对工程质量自检、监理工程师对工程质量评定的基础上,按照交通部颁发的《公路工程竣(交)工验收办法》计算得出该工程质量评分值为91.7分,整体工程质量合格。

四、存在的主要问题及建议

(一)主要问题

1.个别窗台渗水,涂料起皮。

2.个别门套固定不牢。

3.三楼露台伸缩缝有渗水现象。

(二)建议

尽快对上述问题进行整改。

五、结论及意见

(一)安阳收费站工程经交工验收委员会进行现场外业察看、内业资料抽查,认为建设单位、设计单位、监理单位、施工单位在工程建设中能够遵守基本建设程序和相关标准规范,履行合同,相互配合,完成了建设任务,工程质量合格,同意通过交工验收。

(二)凡属缺陷责任期内出现的质量问题,由原施工单位负责处理,运营中非工程质量原因出现的问题由使用单位负责解决。各施工单位和管理使用部门要密切配合,做好安阳收费站工程的缺陷修复和管理工作。

(三)建议安阳收费站工程尽快完成工程决算、专项验收等工作,做好竣工验收准备。

附件:

1.京珠国道主干线安新高速公路改扩建安阳收费站工程交工验收报告

2.京珠国道主干线安新高速公路改扩建安阳收费站工程交工验收质量评价

3.京珠国道主干线安新高速公路改扩建安阳收费站验收分组意见

4.京珠国道主干线安新高速公路改扩建安阳收费站工程交工验收委员会名单

京珠国道主干线安新高速公路改扩建
安阳收费站工程交工验收委员会
二〇一三年九月三日

附件 1

京珠国道主干线安新高速公路改扩建安阳收费站工程交工验收报告

一	工程名称	改扩建安阳收费站工程
二	工程地点及主要控制点	京珠国道主干线安新高速公路 K508 处
三	建设依据	1.中华人民共和国国家发展和改革委员会《国家发展改革委关于京珠国道主干线安阳至新乡高速公路改扩建工程可行性研究报告的批复》(发改交运〔2005〕2072 号文) 2.中华人民共和国交通部《关于京珠国道主干线安阳至新乡高速公路改扩建工程初步设计的批复》(交公路发〔2007〕568 号文)批准 3.中华人民共和国国土资源部《关于京珠国道主干线安阳至新乡高速公路改扩建工程建设用地的批复》(国土资函〔2008〕166 号)
四	技术标准与指标	本工程设计合理使用年限为 50 年,建筑分类为公共建筑,工程等级为二级,抗震设防烈度为 8 度
五	建设规模及性质	安阳收费站位于京港澳高速公路 K508 处,新增占地约 10 亩;其中综合楼为 3 层,建筑面积 2900.43m^2,门房 47.76m^2,附属用房 192.64m^2,配电房 119.52m^2,收费大棚 870m^2,场区道路面积 2397.63m^2,绿化面积 2167.85m^2
六	开工日期	2010 年 7 月
	完工日期	2013 年 7 月
七	批准概算	1800 万元
八	工程建设主要内容	安阳收费站工程包括所有房建单位工程、场区路面工程、场区机电绿化工程、收费大棚工程等
九	实际征用土地数(亩)	新增占地约 10 亩
十	建设项目工程质量认定结论	合格,通过交工验收
十一	存在问题及建议	(一)问题 1.个别外窗台渗水,涂料起皮。 2.个别门套固定不牢。 3.三楼露台伸缩缝有渗水现象。 (二)建议 尽快对上述问题进行整改

附件 2

京珠国道主干线安新高速公路改扩建安阳收费站工程
交工验收质量评价

根据交通运输部《公路工程竣(交)工验收办法》(交通部令 2004 年第 3 号)文件和《公路工程竣(交)工验收办法实施细则》(交公路发〔2010〕65 号)文件要求,项目部组织监理、施工单位对京珠国道主干线安新高速公路改扩建工程交工验收进行了质量评价。

经现场实测实量,并核查施工和监理资料,在施工单位对工程质量自检、监理工程师对工程质量评定的基础上,按照《公路工程质量检验评定标准》(JTG F80/1—2004)及《公路工程竣(交)工验收办法》计算出该项目工程质量评分为 91.7 分。

详见《京珠国道主干线安新高速公路改扩建安阳收费站工程交工验收监理对各合同段工程质量评分一览表》。

河南高速公路发展有限责任公司
安新改建工程项目部
二〇一二年十二月二十五日

京珠国道主干线安新高速公路改扩建工程交工验收

监理对各合同段工程质量评分一览表

项目名称:安阳收费站工程

合 同 段	实 得 分	投 资 额	备 注
No.3	91.7	109838732	
加权得分	91.7		

附件 3　京珠国道主干线安新高速公路改扩建安阳收费站验收分组意见

京珠国道主干线安新高速公路改扩建机电、绿化安阳收费站交工验收外业组

（房建装饰工程）

项目名称：安阳收费站工程

<table>
<tr><td>房建装饰组</td><td>一、现场查看情况：
1.房建工程设计合理，施工规范。
2.房屋外墙无裂缝，主体结构稳定，屋面防水无渗漏。
3.门窗安装牢固，开启灵活。
4.室内地面平整，面砖色泽均匀，墙体踢脚线整齐，防滑条顺直，墙体平整度控制较好。
5.卫生器具洁净、安装牢固，使用功能良好；室内外排水系统畅通，地面无积水。
6.室内灯具等电器控制开关工作正常。
二、存在问题：
1.公共卫生间水龙头部分安装不牢固。
2.客房照明灯有不亮现象。
3.二层走廊石膏板吊顶有裂缝。
4.新建部分外墙有一处外墙砖损坏。
5.玻璃幕与上部梁结合处缝隙有较大未密封。
三、建议：
尽快对上述问题进行整改</td></tr>
<tr><td>签名</td><td>组长：
成员：
日期：2003 年 9 月 3 日</td></tr>
</table>

京珠国道主干线安新高速公路改扩建工程交工验收内业组

（内业资料）

项目名称：安阳收费站工程

<table>
<tr><td>内业资料组</td><td>一、现场查看基本情况：
1.工程项目批文、工程招投标、工程交接表，交工图表、初步设计、施工图设计、设计变更、设计和施工中大问题来往文件和会议纪要基本齐全。
2.施工文件中施工原始记录、试验检测报告、质量评定等基本齐全。
3.部分标段的档案整理及归档工作已接近完成。
二、存在问题：
个别资料存在签章不齐全、涂改现象。
三、建议：
1.整改存在问题的资料。
2.依照档案专项验收标准进一步规范资料整理，为专项验收做好准备</td></tr>
<tr><td>签名</td><td>组长：
成员：
日期：2013 年 9 月 3 日</td></tr>
</table>

附件 4

京珠国道主干线安新高速公路改扩建安阳收费站工程交工验收委员会名单

姓 名	单 位	职务	委员会	签 名
陈亚莉	河南高速公路发展有限责任公司	副总经理/教高	主 任	陈亚莉
李宏志	河南高速公路发展有限责任公司安新改建工程项目部	总经理/教高	副主任	李宏志
闫秀萍	河南省交通基本建设质量检测监督站检测处	处长	委员	闫秀萍
齐 明	河南交通投资集团有限公司	高级工程师	委员	齐明
盛勇	河南高速公路发展有限责任公司交通机电运维中心	主任/高工	委员	盛勇
孙建波	河南高速公路发展有限责任公司工程技术部	副部长/教高	委员	孙建波
何红霞	河南高速公路发展有限责任公司养护管理部	副部长/教高	委员	何红霞
申小利	河南高速公路发展有限责任公司通行费管理部	副部长/经济师	委员	申小利
邢晓立	河南高速公路发展有限责任公司安新分公司	党委书记	委员	邢晓立
吕建锋	河南高速公路发展有限责任公司安新分公司	副总经理	委员	吕建锋
陈玉梅	河南高速公路发展有限责任公司工程管理部（特邀专家）	高级工程师	委员	陈玉梅
张国育	河南高速公路发展有限责任公司养护管理部（特邀专家）	高级工程师	委员	张国育
陈 彬	河南高速公路发展有限责任公司服务区改扩建项目部	处长/高级工程师	委员	陈彬
商东旭	河南高速公路发展有限责任公司工程技术部	工程师	委员	商东旭

安阳至新乡高速公路安阳收费站工程交工验收检测报告

一、工程概况

1.项目简介

京港澳高速公路安阳至新乡高速公路位于河南省中北部,起于安阳市东北冀、豫两省交界处的西灵芝主线收费站,北接京珠高速公路河北段,向南经安阳东、汤阴东、鹤壁东、淇县东、卫辉东、止于新乡市东北,南接新乡至郑州段高速公路(郑州黄河二桥),路线全长约113.173km。安阳南收费站位于京港澳高速公路K508处,新增占地约10亩,其中综合楼为3层,建筑面积2900.43m^2,门房47.76m^2,附属用房192.64m^2,配电房119.52m^2,收费大棚870m^2,场区道路面积2397.63m^2,绿化面积2167.85m^2。

2.参建单位

建设单位:河南高速公路发展有限责任公司安新改建工程项目部

设计单位:中交第一公路勘察设计研究院有限公司

监理单位:河南省中原公路工程监理有限公司

施工单位:路桥集团三公局工程有限公司

二、检测依据及分组情况

根据河南高速公路发展有限责任公司安新改建工程项目部的申请,依据交通运输部《公路绿化工程质量检验评定暂行规定》、《公路工程竣(交)工验收办法》,按照《城市绿化工程施工及验收规范》、《公路工程质量检验评定标准》及《建筑工程质量检验评定标准》和能够检测的项目要求,河南省交通基本建设质量检测监督站委托开封市天平路桥工程检测有限公司组成房建室内组、房建室外场区组、房建水电组、绿化组四个检测组,于2013年6月6日对安新高速公路安阳收费站房建、绿化工程进行交工检测。

本次房建工程检测频率及方法按照《建筑工程质量检验评定标准》的规定进行。

房屋主体工程采用垂直检测尺、对角检测尺、内外直角检测尺、钢尺等测量;水电安装采用目测尺量;场区道路厚度采用取芯检测,并将芯样做抗压强度检测,平整度采用3m直尺测量。

苗木规格采用皮尺、游标卡尺、塔尺测量,苗木数量、成活率、覆盖率采用目测尺量与设计值比较。

检测组分别配备了相应的检测仪器设备。检测仪器设备一览见下表。

检测设备一览表

<table>
<tr><th>序号</th><th>检测项目</th><th>检测仪器、设备名称</th><th>规格型号</th><th>单位</th><th>数量</th><th>产地</th></tr>
<tr><td rowspan="2">1</td><td rowspan="6">结构尺寸</td><td>钢卷尺</td><td>3m、5m、30m</td><td>把</td><td>若干</td><td></td></tr>
<tr><td>钢板尺</td><td>30cm、50cm</td><td>把</td><td>若干</td><td></td></tr>
<tr><td>2</td><td>垂直检测尺</td><td>—</td><td>把</td><td>若干</td><td>北京</td></tr>
<tr><td>3</td><td>对角检测尺</td><td>—</td><td>把</td><td>若干</td><td>北京</td></tr>
<tr><td>4</td><td>内外直角检测尺</td><td>—</td><td>把</td><td>若干</td><td>北京</td></tr>
<tr><td>5</td><td>胸径尺</td><td>—</td><td>把</td><td>若干</td><td>北京</td></tr>
<tr><td>6</td><td>路面平整度</td><td>3m 直尺、塞尺</td><td>—</td><td>把</td><td>1</td><td>北京</td></tr>
<tr><td>7</td><td>大面平整度</td><td>2m 靠尺、塞尺</td><td>—</td><td>把</td><td>3</td><td>北京</td></tr>
<tr><td>8</td><td>净宽、净空</td><td>红外线测距仪</td><td>DISTO</td><td>台</td><td>3</td><td>德国</td></tr>
<tr><td>9</td><td rowspan="3">路面厚度、强度</td><td>取芯机</td><td>OMA-HZ-15</td><td>台</td><td>2</td><td>台湾</td></tr>
<tr><td>10</td><td>自动、双刀岩石、芯样、两用机</td><td>HQP-200</td><td>台</td><td>1</td><td>台州</td></tr>
<tr><td>11</td><td>电液式压力试验机</td><td>YA-2000C</td><td>台</td><td>1</td><td>上海</td></tr>
</table>

三、检测结果

安新高速公路安阳收费站工程检测结果总汇总表(表1)

<table>
<tr><th rowspan="2">单位工程</th><th rowspan="2">分部工程</th><th rowspan="2">检测项目</th><th colspan="3">检测项目合计</th><th colspan="3">单位工程合计</th></tr>
<tr><th>检测点数</th><th>合格点数</th><th>合格率(%)</th><th>检测点数</th><th>合格点数</th><th>合格率(%)</th></tr>
<tr><td rowspan="12">房建工程</td><td rowspan="3">门窗工程</td><td>木门窗安装</td><td>180</td><td>91</td><td>50.6</td><td rowspan="12">716</td><td rowspan="12">622</td><td rowspan="12">86.9</td></tr>
<tr><td>塑钢门窗安装</td><td>36</td><td>27</td><td>75.0</td></tr>
<tr><td>栏杆、扶手</td><td>24</td><td>24</td><td>100.0</td></tr>
<tr><td>装饰工程</td><td>墙面抹灰工程</td><td>156</td><td>151</td><td>96.8</td></tr>
<tr><td rowspan="3">地面与楼面工程</td><td>板块楼地面层</td><td>126</td><td>87</td><td>69.0</td></tr>
<tr><td>楼梯踏步(台阶)</td><td>60</td><td>50</td><td>83.3</td></tr>
<tr><td>房间空间尺寸</td><td>54</td><td>34</td><td>63.0</td></tr>
<tr><td>屋面工程</td><td>室外大角工程</td><td>80</td><td>53</td><td>66.3</td></tr>
<tr><td rowspan="2">建筑采暖卫生与煤气工程</td><td>室内水暖管道及管件</td><td>11</td><td>9</td><td>81.8</td></tr>
<tr><td>卫生器具及附件</td><td>42</td><td>24</td><td>57.1</td></tr>
<tr><td rowspan="2">建筑电器安装工程</td><td>配电箱(盘、板)安装</td><td>16</td><td>10</td><td>62.5</td></tr>
<tr><td>电器开关、插座安装</td><td>96</td><td>62</td><td>64.6</td></tr>
<tr><td rowspan="3">场区路面</td><td rowspan="3">场区路面</td><td>平整度</td><td>20</td><td>13</td><td>65.0</td><td rowspan="3">24</td><td rowspan="3">17</td><td rowspan="3">70.8</td></tr>
<tr><td>取芯厚度</td><td>2</td><td>2</td><td>100.0</td></tr>
<tr><td>取芯强度</td><td>2</td><td>2</td><td>100.0</td></tr>
<tr><td rowspan="3">绿化工程</td><td colspan="2">苗木规格</td><td>171</td><td>130</td><td>76.0</td><td rowspan="3">344</td><td rowspan="3">267</td><td rowspan="3">77.6</td></tr>
<tr><td colspan="2">苗木成活率</td><td>171</td><td>135</td><td>78.9</td></tr>
<tr><td colspan="2">土层厚度</td><td>2</td><td>2</td><td>100.0</td></tr>
<tr><td colspan="6">合计</td><td>1084</td><td>906</td><td>83.6</td></tr>
</table>

安新高速公路安阳收费站工程房建工程检测结果汇总表(表2)

单位工程	分部工程类别	检测项目	检测点数	合格点数	合格率(%)
房建工程	门窗工程	木门窗安装	180	91	50.6
		塑钢门窗安装	36	27	75.0
		栏杆、扶手	24	24	100.0
	装饰工程	墙面抹灰工程	156	151	96.8
	地面与楼面工程	板块楼地面层	126	87	69.0
		楼梯踏步(台阶)	60	50	83.3
		房间空间尺寸	54	34	63.0
	屋面工程	室外大角工程	80	53	66.3
	建筑采暖卫生与煤气工程	室内水暖管道及管件	11	9	81.8
		卫生器具及附件	42	24	57.1
	建筑电器安装工程	配电箱(盘、板)安装	16	10	62.5
		电器开关、插座安装	96	62	64.6
场区路面	场区路面	平整度	20	13	65.0
		取芯厚度	2	2	100.0
		取芯强度	2	2	100.0

安新高速公路安阳收费站工程混凝土路面取芯汇总表(表3)

地　　点	芯样长度(cm)	设计厚度(cm)	抗压强度(MPa)	设计强度(MPa)
安新高速公路安阳收费站工程场区路面	22.0	20.0	34.5	C30
	23.5	20.0	33.8	C30

安新高速公路安阳收费站工程绿化工程检查结果汇总表(表4)

分部工程类别	检测项目			设计值(设计数量)	实测点数(实测数量)	合格点数	合格率(%)
京港澳高速公路安阳收费站	苗木规格	大叶女贞	胸径	≥7cm	13	10	76.9
		法桐		≥10cm	43	32	74.4
		石榴	地径	≥5cm	40	31	77.5
		凯特杏		≥5cm	51	37	72.5
		石楠球	冠径	≥1.2m	24	20	83.3
	苗木数量	大叶女贞		18	13	13	100.0
		法桐		39	43	43	100.0
		石榴		45	40	24	80.0
		凯特杏		64	51	31	60.8
		石楠球		24	24	24	100.0
	苗木成活率(%)			≥95%	171	119	69.6
	草坪覆盖率(%)			符合要求	不符合要求		
	土层厚度			≥50cm	2	2	100.0

四、主要存在问题

（一）水电部分

1.配电箱内回路标示不全、不清晰，地线未接地，建议整改。

2.卫生间等潮湿场所开关插座无防潮盖，个别插座相零接错或者缺少地线，建议整改。

3.卫生间个别地漏有堵塞现象。

（二）室内部分

1.一楼会议室地砖有一块烂角，个别地砖局部有空鼓现象。

2.二楼西北房间一扇窗户玻璃开裂。

3.室外散水局部起皮。

（三）室外场区部分

场区混凝土路面局部平整度较差。

（四）绿化工程

1.个别凯特杏、石榴的苗木规格偏小。

2.个别绿化区域内土层未整平，建议尽快平整绿化。

五、检测意见

（一）室内部分

1.门窗工程

抽查了部分木门窗的安装，塑钢门窗的安装，认为木门窗及塑钢门窗的安装，基本满足规范设计要求。

2.装饰工程

抽查了部分墙面抹灰工程的平整度及外观，认为墙面抹灰工程的平整度控制较好，较满足规范要求，但个别墙面有裂缝，建议修整。

3.地面与楼面工程

抽查了部分板块楼地面层、房间空间尺寸及外观，认为板块楼地面层及房间空间尺寸较满足设计要求。

（二）室外场区部分

场区路面

抽查了局部场区路面平整度，取芯检查了路面厚度及混凝土强度，进行了外观检查，混凝土强度满足设计要求，芯样厚度满足路面设计。

（三）水电部分

1.建筑采暖卫生及煤气工程

抽查了部分室内水暖管道、管件及卫生器具、附件的安装，认为室内水暖管道、管件及卫生器具、附件的安装基本符合规范及设计要求。

2.建筑电器安装工程

抽查了部分配电箱、电器开关、插座的安装，认为配电箱、电器开关，插座安装基本符合规范要求。

（四）绿化工程

现场抽查苗木质量总体情况较好，该工程各种苗木种植数量与规格基本满足设计标准和规范要求。

经检测认为，安新高速公路安阳收费站工程房建工程的门窗安装、装饰工程、水电工程、场区道路工程、绿化工程抽查结果基本符合相关专业的质量验收要求和观感要求。建议对存在的质量问题尽快加以整改。

二〇一三年六月八日

京港澳高速公路安阳服务区改扩建工程交工验收报告

京港澳高速公路安阳服务区改扩建工程项目(以下简称安阳服务区改扩建)于2011年7月5日正式开工,2012年11月14日工程完工。项目建设单位"河南高速公路发展有限责任公司安新改建工程项目部"依据交通部《公路工程竣(交)工验收办法》的有关规定,组织对该项目进行了交工验收。

一、交工验收组织情况

本项目交工验收工作分两个阶段进行,即工程质量检测阶段和交工验收阶段。

(一)工程质量检测阶段

2012年11月14日,河南省交通基本建设质量检测监督站会同项目建设各方,组织并完成了对该项目的房建主体、装饰、场区路面、绿化、机电、标志标线等工程进行了交工验收质量外业检验和内业资料审查工作,认为本项目已经具备交工验收条件。

(二)交工验收阶段

2012年11月19日至20日,项目法人河南高速公路发展有限责任公司安新改建工程项目部(以下简称安新项目部)组织并主持了本项目工程的交工验收。交工验收委员会由工程建设、设计、监理、施工、质量监督等单位代表组成,并邀请了河南省交通运输厅、河南交通投资集团有限公司、河南高速公路发展有限责任公司等单位代表参加(详见交工验收委员会成员名单)。

交工验收委员会下设综合组、房建装饰组、场区路面绿化组、机电交安组、内业组。

交工验收委员会认真听取了工程参建各方的报告:

1.建设单位工程项目执行报告

2.设计单位工程设计工作报告

3.监理单位工程监理工作报告

4.施工单位工程施工总结报告

5.省交通基本建设质量检测监督站出具的质量检测意见

二、项目概况

(一)概述

京港澳高速公路安阳服务区改扩建工程位于河南省中北部,公路桩号为K512+67,占地312.3亩,其中新增用地168.3亩;总建筑面积13183m^2,其中综合楼8179m^2(新建3500m^2,旧楼改造4679m^2),新建职工宿舍楼2988m^2,加油站、维修车间、配电房等附属用房建筑面积共2016m^2;道路及停车区面积为120289m^2,绿化面积为77592m^2。

(二)项目建设依据

1.河南省发展和改革委员会《关于京港澳高速公路安阳服务区改扩建工程项目申请报告核准的批复》(豫发改基础〔2010〕1471号)

2.中华人民共和国国土资源部《关于京珠国道主干线安阳至新乡高速公路改扩建工程

建设用地的批复》(国土资函〔2008〕166 号)

3.河南省交通运输厅《关于京港澳高速公路安阳服务区改扩建工程施工图设计的批复》(豫交规划〔2011〕161 号文)。

(三)项目的管理及各标段施工单位组成情况

本项目共有 1 个设计标段、2 个监理总监办(含房建、装饰、绿化、机电、交安)、房建工程 1 个标段、场区路面工程 1 个标段、综合楼一层装饰工程 1 个标段、绿化 1 个标段、机电 1 个标段、交安 2 个标段(详见表 1)。

1.建设单位:河南高速公路发展有限责任公司安新改建工程项目部

2.设计单位:河南省交通规划勘察设计院有限责任公司

3.监理单位:河南省中原公路工程监理有限公司

北京华通公路桥梁监理咨询公司

4.质量监督单位:河南省交通基本建设质量检测监督站

5.施工单位:

AXFWQ1	安阳服务区房建施工	北京城建二建设工程有限公司
AXFWQ3	安阳服务区场区施工	河南省大河筑路有限公司
AXFWQZS-1	安阳服务区综合楼装饰施工	山东雄狮建筑装饰工程有限公司
AXLH-2	工程绿化施工	河南林峰园林绿化工程有限公司
AXBZ-1	场区标志施工	江苏博纳华交通科技有限公司
AXBX-3	场区标线施工	安徽恒通交通工程有限公司
AXJD-1	交通机电施工	河南中天高新智能科技开发有限责任公司

三、工程检验情况及工程质量评审意见

(一)工程检验情况

交工验收委员会认真听取了建设单位项目执行报告、设计单位设计工作报告、监理单位监理工作报告、施工单位施工总结报告、省质量监督站出具的质量检测意见,并组成综合组、房建装饰组、场区路面绿化组、机电交安组、内业资料组,对本项目内业、外业进行了检查,认真审查了施工承包人和监理单位的交工文件资料,形成了一致意见:

交工验收委员会认为,本项目严格执行了国家基本建设程序和有关法律法规;参与本项目的建设、设计、施工、监理和质量监督单位,认真履行了各自的工作职责,工程按设计施工,达到了合格工程标准。

1.建设单位认真执行了国家法律法规和交通基本建设程序;实行了项目法人责任制、工程招标投标制、工程监理制,程序完善、规范;加强了项目建设管理,明确了相关职责,强化了工程建设的组织协调,使工程管理的各项指令和决策得到了有效的落实。

2.设计单位认真执行了工程技术标准,在设计阶段注重新技术运用和专业部门间的合作,工程设计科学合理。在项目实施过程中派驻设计代表,注重现场设计服务工作,引入动态设计理念,不断补充和完善设计,为方便施工、保证设计质量起到了较好的作用。

3.监理单位认真执行了合同和监理规范,做到了事前、事中和事后控制,遵循“严格监理、优质服务、科学公正、廉洁自律”的监理原则,以质量控制为中心,制定切实可行的“监理实施细则”和“监理要点”，采用检测、旁站、巡视、指令等监理手段，严把质量关，履行了“三控三管一协调”的监理职责。

4.施工单位能够履行合同，按照设计图纸、施工技术规范精心组织施工，积极采用新工艺、新技术，建立健全了质量保证体系和工序间检查制度，认真填写各项施工记录，实现了合同明确的总目标。

（二）工程质量评审意见

经检查，各施工单位和监理单位施工文件、竣工图表、监理资料等质量保证资料基本齐全规范。工程质量评价如下：

1.该工程设计科学合理，满足功能要求。

2.房屋结构主体稳定，各分部工程质量满足规范要求。

3.施工内业资料中，材料检验、混合料配比、试验数据、施工记录、自检资料等基本齐全。

4.监理工程师能够按照《公路工程施工监理规范》的要求对工程实施全方位的监理，内业资料整理基本满足交工验收的要求。

5.施工单位及监理单位对工程质量评定客观，完整地反映了该项目工程质量的真实情况。

（三）交工验收意见

安阳服务区改扩建工程在施工单位对工程质量自检、监理工程师对工程质量评定的基础上，按照交通部颁发的《公路工程竣（交）工验收办法》计算得出该工程质量评分值为93.8分，整体工程质量合格。

四、存在的主要问题及建议

（一）主要问题

1.部分装修接缝、墙面、地面等出现的问题如蜕皮、隆起等需进一步处理。

2.部分车道指示标志太小。

3.部分设备不能正常使用。

4.部分资料存在签字不全，有涂改现象。

（二）建议

1.对缺陷部位及时进行修复。

2.加强与使用单位沟通，尽快完善未完工程。

3.统一整理竣工资料，为下阶段档案专项验收做好准备。

五、结论及意见

（一）安阳服务区改扩建工程经交工验收委员会进行现场外业察看、内业资料抽查，认为建设单位、设计单位、监理单位、施工单位在工程建设中能够遵守基本建设程序和相关标准规范，履行合同，相互配合，完成了建设任务，工程质量合格，同意通过交工验收。

（二）凡属缺陷责任期内出现的质量问题，由原施工单位负责处理，运营中非工程质量原因出现的问题由管养单位负责解决。各施工单位和管理养护部门要密切配合，做好安阳服务区改扩建工程的缺陷修复和养护管理工作。

（三）建议安阳服务区改扩建工程尽快完成工程决算，做好工程审计、环保验收和档案验收等工作，为竣工验收做好准备。

附件：

1.京港澳高速公路安阳服务区改扩建工程交工验收报告

2.京港澳高速公路安阳服务区改扩建工程交工验收质量评价

3.京港澳高速公路安阳服务区改扩建工程验收分组意见

4.京港澳高速公路安阳服务区改扩建工程交工验收委员会名单

京港澳高速公路安阳服务区改扩建工程

交工验收委员会

二〇一二年十一月二十日

附件 1

京港澳高速公路安阳服务区改扩建工程交工验收报告

一	工程名称	京港澳高速公路安阳服务区改扩建工程
二	工程地点及主要控制点	安阳服务区
三	建设依据	1.河南省发展和改革委员会《关于京港澳高速公路安阳服务区改扩建工程项目申请报告核准的批复》(豫发改基础〔2010〕1471 号) 2.中华人民共和国国土资源部《关于京珠国道主干线安阳至新乡高速公路改扩建工程建设用地的批复》(国土资函〔2008〕166 号) 3.河南省交通运输厅《关于京港澳高速公路安阳服务区改扩建工程施工图设计的批复》(豫交规划〔2011〕161 号)
四	技术标准与指标	本工程设计合理使用年限为 50 年,建筑分类为公共建筑,工程等级为二级,抗震设防烈度为 8 度
五	建设规模及性质	总建筑面积 13183m^2,其中综合楼 8179m^2(新建 3500m^2,旧楼改造 4679m^2),新建职工宿舍楼 2988m^2,加油站、维修车间、配电房等附属用房建筑面积共 2016m^2;道路及停车区面积为 120289m^2,绿化面积为 77592m^2
六	开工日期	2011 年 7 月 5 日
	完工日期	2012 年 11 月 14 日
七	批准预算	14068 万元
八	工程建设主要内容	安阳服务区改扩建工程包括所有房建单位工程、场区路面工程、场区机电绿化工程、场区标志标线等
九	实际征用土地数(亩)	占地 312.3 亩,其中新增用地 168.3 亩
十	建设项目工程质量认定结论	合格,通过交工验收
十一	存在问题及建议	(一)问题: 1.部分装修接缝、墙面、地面等出现的问题如蜕皮、隆起等需进一步处理。 2.部分车道指示标志太小。 3.部分设备不能正常使用。 4.部分资料存在签字不全,有涂改现象。 (二)建议: 1.对缺陷部位及时进行修复。 2.加强与使用单位沟通,尽快完善未完工程。 3.统一整理竣工资料,为下阶段档案专项验收做好准备

附件2

京港澳高速公路安阳服务区改扩建工程
交工验收质量评价

根据交通运输部《公路工程竣(交)工验收办法》(交通部令2004年第3号)文件和《公路工程竣(交)工验收办法实施细则》(交公路发〔2010〕65号)文件要求,项目部组织监理、施工单位对京港澳高速公路安阳服务区改扩建工程交工验收进行了质量评价。

经现场实测实量,并核查施工和监理资料,在施工单位对工程质量自检、监理工程师对工程质量评定的基础上,按照《公路工程质量检验评定标准》(JTG F80/1—2004)及《公路工程竣(交)工验收办法》计算出该项目工程质量评分为93.8分。

详见《京港澳高速公路安阳服务区改扩建工程交工验收监理对各合同段工程质量评分一览表》

河南高速公路发展有限责任公司

安新改建工程项目部

二○一二年十一月二十日

京港澳高速公路安阳服务区改扩建工程交工验收
监理对各合同段工程质量评分一览表

项目名称:安阳服务区改扩建工程

合 同 段	实 得 分	投 资 额	备　注
AXFWQ1	92.8	35769880	
AXFWQ3	94.6	41945460	
AXFWQZS-1	94.2	9924952	
AXLH-2	92.8	4253974	
AXBZ-1	93.3	8253364	
AXBX-3	93.6	4707312	
AXJD-1	94.1	28558865	
加权得分	93.8		

附件 3　京港澳高速公路安阳服务区改扩建工程验收分组意见

京港澳高速公路安阳服务区改扩建工程交工验收外业组

（房建装饰工程）

项目名称:安阳服务区改扩建工程

<table>
<tr><td>房建装饰组</td><td>一、现场查看情况：
1.房建工程设计合理,施工规范；
2.房屋主体结构稳定,屋面防水无渗漏；
3.门窗安装牢固,玻璃窗纱完好；
4.室内地面平整,面砖色泽均匀,墙体齿脚整齐,防滑条顺直,墙体平整度控制较好；
5.卫生器具洁净、安装牢固,使用功能良好;室内外排水系统畅通,地面无积水；
6.室内灯具等电器及其控制开关工作正常；
7.服务区加油站、住宿、餐饮设施齐全,功能良好。
二、存在问题：
1.新建西区综合楼 VIP 包间卫生间吊顶与石材接缝处未打胶；
2.综合楼二楼及三楼楼梯间部分墙面有蜕皮现象；
3.大厅 150 工字钢与地面交接处地板砖未铺设到位；
4.西区综合楼二楼和三楼个别房间地砖起鼓。
三、建议：
限期修复以上缺陷</td></tr>
<tr><td>签名</td><td>组长：
成员：
日期:2012 年 11 月 20 日</td></tr>
</table>

京港澳高速公路安阳服务区改扩建工程交工验收外业组

（场区路面、绿化工程）

项目名称：安阳服务区改扩建工程

<table>
<tr><td>场区路面绿化组</td><td>一、场区路面绿化组察看评定：
1.路面：
(1)平整度良好，行车舒适，无明显颠簸及接缝跳车现象。路面密实，沥青混合料无明显离析现象，无裂纹、脱皮、石子外露、泛油、碾压痕迹等现象；
(2)路面与路缘石及其他构造物顺接自然，无积水或阻水现象，路缘石表面平整；
(3)雨水出水口与排水沟连接顺适，流水畅通。
2.绿化工程
(1)绿化带区域内绿化植物生长良好，修剪整齐；
(2)施工场地清洁，无杂物堆积。
二、问题：
1.场区部分绿化工程未施工；
2.部分绿化带中有石块、杂物；
3.个别雨水出水口高于路面，不利于排水。
三、建议：
1.混凝土路面断板尽快修复；
2.未完工程尽快完善；
3.个别缺陷尽快修复</td></tr>
<tr><td>签名</td><td>组长：
成员：
日期：2012 年 11 月 20 日</td></tr>
</table>

京港澳高速公路安阳服务区改扩建工程交工验收外业组

（机电交安工程）

项目名称：安阳服务区改扩建工程

<table>
<tr><td>机电交安组</td><td>一、现场察看基本情况：
1.交通安全
（1）标志、标线外观完整，无明显脱落损坏现象；
（2）金属构件镀锌面无有划痕、擦伤等损伤；
（3）标志板面无划痕、较大气泡和颜色不均匀等现象。
2.监控设施
（1）监控设施安装位置合理，能实现对服务区重点区域监控，图像清晰；
（2）机房内线缆（槽）整齐有序，标识清晰。
3.供配电系统
（1）机房配电设施、防鼠板设施配备齐全，设施完备，运行正常；
（2）供电线路布设规范、完好。
二、问题：
1.车道指示标志太小；
2.发电机组不能使用。
三、建议：
1.建议按照规范要求加大标志尺寸；
2.维修发电机组</td></tr>
<tr><td>签名</td><td>组长：陈玉梅
成员：王超
贾颖浩
[illegible]
陈会峰

日期：2012 年 11 月 20 日</td></tr>
</table>

京港澳高速公路安阳服务区改扩建工程交工验收内业组

（内业资料）

项目名称：安阳服务区改扩建工程

内业资料组	一、现场查看基本情况： 1.工程项目批文、工程招投标、工程交接表，交工图表、初步设计、施工图设计、设计变更、设计和施工中大问题来往文件和会议纪要基本齐全； 2.施工文件中施工原始记录、试验检测报告、质量评定等基本齐全； 3.部分标段的档案整理及归档工作已接近完成。 二、存在问题： 1.个别资料签字不全，个别过程控制资料缺失； 2.个别资料有涂改现象。 三、建议： 1.在以后的管理过程中应加强管理，及时搜集归档相关资料； 2.督促相关参建单位，加快档案归档整理，为下阶段档案专项验收做好准备
签名	组长： 成员： 日期：2012年11月20日

附件 4

京港澳高速公路安阳服务区改扩建工程交工验收委员会名单

姓名		单位	职务	签名
主任	刘前进	河南高速公路发展有限责任公司	副总经理	
副主任	闫秀萍	河南省交通基本建设质量检测监督站检测处	处长	
	齐明	河南交通投资集团有限公司	高级工程师	
	陈彬	河南高速公路发展有限责任公司服务区改扩建项目部	副总经理	
	王刚	河南高发服务区管理有限公司	副总经理	
委员	何红霞	河南高速公路发展有限责任公司养护管理部	副部长	
	孙建波	河南高速公路发展有限责任公司工程技术部	副部长	
	陈玉梅	河南高速公路发展有限责任公司工程技术部	高工	
	王超	河南高速公路发展有限责任公司多种经营部	高工	
	商东旭	河南高速公路发展有限责任公司工程技术部	工程师	

京港澳高速公路安阳服务区改扩建工程交工验收检测报告

一、工程概况

1.项目简介

京港澳高速公路安阳服务区改扩建工程位于河南省中北部，公路桩号为K512+067，占地312.3亩，其中新增用地168.3亩；总建筑面积13183m^2，其中综合楼8179m^2（新建3500m^2，旧楼改造4679m^2），新建职工宿舍楼2988m^2，加油站、维修车间、配电房等附属用房建筑面积共2016m^2；道路及停车区面积为120289m^2，绿化面积为77592m^2。

2.参建单位

建设单位：河南高速公路发展有限责任公司安新改建工程项目部

设计单位：河南省交通规划勘察设计院有限责任公司

监理单位：河南省中原公路工程监理有限公司

施工单位：见下表

施工单位一览表

合同段	工程内容	施工单位
AXFWQ1	安阳服务区房建施工	北京城建二建设工程有限公司
AXFWQ3	安阳服务区场区施工	河南省大河筑路有限公司
AXFWQZS-1	安阳服务区综合楼装饰施工	山东雄狮建筑装饰工程有限公司
AXLH-2	工程绿化施工	河南林峰园林绿化工程有限公司
AXBZ-1	安全设施施工	江苏博纳华交通科技有限公司
AXBX-3	安全设施施工	安徽恒通交通工程有限公司

二、检测依据及分组情况

根据河南高速公路发展有限责任公司安新改建工程项目部的申请，依据交通部《公路工程竣（交）工验收办法》，按照《公路工程质量检验评定标准》及《建筑工程质量检验评定标准》和能够检测的项目要求，河南省交通基本建设质量检测监督站委托开封市天平路桥工程检测有限公司组成房建室内组、房建室外场区组、房建水电组、绿化组、交通安全设施五个检测组，于2012年11月14日对京港澳高速公路安阳服务区改扩建工程进行交工检测。

本次房建工程检测频率及方法按照《建筑工程质量检验评定标准》的规定进行。

检测组分别配备了相应的检测仪器设备。检测仪器设备一览表如下。

检测设备一览表

序号	检测项目	检测仪器、设备名称	规格型号	单位	数量	产地
1	结构尺寸	钢卷尺	3m、5m、30m	把	若干	
		钢板尺	30cm、50cm	把	若干	
2		垂直检测尺	—	把	若干	北京
3		对角检测尺	—	把	若干	北京
4		内外直角检测尺	—	把	若干	北京
5		胸径尺	—	把	若干	北京
6	路面平整度	3m 直尺、塞尺	/	把	1	北京
7	大面平整度	2m 靠尺、塞尺	/	把	3	北京
8	净宽、净空	红外线测距仪	DISTO	台	3	德国
9	路面厚度、强度	取芯机	OMA-HZ-15	台	2	台湾
10		自动、双刀岩石、芯样、两用机	HQP-200	台	1	台州
11		电液式压力试验机	YA-2000C	台	1	上海
12	交通安全设施厚度	数字式覆层测厚仪	TT260	台	1	北京
13		数字式覆层测厚仪	TT220	台	1	北京
14		螺旋测微计	—	个	2	杭州
15		游标卡尺	—	个	2	上海
16	交通安全设施标志	反光标志逆反射系数测定仪	STT-101	台	1	北京
17	交通安全设施标线	逆反射标线测定仪	FB-94	台	1	北京

三、检测结果

京港澳高速公路安阳服务区改扩建工程检测结果总汇总表(表 1)

单位工程	分部工程	检测项目	检测项目合计			单位工程合计		
			检测点数	合格点数	合格率(%)	检测点数	合格点数	合格率(%)
房建工程	门窗工程	木门窗安装	298	184	61.7	1259	952	75.6
		塑钢门窗安装	101	76	75.2			
	装饰工程	墙面抹灰工程	311	274	88.1			
	建筑采暖卫生与煤气工程	室内水暖管道及管件	48	30	62.5			
		卫生器具及附件	76	48	63.2			
	地面与楼面工程	板块楼地面面层	190	157	82.6			
	建筑电器安装工程	配电箱(盘、板)安装	30	20	66.7			
		电器开关、插座安装	115	76	66.1			
	场区路面	平整度	80	77	96.2			
		取芯厚度	10	10	100			
绿化工程	苗木规格		657	639	97.3	1617	1549	95.8
	苗木成活率		950	901	94.8			
	土层厚度		10	9	90.0			
交通安全设施	标志	立柱竖直度	20	13	65.0	184	157	85.3
		标志板厚度	30	25	83.3			
		标志面反光膜等级及逆射光系数	64	64	100			
	标线	反光标线逆反射系数	35	22	62.9			
		标线厚度	35	33	94.3			
合计						3060	2658	86.9

京港澳高速公路安阳服务区改扩建工程(东区)房建工程检测结果汇总表(表2)

单位工程	分部工程类别	检测项目	检测点数	合格点数	合格率(%)
安阳服务区改扩建工程(东区)	门窗工程	木门窗安装	149	91	61.1
		塑钢门窗安装	39	30	76.9
	装饰工程	墙面抹灰工程	137	121	88.3
	建筑采暖卫生与煤气工程	室内水暖管道及管件	26	16	61.5
		卫生器具及附件	39	25	64.1
	地面与楼面工程	板块楼地面面层	81	71	87.7
	建筑电器安装工程	配电箱(盘、板)安装	16	10	62.5
		电器开关、插座安装	64	41	64.1
	场区路面	平整度	40	39	97.5
		取芯厚度	5	5	100.0

京港澳高速公路安阳服务区改扩建工程(西区)房建工程检测结果汇总表(表3)

单位工程	分部工程类别	检测项目	检测点数	合格点数	合格率(%)
安阳服务区改扩建工程(西区)	门窗工程	木门窗安装	149	93	62.4
		塑钢门窗安装	62	46	74.2
	装饰工程	墙面抹灰工程	174	153	87.9
	建筑采暖卫生与煤气工程	室内水暖管道及管件	22	14	63.6
		卫生器具及附件	37	23	62.2
	地面与楼面工程	板块楼地面面层	109	86	78.9
	建筑电器安装工程	配电箱(盘、板)安装	14	10	71.4
		电器开关、插座安装	51	35	68.6
	场区路面	平整度	40	38	95.0
		取芯厚度	5	5	100.0

京港澳高速公路安阳服务区改扩建工程路面混凝土取芯记录表(表4)

地点	芯样长度(cm)	设计厚度(cm)	抗压强度(MPa)	设计强度(MPa)
京港澳高速公路安阳服务区改扩建工程(东区)	28.3	28.0	41.8	C40
	30.3	28.0	43.8	C40
	31.3	28.0	42.4	C40
	33.3	28.0	43.3	C40
	33.0	28.0	42.5	C40
京港澳高速公路安阳服务区改扩建工程(西区)	35.0	28.0	43.7	C40
	28.8	28.0	42.3	C40
	33.1	28.0	42.7	C40
	29.5	28.0	44.4	C40
	28.9	28.0	42.5	C40

京港澳高速公路安阳服务区改扩建工程绿化工程检测结果汇总表(表5)

分部工程类别	检测项目			设计值/设计数量	实测点数/实测数量	合格点数	合格率(%)
京港澳高速公路安阳服务区	苗木规格	五角枫	胸径	≥8cm	4	4	100.0
		大叶女贞		≥8cm	45	43	95.6
		楸树		≥10cm	34	34	100.0
		法桐		≥10cm	60	60	100.0
		白玉兰		≥8cm	33	29	87.9
		国槐		≥20cm	6	6	100.0
		银杏		≥15cm	14	14	100.0
		南天竹	株高	≥50cm	108	106	98.1
		雪松		≥5.5m	5	5	100.0
		油松		≥3m	9	9	100.0
		西湖海棠	地径	≥4cm	17	17	100.0
		樱花		≥8cm	11	11	100.0
				≥5cm	31	31	100.0
				≥6cm	39	39	100.0
		紫叶矮樱		≥4cm	39	39	100.0
		美人梅		≥4cm	21	21	100.0
		紫薇		≥5cm	15	12	80.0
		山楂		≥5cm	48	48	100.0
		木槿		≥4cm	15	11	73.3
		石榴		≥4cm	12	12	100.0
			冠径	≥1.5m	12	11	91.7
		小叶女贞球		≥1.3m	15	13	86.7
		石楠球		≥1.2m	64	64	100.0
	苗木数量	五角枫		4	4	4	100.0
		大叶女贞		66	66	66	100.0
		楸树		34	33	32	97.1
		法桐		72	72	72	100.0
		白玉兰		51	45	39	88.2
		国槐		6	5	4	83.3
		银杏		14	14	14	100.0
		南天竹		108	108	108	100.0
		雪松		5	5	5	100.0
		油松		9	9	9	100.0
		石榴		12	12	12	100.0
		西湖海棠		17	17	17	100.0
		樱花		82	81	80	98.8
		紫叶矮樱		39	39	39	100.0
		美人梅		21	21	21	100.0
		紫薇		15	15	15	100.0
		山楂		330	290	250	87.9
		木槿		15	15	15	100.0
		小叶女贞球		15	15	15	100.0
		石楠球		84	84	84	100.0
	苗木成活率(%)			≥95%	950	901	94.8
	土层厚度			≥50cm	10	9	90.0

京港澳高速公路安阳服务区改扩建工程交通安全设施工程检查结果汇总表(表6)

单位工程	分部工程	检测项目	AXBZ-1			AXBX-3			合计		
			抽检点数	合格点数	合格率(%)	抽检点数	合格点数	合格率(%)	抽检点数	合格点数	合格率(%)
交通安全设施	标志	立柱竖直度	20	13	65.0				20	13	65.0
		标志板厚度	30	25	83.3				30	25	83.3
		标志面反光膜等级及逆射光系数	64	64	100.0				64	64	100.0
	标线	反光标线逆反射系数				35	22	62.9	35	22	62.9
		标线厚度				35	33	94.3	35	33	94.3

四、主要存在问题

(一)水电部分

1.配电箱安装

配电箱内开关回路标示不全、不清晰,个别配电箱面板安装不牢固,建议整改。

2.开关插座安装

厨房、餐厅、卫生间等潮湿场所插座防潮盖不全,安阳服务区(西区)大厅吊灯高低不平,有倾斜现象,建议整改。

(二)室内部分

1.安阳服务区(东区)1 楼大厅有一道缝宽<3mm 的裂缝;超市窗户部分密封胶损坏脱落,建议修整。

2.安阳服务区(西区)1 楼大厅地面空鼓五处,地板破损七块;2 楼北第一间门框开裂,合页螺钉不平整,建议修整。

(三)绿化工程

1.安阳服务区(东区)

东区约有 400m^2未种植草坪,雪松有两株长势不好,上半部死亡,综合楼前树穴内个别苗木长势不好,枯死较多,个别苗木有病虫害,栽植不竖直,杂物及铲除的杂草未清理。

2.安阳服务区(西区)

部分绿化工程因房建施工影响未完成,综合楼周边树穴内个别苗木长势不好,枯死较多,大部分草坪未种植,杂物及铲除的杂草未清理。个别苗木有病虫害,栽植不竖直。

五、检测意见

(一)室内部分

1.门窗工程

抽查了部分木门窗的安装,塑钢门窗的安装,认为木门窗及塑钢门窗的安装,基本满足规范设计要求。

2.装饰工程

抽查了部分墙面抹灰工程的平整度及外观,认为墙面抹灰工程的平整度控制较好,较满足规范要求,但个别墙面有裂缝,建议修整。

3.地面与楼面工程

抽查了部分板块楼地面层,房间空间尺寸及外观,认为板块楼地面层及房间空间尺寸较满足设计要求。

（二）室外部分

场区路面

抽查了局部场区路面平整度，取芯检查了路面厚度及混凝土强度，进行了外观检查，混凝土强度满足设计要求，芯样厚度满足路面设计。

（三）水电部分

1.建筑采暖卫生及煤气工程

抽查了部分室内水暖管道、管件及卫生器具、附件的安装，认为室内水暖管道、管件及卫生器具、附件的安装基本符合规范及设计要求。

2.建筑电器安装工程

抽查了部分配电箱、电器开关、插座的安装，认为配电箱、电器开关，插座安装基本符合规范要求。

（四）绿化工程

现场抽查苗木质量总体情况较好，该工程各种苗木种植数量与规格基本满足设计标准和规范要求。

（五）交通安全设施工程

抽查了部分标志的立柱竖直度、标志板厚度和标志面反光膜等级及逆射光系数，部分标线的逆反射系数、标线厚度等，认为标志、标线基本符合规范要求。

经检测认为，京港澳高速公路安阳服务区改扩建工程的门窗安装、装饰工程、水电工程、场区道路工程、绿化工程、交通安全设施工程抽查结果基本符合相关专业的质量验收要求和观感要求。建议对存在的质量问题在正式营业之前加以整改。

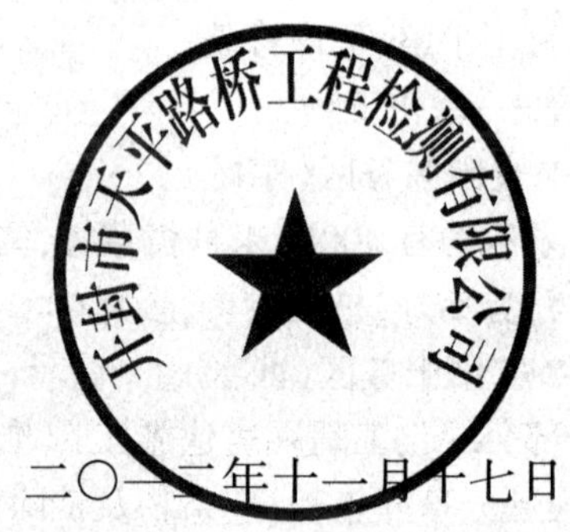

二〇一二年十一月十七日

京港澳高速公路鹤壁服务区改扩建工程交工验收报告

京港澳高速公路鹤壁服务区改扩建工程(以下简称鹤壁服务区改扩建)于2011年7月5日正式开工,2012年12月25日完工。项目建设单位河南高速公路发展有限责任公司安新改建工程项目部依据交通部《公路工程竣(交)工验收办法》的有关规定,组织对该项目进行了交工验收。

一、交工验收组织情况

2013年1月9日,河南省交通基本建设质量检测监督站组织并完成了对该项目的房建主体、装饰、场区路面、绿化、机电、标志标线等工程进行了交工验收质量外业检验和内业资料审查工作,认为本项目已经具备交工验收条件。

2013年4月10日,河南高速公路发展有限责任公司安新改建工程项目部(以下简称安新项目部)组织并主持了本项目工程的交工验收。交工验收委员会由工程建设、设计、监理、施工、质量监督等单位代表组成,并邀请了河南交通投资集团有限公司、河南高速公路发展有限责任公司等单位代表参加(详见交工验收委员会成员名单)。

交工验收委员会认真听取了建设单位工程项目执行报告、设计单位工程设计工作报告、监理单位工程监理工作报告、施工单位工程施工总结报告、省交通基本建设质量检测监督站出具的质量检测意见,通过实地察看和资料审查,形成了京港澳高速公路鹤壁服务区改扩建工程交工验收报告。

二、项目概况

(一)概述

京港澳高速公路鹤壁服务区改扩建工程位于河南省中北部,公路桩号K566+031,占地289.3亩,其中新增用地228.3亩;总建筑面积14643.1m^2,扩建综合楼建筑面积4012.54m^2,改造综合楼5277.44m^2。新建宿舍楼一座,含职工宿舍、餐厅等,建筑面积共3225m^2。新建货车服务中心两侧各一座,共598.08m^2,综合机房614m^2、维修车库648m^2、加油站268.04m^2,道路停车场、广场面积129220m^2;绿化面积52679.62m^2。

(二)项目建设依据

1.河南省发展和改革委员会《关于京港澳高速公路鹤壁服务区改扩建工程项目申请报告核准的批复》(豫发改基础〔2010〕1470号)

2.中华人民共和国国土资源部《关于京珠国道主干线安阳至新乡高速公路改扩建工程建设用地的批复》(国土资函〔2008〕166号)

3.河南省交通运输厅《关于京港澳高速公路鹤壁服务区改扩建工程施工图设计的批复》(豫交规划〔2011〕163号文)。

(三)项目的管理及各标段施工单位组成情况

本项目由1家设计单位设计,设1个监理总监办(含房建、装饰、绿化、机电、交安),1个房建工程施工标段,1个场区路面工程施工标段,1个综合楼装饰工程施工标段,1个绿化施工标段,1个机电施工标段,2个交安施工标段(详见表1)。

1.建设单位:河南高速公路发展有限责任公司安新改建工程项目部

2.设计单位:河南省交通规划勘察设计院有限责任公司

3.监理单位:北京华通公路桥梁监理咨询公司

4.质量监督单位:河南省交通基本建设质量检测监督站

5.施工单位:

表1

合 同 段	施 工 内 容	施 工 单 位
AXFWQ2	鹤壁服务区房建施工	河南水利建筑工程有限公司
AXFWQ4	鹤壁服务区场区施工	中原油田建设集团公司
AXFWQZS-2	鹤壁服务区综合楼装饰施工	河南华盛建设集团有限公司
AXLH-2	工程绿化施工	河南林峰园林绿化工程有限公司
AXBZ-1	场区标志施工	江苏博纳华交通科技有限公司
AXBX-3	场区标线施工	安徽恒通交通工程有限公司
AXJD-1	交通机电施工	河南中天高新智能科技开发有限责任公司

三、工程检验情况及工程质量评审意见

(一)工程检验情况

交工验收委员会下设巡视组、房建装饰组、场区路面绿化组、机电交安组、内业组,对全线外业、内业进行了检查,认真审查了施工承包人和监理单位的交工文件资料,形成了一致意见。

交工验收委员会认为,本项目严格执行了国家基本建设程序和有关法律法规,参与本项目的建设、设计、施工、监理和质量监督单位,认真履行了各自的工作职责。

1.建设单位认真执行了国家法律法规和交通基本建设程序,实行了项目法人责任制、工程招标投标制、工程监理制,程序完善、规范;加强了项目建设管理,明确了相关职责,分工明确,强化了工程建设的组织协调,使工程管理的各项指令和决策得到了有效的落实。

2.设计单位认真执行了工程技术标准,在设计阶段注重新技术运用和专业部门间的合作,工程设计科学合理。在项目实施过程中派驻设计代表,注重现场设计服务工作,引入动态设计理念,不断补充和完善设计,为方便施工、保证设计质量起到了较好的作用。

3.监理单位认真执行合同和监理规范,做到了事前、事中和事后控制,遵循“严格监理、优质服务、科学公正、廉洁自律”的监理原则,以质量控制为中心,制定切实可行的“监理实施细则”和“监理要点”,采用试验、检测、旁站、巡视、指令等监理手段,严把质量关,履行了监理职责。

4.施工单位能够按照设计图纸、施工技术规范精心组织施工,积极采用新工艺、新技术,建立健全了质量保证体系和工序间的检查制度,认真填写各项施工记录,履约情况较好。

(二)工程质量评审意见

1.该工程设计科学合理,满足功能要求。

2.房屋结构主体稳定,各分部工程质量满足规范要求。

3.施工内业资料中,材料检验、混合料配比、试验数据、施工记录、自检资料等基本齐全。

4.监理工程师能够按照《公路工程施工监理规范》的要求对工程实施全方位的监理,内业资料基本满足交工验收的要求。

5.施工单位及监理单位对工程质量评定客观,完整地反映了该项目工程质量的真实情况。

(三)交工验收意见

鹤壁服务区改扩建工程在施工单位对工程质量自检、监理工程师对工程质量评定的基础上,按照交通部颁发的《公路工程竣(交)工验收办法》计算得出该工程质量评分值为93.8分,整体工程质量合格。

四、存在的主要问题及建议

(一)主要问题

1.东西区超市玻璃幕与上部梁结合处缝隙未密封。

2.监控室设备线缆无标示,过墙线缆未做套管保护。

3.外场摄像机图像不清晰,图像未进行字符叠加。

4.配电房发电机组基础需完善。

5.个别资料签章不齐全。

(二)建议

1.对缺陷部位、尾工及时进行修复和完善。

2.统一整理竣工资料,为下阶段档案专项验收做好准备。

五、结论及意见

(一)鹤壁服务区改扩建工程经交工验收委员会进行现场外业察看、内业资料抽查,认为建设单位、设计单位、监理单位、施工单位在工程建设中能够遵守基本建设程序和相关标准规范,履行合同,相互配合,完成了建设任务,工程质量合格,同意通过交工验收。

(二)凡属缺陷责任期内出现的质量问题,由原施工单位负责处理,运营中非工程质量原因出现的问题由使用单位负责解决。各施工单位和管理使用部门要密切配合,做好鹤壁服务区改扩建工程的缺陷修复和管理工作。

(三)建议鹤壁服务区改扩建工程尽快完成工程决算、专项验收等工作,做好竣工验收准备。

附件:

1.京港澳高速公路鹤壁服务区改扩建工程交工验收报告

2.京港澳高速公路鹤壁服务区改扩建工程交工验收质量评价

3.京港澳高速公路鹤壁服务区改扩建工程验收分组意见

4.京港澳高速公路鹤壁服务区改扩建工程交工验收委员会名单

京港澳高速公路鹤壁服务区改扩建工程

交工验收委员会

二〇一三年四月十日

附件 1

京港澳高速公路鹤壁服务区改扩建工程交工验收报告

一	工程名称	京港澳高速公路鹤壁服务区改扩建工程
二	工程地点及主要控制点	鹤壁服务区
三	建设依据	1.河南省发展和改革委员会《关于京港澳高速公路鹤壁服务区改扩建工程项目申请报告核准的批复》(豫发改基础〔2010〕1470 号) 2.中华人民共和国国土资源部《关于京珠国道主干线安阳至新乡高速公路改扩建工程建设用地的批复》(国土资函〔2008〕166 号) 3.河南省交通运输厅《关于京港澳高速公路鹤壁服务区改扩建工程施工图设计的批复》(豫交规划〔2011〕163 号)
四	技术标准与指标	本工程设计合理使用年限为 50 年,建筑分类为公共建筑,工程等级为二级,抗震设防烈度为 8 度
五	建设规模及性质	京港澳高速公路鹤壁服务区改扩建工程位于河南省中北部,公路桩号 K566+031,占地 289.3 亩,其中新增用地 228.3 亩;总建筑面积 14643.1m^2,扩建综合楼建筑面积 4012.54m^2,改造综合楼 5277.44m^2。新建宿舍楼一座,含职工宿舍、餐厅等,建筑面积共 3225m^2。新建货车服务中心两侧各一座,共 598.08m^2,综合机房 614m^2、维修车库 648m^2、加油站 268.04m^2,道路停车场、广场面积 129220m^2;绿化面积 52679.62m^2
六	开工日期	2011 年 7 月 5 日
	完工日期	2012 年 12 月 25 日
七	批准概算	13804 万元
八	工程建设主要内容	鹤壁服务区改扩建工程包括所有房建单位工程、场区路面工程、场区机电绿化工程、场区标志标线等
九	实际征用土地数(亩)	占地 289.3 亩,其中新增用地 228.3 亩
十	建设项目工程质量认定结论	合格,通过交工验收
十一	存在问题及建议	(一)问题: 1.东西区超市玻璃幕与上部梁结合处缝隙未密封。 2.监控室设备线缆无标示,过墙线缆未做套管保护。 3.外场摄像机图像不清晰,图像未进行字符叠加。 4.配电房发电机组基础需完善。 5.个别资料签章不齐全。 (二)建议: 1.对缺陷部位、尾工及时进行修复和完善。 2.统一整理竣工资料,为下阶段档案专项验收做好准备

附件 2

京港澳高速公路鹤壁服务区改扩建工程
交工验收质量评价

根据交通运输部《公路工程竣(交)工验收办法》(交通部令 2004 年第 3 号)文件和《公路工程竣(交)工验收办法实施细则》(交公路发〔2010〕65 号)文件要求,项目部组织监理、施工单位对京港澳高速公路鹤壁服务区改扩建工程交工验收进行了质量评价。

经现场实测实量,并核查施工和监理资料,在施工单位对工程质量自检、监理工程师对工程质量评定的基础上,按照《公路工程质量检验评定标准》(JTG F80/1—2004)及《公路工程竣(交)工验收办法》计算出该项目工程质量评分为 93.8 分。

详见《京港澳高速公路鹤壁服务区改扩建工程交工验收监理对各合同段工程质量评分一览表》。

河南高速公路发展有限责任公司
安新改建工程项目部
二〇一二年十二月二十五日

京港澳高速公路鹤壁服务区改扩建工程交工验收

监理对各合同段工程质量评分一览表

项目名称:鹤壁服务区改扩建工程

合 同 段	实 得 分	投 资 额	备 注
AXFWQ2	92.8	30968028	
AXFWQ4	94.6	49693117	
AXFWQZS-2	94.2	10985397	
AXLH-2	92.8	4253974	
AXBZ-1	93.3	8253364	
AXBX-3	93.6	4707312	
AXJD-1	94.1	28558865	
加权得分	93.8		

附件 3　京港澳高速公路鹤壁服务区改扩建工程验收分组意见

京港澳高速公路鹤壁服务区改扩建工程交工验收外业组

（房建装饰工程）

项目名称:鹤壁服务区改扩建工程

<table>
<tr><td>房建装饰组</td><td>一、现场查看情况:
1.房建工程设计合理,施工规范。
2.房屋外墙无裂缝,主体结构稳定,屋面防水无渗漏。
3.门窗安装牢固,玻璃窗纱完好。
4.室内地面平整,面砖色泽均匀,墙体齿脚整齐,防滑条顺直,墙体平整度控制较好。
5.卫生器具洁净、安装牢固,使用功能良好;室内外排水系统畅通,地面无积水。
6.室内灯具等电器控制开关工作正常。
7.服务区加油站、住宿、餐饮设施齐全,功能良好。
二、存在问题:
1.西区公共卫生间水龙头部分安装不牢固。
2.西区客房照明灯有不亮现象。
3.西区二层走廊石膏板吊顶有裂缝。
4.东区新建部分外墙有一处外墙砖损坏。
5.东西区超市玻璃幕与上部梁结合处缝隙有较大未密封。
三、建议:
尽快对上述问题进行整改</td></tr>
<tr><td>签名</td><td>组长:

成员:

日期:　　年　月　日</td></tr>
</table>

京港澳高速公路鹤壁服务区改扩建工程交工验收外业组

（场区路面、绿化工程）

项目名称：鹤壁服务区改扩建工程

<table>
<tr><td>场区路面
绿化组</td><td>一、场区路面绿化组察看评定：
1.平整度良好，行车舒适，无明显颠簸及接缝跳车现象。路面密实，沥青混合料无明显离析现象，无裂纹、脱皮、石子外露、泛油、碾压痕迹等现象。
2.路面与路缘石及其他构造物顺接自然，无积水或阻水现象，路缘石表面平整。
3.雨水出水口与排水沟连接顺适，流水畅通。
4.绿化带区域内绿化植物生长良好，修剪整齐。
5.施工场地清洁，无杂物堆积。
二、问题：
1.部分绿化工程未完成，绿地上石头较多，需清理。
2.路缘石部分不顺直，且未勾缝。
三、建议：
1.未完工程尽快完成。
2.路缘石进行调校，勾缝</td></tr>
<tr><td>签名</td><td>组长：[signature]

成员：[signatures]

日期：　　年　月　日</td></tr>
</table>

京港澳高速公路鹤壁服务区改扩建工程交工验收外业组

（机电交安工程）

项目名称：鹤壁服务区改扩建工程

<table>
<tr><td>机电交安组</td><td>一、现场察看基本情况：
1.标志、标线外观完整，无明显脱落损坏现象。
2.金属构件镀锌面无划痕、擦伤等损伤。
3.标志板面无划痕、较大气泡和颜色不均匀等现象。
4.监控设施安装位置合理，能实现对服务区重点区域监控。
5.机房供配电设施运行正常。
二、问题：
1.监控室设备线缆无标示，过墙线缆未做套管保护。
2.机柜内光端机等设备堆积摆放，不利于散热。
3.外场摄像机图像不清晰，图像未进行字符叠加，不符合河南省服务区视频联网要求。
4.配电房发电机组未做基础。
三、建议：
1.对缆线进行规范整理，做好标示。
2.对机柜内设备进行分层摆放，避免堆积。
3.对图像进行字符叠加</td></tr>
<tr><td>签名</td><td>组长：陈丽梅

成员：王 超

日期：　　年　月　日</td></tr>
</table>

京港澳高速公路鹤壁服务区改扩建工程交工验收内业组

（内业资料）

项目名称：鹤壁服务区改扩建工程

<table>
<tr><td>内业资料组</td><td>一、现场查看基本情况：
1.工程项目批文、工程招投标、工程交接表，交工图表、初步设计、施工图设计、设计变更、设计和施工中大问题来往文件和会议纪要基本齐全。
2.施工文件中施工原始记录、试验检测报告、质量评定等基本齐全。
3.部分标段的档案整理及归档工作已接近完成。
二、存在问题：
个别资料存在签章不齐全、涂改现象。
三、建议：
1.整改存在问题的资料。
2.依照档案专项验收标准进一步规范资料整理，为专项验收做好准备。</td></tr>
<tr><td>签名</td><td>组长：
成员：
日期：　年　月　日</td></tr>
</table>

附件 4

京港澳高速公路鹤壁服务区改扩建工程交工验收委员会名单

姓 名	单 位	职务	委员会	签 名
胡仁东	河南交通投资集团有限公司	副总工程师/教高	副主任	
刘前进	河南高速公路发展有限责任公司	副总经理/教高	副主任	
李小重	河南高速公路发展有限责任公司	总经理助理/教高	主 任	
李宏志	河南高速公路发展有限责任公司	总经理助理/教高	副主任	
闫秀萍	河南省交通基本建设质量检测监督站检测处	处长	委员	
齐 明	河南交通投资集团有限公司	高级工程师	委员	
陈 彬	河南高速公路发展有限责任公司服务区改扩建项目部	处长/高级工程师	委员	
许 燕	河南高发服务区管理有限公司	工会主席	委员	
何红霞	河南高速公路发展有限责任公司养护管理部	副部长/教高	委员	
孙建波	河南高速公路发展有限责任公司工程技术部	副部长/教高	委员	
陈玉梅	河南高速公路发展有限责任公司工程技术部	高级工程师	委员	
王 超	河南高速公路发展有限责任公司多种经营部	高级工程师	委员	
商东旭	河南高速公路发展有限责任公司工程技术部	工程师	委员	

京港澳高速公路鹤壁服务区改扩建工程交工验收检测报告

一、工程概况

1.项目简介

京港澳高速公路鹤壁服务区改扩建工程位于河南省中北部,公路桩号为K566+031,占地289.3亩,其中新增用地228.3亩;总建筑面积14643.1m^2,扩建综合楼建筑面积4012.54m^2,改造综合楼5277.44m^2。新建宿舍楼一座,含职工宿舍、餐厅等,建筑面积共3225m^2;新建货车服务中心两侧各一座,共598.08m^2,道路停车场、广场面积129220m^2;绿化面积52679.62m^2。

2.参建单位

建设单位:河南高速公路发展有限责任公司安新改建工程项目部

设计单位:河南省交通规划勘察设计院有限责任公司

监理单位:北京华通公路桥梁监理咨询有限公司

施工单位:见下表

施工单位一览表

合同段	工程内容	施工单位
AXFWQ2	鹤壁服务区房建施工	河南水利建筑工程有限公司
AXFWQ4	鹤壁服务区场区施工	中原油田建设集团公司
AXFWQZS-2	鹤壁服务区综合楼装饰施工	河南华盛建设集团有限公司
AXLH-2	工程绿化施工	河南林峰园林绿化工程有限公司
AXBZ-1	场区标志施工	江苏博纳华交通科技有限公司
AXBX-3	场区标线施工	安徽恒通交通工程有限公司

二、检测依据及分组情况

根据河南高速公路发展有限责任公司安新改建工程项目部的申请,依据交通部《公路工程竣(交)工验收办法》,按照《公路工程质量检验评定标准》及《建筑工程质量检验评定标准》和能够检测的项目要求,河南省交通基本建设质量检测监督站委托开封市天平路桥工程检测有限公司组成房建室内组、房建室外场区组、房建水电组、绿化组、交通安全设施五个检测组,于2013年1月9日对京港澳高速公路鹤壁服务区改扩建工程进行交工检测。

本次房建工程检测频率及方法按照《建筑工程质量检验评定标准》的规定进行。

检测组分别配备了相应的检测仪器设备。检测仪器设备一览表如下。

检测设备一览表

<table>
<tr><th>序号</th><th>检测项目</th><th>检测仪器、设备名称</th><th>规格型号</th><th>单位</th><th>数量</th><th>产地</th></tr>
<tr><td rowspan="2">1</td><td rowspan="6">结构尺寸</td><td>钢卷尺</td><td>3m、5m、30m</td><td>把</td><td>若干</td><td></td></tr>
<tr><td>钢板尺</td><td>30cm、50cm</td><td>把</td><td>若干</td><td></td></tr>
<tr><td>2</td><td>垂直检测尺</td><td>—</td><td>把</td><td>若干</td><td>北京</td></tr>
<tr><td>3</td><td>对角检测尺</td><td>—</td><td>把</td><td>若干</td><td>北京</td></tr>
<tr><td>4</td><td>内外直角检测尺</td><td>—</td><td>把</td><td>若干</td><td>北京</td></tr>
<tr><td>5</td><td>胸径尺</td><td>—</td><td>把</td><td>若干</td><td>北京</td></tr>
<tr><td>6</td><td>路面平整度</td><td>3m 直尺、塞尺</td><td>—</td><td>把</td><td>1</td><td>北京</td></tr>
<tr><td>7</td><td>大面平整度</td><td>2m 靠尺、塞尺</td><td>—</td><td>把</td><td>3</td><td>北京</td></tr>
<tr><td>8</td><td>净宽、净空</td><td>红外线测距仪</td><td>DISTO</td><td>台</td><td>3</td><td>德国</td></tr>
<tr><td>9</td><td rowspan="3">路面厚度、强度</td><td>取芯机</td><td>OMA-HZ-15</td><td>台</td><td>2</td><td>台湾</td></tr>
<tr><td>10</td><td>自动、双刀岩石、芯样、两用机</td><td>HQP-200</td><td>台</td><td>1</td><td>台州</td></tr>
<tr><td>11</td><td>电液式压力试验机</td><td>YA-2000C</td><td>台</td><td>1</td><td>上海</td></tr>
<tr><td>12</td><td rowspan="4">交通安全设施厚度</td><td>数字式覆层测厚仪</td><td>TT260</td><td>台</td><td>1</td><td>北京</td></tr>
<tr><td>13</td><td>数字式覆层测厚仪</td><td>TT220</td><td>台</td><td>1</td><td>北京</td></tr>
<tr><td>14</td><td>螺旋测微计</td><td>—</td><td>个</td><td>2</td><td>杭州</td></tr>
<tr><td>15</td><td>游标卡尺</td><td>—</td><td>个</td><td>2</td><td>上海</td></tr>
<tr><td>16</td><td>交通安全设施标志</td><td>反光标志逆反射系数测定仪</td><td>STT-101</td><td>台</td><td>1</td><td>北京</td></tr>
<tr><td>17</td><td>交通安全设施标线</td><td>逆反射标线测定仪</td><td>FB-94</td><td>台</td><td>1</td><td>北京</td></tr>
</table>

三、检测结果

京港澳高速公路鹤壁服务区改扩建工程检测结果总汇总表 （表 1）

<table>
<tr><th rowspan="2">单位工程</th><th rowspan="2">分部工程</th><th rowspan="2">检测项目</th><th colspan="3">检测项目合计</th><th colspan="3">单位工程合计</th></tr>
<tr><th>检测点数</th><th>合格点数</th><th>合格率(%)</th><th>检测点数</th><th>合格点数</th><th>合格率(%)</th></tr>
<tr><td rowspan="14">房建工程</td><td rowspan="3">门窗工程</td><td>木门窗安装</td><td>269</td><td>158</td><td>58.7</td><td rowspan="14">1744</td><td rowspan="14">1327</td><td rowspan="14">76.1</td></tr>
<tr><td>塑钢门窗安装</td><td>78</td><td>66</td><td>84.6</td></tr>
<tr><td>栏杆、扶手</td><td>58</td><td>38</td><td>65.5</td></tr>
<tr><td>装饰工程</td><td>墙面抹灰工程</td><td>308</td><td>285</td><td>92.5</td></tr>
<tr><td rowspan="2">建筑采暖卫生与煤气工程</td><td>室内水暖管道及管件</td><td>50</td><td>31</td><td>62.0</td></tr>
<tr><td>卫生器具及附件</td><td>90</td><td>63</td><td>70.0</td></tr>
<tr><td rowspan="2">地面与楼面工程</td><td>板块楼地面面层</td><td>333</td><td>281</td><td>84.4</td></tr>
<tr><td>楼梯踏步(台阶)</td><td>138</td><td>98</td><td>71.0</td></tr>
<tr><td>屋面工程</td><td>室外大角工程</td><td>166</td><td>148</td><td>89.2</td></tr>
<tr><td rowspan="2">建筑电器安装工程</td><td>配电箱(盘、板)安装</td><td>40</td><td>22</td><td>55.0</td></tr>
<tr><td>电器开关、插座安装</td><td>168</td><td>93</td><td>55.4</td></tr>
<tr><td rowspan="2">场区路面</td><td>平整度</td><td>40</td><td>38</td><td>95.0</td></tr>
<tr><td>取芯厚度</td><td>6</td><td>6</td><td>100</td></tr>
<tr></tr>
<tr><td rowspan="3">绿化工程</td><td colspan="2">苗木规格</td><td>832</td><td>779</td><td>93.6</td><td rowspan="3">2110</td><td rowspan="3">2021</td><td rowspan="3">95.8</td></tr>
<tr><td colspan="2">苗木成活率</td><td>1270</td><td>1234</td><td>97.2</td></tr>
<tr><td colspan="2">土层厚度</td><td>8</td><td>8</td><td>100</td></tr>
</table>

续上表

单位工程	分部工程	检测项目	检测项目合计			单位工程合计		
			检测点数	合格点数	合格率（%）	检测点数	合格点数	合格率（%）
交通安全设施	标志	立柱竖直度	20	7	35.0	286	156	54.5
		标志板厚度	22	13	59.1			
		标志面反光膜等级及逆射光系数	44	44	100			
	标线	反光标线逆反射系数	100	0	0			
		标线厚度	100	92	92.0			
合计						4140	3504	84.6

京港澳高速公路鹤壁服务区改扩建工程（东区）房建工程检测结果汇总表　　（表2）

单位工程	分部工程类别	检测项目	检测点数	合格点数	合格率（%）
鹤壁服务区改扩建工程（东区）	门窗工程	木门窗安装	120	72	60.0
		塑钢门窗安装	39	36	92.3
		栏杆、扶手	22	16	72.7
	装饰工程	墙面抹灰工程	131	126	96.2
	建筑采暖卫生与煤气工程	室内水暖管道及管件	26	15	57.7
		卫生器具及附件	43	29	67.4
	地面与楼面工程	板块楼地面面层	160	136	85.0
		楼梯踏步（台阶）	54	39	72.2
	屋面工程	室外大角工程	78	68	87.2
	建筑电器安装工程	配电箱（盘、板）安装	22	12	54.5
		电器开关、插座安装	97	56	57.7
	场区路面	平整度	20	19	95.0
		取芯厚度	3	3	100

京港澳高速公路鹤壁服务区改扩建工程（西区）房建工程检测结果汇总表　　（表3）

单位工程	分部工程类别	检测项目	检测点数	合格点数	合格率（%）
鹤壁服务区改扩建工程（西区）	门窗工程	木门窗安装	149	86	57.7
		塑钢门窗安装	39	30	76.9
		栏杆、扶手	36	22	61.1
	装饰工程	墙面抹灰工程	177	159	89.8
	建筑采暖卫生与煤气工程	室内水暖管道及管件	24	16	66.7
		卫生器具及附件	47	34	72.3
	地面与楼面工程	板块楼地面面层	173	145	83.8
		楼梯踏步（台阶）	84	59	70.2
	屋面工程	室外大角工程	88	80	90.9
	建筑电器安装工程	配电箱（盘、板）安装	18	10	55.6
		电器开关、插座安装	71	37	52.1
	场区路面	平整度	20	19	95.0
		取芯厚度	3	3	100

京港澳高速公路鹤壁服务区改扩建工程路面混凝土取芯记录表　　（表4）

地　点	芯样长度（cm）	设计厚度（cm）	抗压强度（MPa）	设计强度（MPa）
京港澳高速公路鹤壁服务区改扩建工程（东区）	30.9	28.0	42.5	C40
	28.1	28.0	41.9	C40
	28.5	28.0	42.8	C40
京港澳高速公路鹤壁服务区改扩建工程（西区）	29.7	28.0	41.3	C40
	31.0	28.0	44.7	C40
	29.0	28.0	42.9	C40

京港澳高速公路鹤壁服务区改扩建工程绿化工程检测结果汇总表 （表 5）

<table>
<tr><th>分部工程类别</th><th colspan="3">检测项目</th><th>设计值/设计数量</th><th>实测点数/实测数量</th><th>合格点数</th><th>合格率(%)</th></tr>
<tr><td rowspan="54">京港澳高速公路鹤壁服务区</td><td rowspan="28">苗木规格</td><td>五角枫</td><td rowspan="12">胸径</td><td>≥8cm</td><td>10</td><td>8</td><td>80.0</td></tr>
<tr><td>大叶女贞</td><td>≥8cm</td><td>38</td><td>36</td><td>94.7</td></tr>
<tr><td>大叶女贞 A</td><td>≥15cm</td><td>7</td><td>7</td><td>100</td></tr>
<tr><td>乌柏</td><td>≥12cm</td><td>19</td><td>18</td><td>94.7</td></tr>
<tr><td>楸树</td><td>≥10cm</td><td>36</td><td>24</td><td>66.7</td></tr>
<tr><td>元宝枫</td><td>≥12cm</td><td>20</td><td>16</td><td>80.0</td></tr>
<tr><td>七叶树</td><td>≥6cm</td><td>30</td><td>30</td><td>100.0</td></tr>
<tr><td>白蜡</td><td>≥8cm</td><td>17</td><td>14</td><td>82.4</td></tr>
<tr><td>法桐</td><td>≥10cm</td><td>57</td><td>56</td><td>98.2</td></tr>
<tr><td>白玉兰</td><td>≥8cm</td><td>30</td><td>25</td><td>83.3</td></tr>
<tr><td>黄山栾</td><td>≥10cm</td><td>68</td><td>65</td><td>95.6</td></tr>
<tr><td>银杏</td><td>≥15cm</td><td>12</td><td>12</td><td>100</td></tr>
<tr><td>红叶石楠</td><td rowspan="4">株高</td><td>≥50cm</td><td>12</td><td>12</td><td>100</td></tr>
<tr><td>雪松</td><td>≥5.5m</td><td>15</td><td>8</td><td>53.3</td></tr>
<tr><td>白皮松</td><td>≥2.5m</td><td>9</td><td>9</td><td>100</td></tr>
<tr><td>油松</td><td>≥3m</td><td>9</td><td>9</td><td>100</td></tr>
<tr><td>核桃</td><td rowspan="7">地径</td><td>≥8cm</td><td>48</td><td>41</td><td>85.4</td></tr>
<tr><td>造型红叶李</td><td>≥20cm</td><td>3</td><td>1</td><td>33.3</td></tr>
<tr><td>樱花</td><td>≥6cm</td><td>61</td><td>58</td><td>95.1</td></tr>
<tr><td>红叶碧桃</td><td>≥4cm</td><td>76</td><td>76</td><td>100</td></tr>
<tr><td>绿叶碧桃</td><td>≥4cm</td><td>36</td><td>36</td><td>100</td></tr>
<tr><td>杏树</td><td>≥5cm</td><td>48</td><td>48</td><td>100</td></tr>
<tr><td>石楠树</td><td>≥5cm</td><td>9</td><td>9</td><td>100</td></tr>
<tr><td>独杆木槿</td><td>杆高</td><td>≥80cm</td><td>48</td><td>48</td><td>100</td></tr>
<tr><td>沙地柏</td><td>蔓长</td><td>≥50cm</td><td>66</td><td>66</td><td>100</td></tr>
<tr><td>榆叶柏</td><td rowspan="2">冠径</td><td>≥1.0m</td><td>36</td><td>36</td><td>100</td></tr>
<tr><td>石楠球</td><td>≥1.2m</td><td>12</td><td>11</td><td>91.7</td></tr>
<tr><td colspan="2">五角枫</td><td>12</td><td>10</td><td>8</td><td>83.3</td></tr>
<tr><td rowspan="24">苗木数量</td><td colspan="2">大叶女贞</td><td>140</td><td>140</td><td>140</td><td>100</td></tr>
<tr><td colspan="2">元宝枫</td><td>26</td><td>26</td><td>26</td><td>100</td></tr>
<tr><td colspan="2">乌柏</td><td>28</td><td>28</td><td>28</td><td>100</td></tr>
<tr><td colspan="2">七叶树</td><td>36</td><td>30</td><td>24</td><td>83.3</td></tr>
<tr><td colspan="2">楸树</td><td>44</td><td>44</td><td>44</td><td>100</td></tr>
<tr><td colspan="2">白蜡</td><td>17</td><td>17</td><td>17</td><td>100</td></tr>
<tr><td colspan="2">法桐</td><td>57</td><td>57</td><td>57</td><td>100</td></tr>
<tr><td colspan="2">白玉兰</td><td>30</td><td>30</td><td>30</td><td>100</td></tr>
<tr><td colspan="2">黄山栾</td><td>177</td><td>164</td><td>151</td><td>92.7</td></tr>
<tr><td colspan="2">银杏</td><td>12</td><td>12</td><td>12</td><td>100</td></tr>
<tr><td colspan="2">雪松</td><td>18</td><td>13</td><td>8</td><td>72.2</td></tr>
<tr><td colspan="2">白皮松</td><td>11</td><td>11</td><td>11</td><td>100</td></tr>
<tr><td colspan="2">油松</td><td>9</td><td>9</td><td>9</td><td>100</td></tr>
<tr><td colspan="2">核桃</td><td>65</td><td>65</td><td>65</td><td>100</td></tr>
<tr><td colspan="2">造型红叶李</td><td>3</td><td>3</td><td>3</td><td>100</td></tr>
<tr><td colspan="2">樱花</td><td>61</td><td>61</td><td>61</td><td>100</td></tr>
<tr><td colspan="2">红叶碧桃</td><td>229</td><td>129</td><td>129</td><td>56.3</td></tr>
<tr><td colspan="2">绿叶碧桃</td><td>61</td><td>61</td><td>61</td><td>100</td></tr>
<tr><td colspan="2">杏树</td><td>230</td><td>220</td><td>210</td><td>95.7</td></tr>
<tr><td colspan="2">石楠树</td><td>9</td><td>9</td><td>9</td><td>100</td></tr>
<tr><td colspan="2">独杆木槿</td><td>65</td><td>65</td><td>65</td><td>100</td></tr>
<tr><td colspan="2">榆叶柏</td><td>54</td><td>54</td><td>54</td><td>100</td></tr>
<tr><td colspan="2">石楠球</td><td>12</td><td>12</td><td>12</td><td>100</td></tr>
<tr><td colspan="3">苗木成活率(%)</td><td>≥95%</td><td>1270</td><td>1234</td><td>97.2</td></tr>
<tr><td colspan="3">土层厚度</td><td>≥50cm</td><td>8</td><td>8</td><td>100</td></tr>
</table>

京港澳高速公路鹤壁服务区改扩建工程交通安全设施工程检查结果汇总表　（表6）

单位工程	分部工程	检测项目	AXBZ-1			AXBX-3			合计		
			抽检点数	合格点数	合格率(%)	抽检点数	合格点数	合格率(%)	抽检点数	合格点数	合格率(%)
交通安全设施	标志	立柱竖直度	20	7	35.0				20	7	35.0
		标志板厚度	22	13	59.1				22	13	59.1
		标志面反光膜等级及逆射光系数	44	44	100				44	44	100
	标线	反光标线逆反射系数				100	0	0	100	0	0
		标线厚度				100	92	92.0	100	92	92.0

四、主要存在问题

（一）水电部分

1.配电箱安装

东西区配电箱内开关回路无标示，个别配电箱内有接头，有裸露线头（如东区 APK-1 配电箱）；东区宿舍楼配电柜内地线未深埋入地；西区接头未用绝缘胶布包裹；建议整改。

2.开关插座安装

东区厨房、卫生间等潮湿场所插座防潮盖不全；西区卫生间等潮湿场所插座未安装防潮盖；建议尽快安装。

3.建筑采暖卫生及煤气工程

东区宿舍楼个别房间地漏缺失（如 212、215 房间）；东区宿舍楼一楼一下水管检查口方向错误；建议整改。

（二）室内部分

1.鹤壁服务区（东区）1 楼大厅地面空鼓一处 60cm×60cm；1 楼大厅窗户把手损坏 3 个；小卖部窗户把手多个损坏；建议修整。

2.鹤壁服务区（西区）1 楼大厅地面空鼓一处；2 楼地板砖局部空鼓两处；建议修整。

（三）室外部分

1.鹤壁服务区（东区）综合机房墙面有一道竖向裂缝，散水伸缩缝未做；建议尽快修整。

2.场区路面局部杂物未清理；个别装饰碎石路面有裂缝；部分路缘石砂浆填缝脱落，建议修整。

（四）绿化工程

1.鹤壁服务区（东区）

本区绿化工程完成约 50%，部分苗木未种植，建筑生活垃圾未清理。

2.鹤壁服务区（西区）

棕榈树未栽植，个别苗木有病虫害，栽植不竖直，个别区域因房建施工影响绿化工程未完成。

（五）交安工程

1.个别标志牌版面有破损、气泡（如西区 8 号牌），建议修整。

2.个别标线表面缺损、污染（如东区 8 号路 2 区），建议修整。

五、检测意见

（一）室内部分

1.门窗工程

抽查了部分木门窗的安装，塑钢门窗的安装，栏杆、扶手的尺寸及外观，认为木门窗及塑钢门窗的安装，栏杆、扶手的尺寸，基本满足规范设计要求。

2.装饰工程

抽查了部分墙面抹灰工程的平整度及外观，认为墙面抹灰工程的平整度控制较好，较满足规范要求。

3.地面与楼面工程

抽查了部分板块楼地面层，楼梯踏步及外观，认为板块楼地面层及楼梯踏步尺寸较满足设计要求。

（二）室外部分

1.屋面工程

抽查了部分室外大角工程的断面尺寸及外观，认为室外大角工程的尺寸较满足设计，个别散水伸缩缝未做，建议修整。

2.场区路面

抽查了局部场区路面平整度，取芯检查了路面厚度及混凝土强度，进行了外观检查，混凝土强度满足设计要求，芯样厚度满足路面设计。

（三）水电部分

1.建筑采暖卫生及煤气工程

抽查了部分室内水暖管道、管件及卫生器具、附件的安装，认为室内水暖管道、管件及卫生器具、附件的安装基本符合规范及设计要求。

2.建筑电器安装工程

抽查了部分配电箱、电器开关、插座的安装，认为配电箱、电器开关，插座安装部分符合规范要求，建议整改。

（四）绿化工程

现场抽查苗木质量总体情况较好，该工程各种苗木种植数量与规格基本满足设计标准和规范要求。

（五）交通安全设施工程

抽查了部分标志的立柱竖直度、标志板厚度和标志面反光膜等级及逆射光系数，部分标线的逆反射系数、标线厚度等，认为标志、标线厚度基本符合规范要求，反光标线逆反射系数合格率低，建议整改。

经检测认为，京港澳高速公路鹤壁服务区改扩建工程的门窗安装、装饰工程、水电工程、场区道路工程、绿化工程、交通安全设施工程抽查结果基本符合相关专业的质量验收要求和观感要求。建议对存在的质量问题在正式营业之前加以整改。

二〇一三年一月九日

关于对京珠国道主干线安阳至新乡高速公路改扩建绿化工程质量检测的意见

河南高速公路发展有限责任公司安新改建工程项目部：

根据你公司提出的《京珠国道主干线安阳至新乡高速公路改扩建绿化工程质量检测申请》,河南省交通基本建设质量检测监督站委托开封市天平路桥工程检测有限公司于2013年5月17日对京珠国道主干线安阳至新乡高速公路改扩建绿化工程交工前的质量检测。按照交通运输部公路工程竣(交)工验收办法与实施细则的要求,提交了《京珠国道主干线安阳至新乡高速公路改扩建绿化工程质量检测报告》(见附件),通过对检测单位提交的检测报告数据分析、审查,认为各项结果符合设计和规范要求,同意交付使用。

二〇一三年十月十日

关于京珠国道主干线
安阳至新乡高速公路
改扩建工程机电项目质量检测的意见

河南高速公路发展有限责任公司安新改建工程项目部:

根据你公司提出的《京珠国道主干线安阳至新乡高速公路改扩建工程机电项目质量检测的申请》,河南省交通基本建设质量检测监督站委托中交国通公路工程技术有限公司于2013年3月26日至27日对京珠国道主干线安阳至新乡高速公路改扩建工程机电项目交工前的质量检测。按照交通运输部公路工程竣(交)工验收办法与实施细则的要求,提交了《京珠国道主干线安阳至新乡高速公路改扩建工程机电项目检测报告》(见附件),通过对中交国通公路工程技术有限公司提交的检测报告数据分析、审查,各项检测结果符合设计和规范要求,同意交付使用。

二〇一三年十月十日

关于对京珠国道主干线
安阳至新乡高速公路
改扩建工程安阳收费站质量检测意见

河南高速公路发展有限责任公司安新改建工程项目部：

根据你公司提出的《关于对京珠国道主干线安阳至新乡高速公路改扩建工程安阳收费站质量的检测申请》，河南省交通基本建设质量检测监督站委托开封市天平路桥工程检测有限公司于2013年6月8日对京珠国道主干线安阳至新乡高速公路改扩建工程安阳收费站进行了质量检测。按照交通运输部公路工程竣（交）工验收办法与实施细则的要求，检测单位提交了《京珠国道主干线安阳至新乡高速公路改扩建工程安阳收费站质量检测报告》（见附件），通过对检测单位提交的检测报告数据分析、审查，认为各项检测结果符合设计和规范要求，同意交付使用。

二〇一三年十月十日

关于对京港澳高速安阳服务区改扩建工程交工质量检测的意见

豫交质〔2012〕27号

河南省高速公路发展有限责任公司安新改建工程项目部：

根据河南省高速公路发展有限责任公司安新改建工程项目部关于《对京港澳高速安阳服务区改扩建工程交工质量检测》的申请，河南省交通基本建设质量检测监督站委托开封天平路桥工程检测有限公司对京港澳高速安阳服务区改扩建工程项目进行了交工前质量检测工作，按照《交通运输部公路工程竣（交）工验收办法与实施细则》、《公路工程质量检验评定标准》及《建筑工程质量检验评定标准》的要求，检测分室内组、室外场区组、水电组、绿化组、交通安全设施五个专业组，于2012年11月14日对京港澳高速公路安阳服务区改扩建工程进行交工质量检测。检测结果基本满足要求，可投入试运营。

附件：

《京港澳高速安阳服务区改扩建工程交工质量检测报告》（略）

二〇一二年十一月十九日

关于对京港澳高速公路鹤壁服务区改扩建工程交工验收检测意见

河南省高速公路发展有限责任公司安新改扩建项目部：

根据你项目部提出的《关于京港澳高速公路鹤壁服务区改扩建工程交工验收检测申请》，河南省交通基本建设质量检测监督站委托开封天平路桥工程检测有限公司于2013年1月9日对京港澳高速公路鹤壁服务区改扩建工程交工验收前的检测。按照交通运输部公路工程竣（交）工验收办法与实施细则的要求，检测公司向质监站提交了《京港澳高速公路鹤壁服务区改扩建工程交工验收检测报告》（见附件），质监站通过检测数据综合分析、审查，认为满足规范和设计要求，基本具备交工条件。

二〇一三年一月二十日

第三部分

■单 项 验 收■

关于印发京珠国道主干线安阳至新乡公路改扩建工程项目档案专项验收意见的函

档指函〔2013〕71 号

河南省交通运输厅：

根据你厅申请，交通运输部档案馆组织档案专项验收组，于 2013 年 12 月 18 日对京珠国道主干线安阳至新乡公路改扩建工程项目档案进行了专项验收。验收组认为，该项目各类不同载体文件材料较为齐全、完整和准确，档案整理规范，符合交通建设项目工程档案验收要求，同意通过专项验收。

经交通运输部档案馆审查，同意通过档案专项验收，现将验收意见印发给你们。

二〇一三年十二月二十三日

京珠国道主干线安阳至新乡公路改扩建工程项目档案专项验收意见

根据《河南省交通运输厅关于京珠国道主干线安阳至新乡高速公路改扩建工程档案专项验收的请示》(豫交文〔2013〕751 号),依据交通部《公路工程竣(交)工验收办法》和《交通建设项目档案专项验收办法》的有关规定,交通运输部档案馆会同河南省档案局、河南省交通运输厅高速公路管理局、河南省交通基本建设质量检测监督站等单位及有关专家共同组成档案专项验收组,于 2013 年 12 月 18 日对京珠国道主干线安阳至新乡公路改扩建工程项目档案进行了专项验收。验收组听取了建设单位及主要施工、监理单位关于项目档案编制情况的汇报,实地察看了档案保管文件,并按照国家档案局《国家重大建设项目文件归档要求与档案整理规范》(DA/T 28—2002)以及交通运输部有关公路工程竣工文件编制和项目档案整理规范要求,对项目文件材料收集、整理、归档的完整性、准确性和系统性情况进行了抽查,形成如下验收意见:

一、项目概况

该项目 2005 年由国家发展改革委以《关于京珠国道主干线安阳至新乡公路改扩建工程可行性研究报告的批复》(发改交运〔2005〕2072 号)批准可行性研究报告,2007 年交通部以《关于京珠国道主干线安阳至新乡公路改扩建工程初步设计的批复》(交公路发〔2007〕568 号)批准初步设计。路线起于安阳西灵芝(冀豫界),止于新乡关屯,全长 113.173 公里,工程总投资 43.73 亿元。主要建设内容包括路基土石方、沥青混凝土路面、桥梁、互通式立交及其他相关附属设施。该工程于 2008 年 4 月全线开工建设,2010 年 11 月建成通车投入试运营。

二、项目档案管理情况

该项目建设单位河南高速公路发展有限责任公司安新改建工程项目部重视项目档案部管理工作,将其纳入项目建设管理程序,纳入合同管理和监理工作内容;项目档案管理体系健全,形成了统一领导、分级负责的项目档案管理网络,各部门、各岗位及各参建单位竣工文件材料收集、整理及归档分工明确、责任落实;各单位均配备了适应项目档案工作需要的专兼职档案管理人员,并加强了对档案人员的业务培训;建立健全项目档案管理规章制度,明确竣工文件编制和项目档案整理规范要求,将档案管理纳入工程目标责任考核、评比、奖惩内容,并加强检查指导,促进了项目档案工作的有效开展。

该项目现已完成立项审批、审计、工程准备、施工等阶段文件材料的收集、整理和归档工作,形成纸质档案 19115 卷、照片档案 43 卷。经抽查,该项目各类不同载体文件材料收集较为齐全、完整,反映了项目立项审批、设计、施工等全过程;签字盖章手续较为完备;竣工图编制符合国家有关规定,图面清晰,变更部分修改到位、标识清楚,能够反映工程竣工时的实际情况;文件材料分类。组卷、编目较为规范,保持了文件的有机联系;档案保管条件良好,符合档案安全保管要求;应用档案管理专用系统软件,建立了项目档案条目级信息数据库,实现文件及目录计算机检索查询。项目档案为工程建设、运营等工作提供了有效依据,保证了上述工作的顺利开展。

验收组经综合评议,认为该项目档案符合交通建设项目档案专项验收要求,同意通过档案专项验收。

三、存在问题及建议

1.归档的齐全性方面:个别应归档的文件材料尚未整理归档,如交工验收证书。

2.文件材料质量方面:案卷内存在少量复印件。

3.整理立卷规范性方面:部分档案卷内目录文件标题填写不够规范;少量文件材料组卷、排列不够合理。

验收组希望各有关单位按照公路建设项目文件归档和档案整理规范要求,对上述问题进行检查整改,进一步完善部分案卷的系统化、规范化整理工作,继续做好尚未归档及竣工验收阶段文件材料的收集归档工作,提高档案信息化管理水平。

京珠国道主干线安阳至新乡公路改扩建
工程项目档案专项验收组
二〇一三年十二月十八日

京珠国道主干线安阳至新乡高速公路改扩建工程

档案专项验收组成员名单

日期:2013.12.18

序号	姓名	工作单位	职务/职称	签字
1	任秋良	交通运输部档案馆	副馆长	
2	吕　军	交通运输部档案馆	处长	
3	翟云远	河南省档案局	处长/副研究馆员	
4	朱焕新	河南省交通运输厅办公室	副主任	
5	王　丽	河南省交通运输厅	副总工/教授级高工	
6	李锦洋	河南省交通运输厅建管处	副处长/工程师	
7	安　静	河南省档案局	主任科员	
8	祁丽娜	河南省交通运输厅办公室	档案科长/研究馆员	
9	张建龙	河南省交通运输厅高管局	高级工程师	
10	贾渝新	河南省交通质量检测监督站	总工/教授级高工	
11	张　联	河北省交通运输厅办公室（特邀专家）	档案馆员	

关于京珠国道主干线安阳至新乡高速公路改扩建工程档案专项验收的请示

豫交文〔2013〕751号

交通运输部档案馆：

京珠国道主干线安阳至新乡高速公路改扩建工程是国家重点建设项目，是连接河南豫北地区和豫、晋、冀、鲁四省交界的重要交通枢纽。该项目北起京珠高速公路豫冀界收费站，途径安阳、鹤壁、新乡3个省辖市10个县市区，南接新乡至郑州高速公路全长113.173公里。

该项目由国家发改委于2005年10月9日"发改交运〔2005〕2072号文件"文对《关于京珠国道主干线安阳至新乡高速公路改扩建工程可行性研究报告》进行了批复，交通部于2007年10月23日（交公路发〔2007〕568号）文对《关于京珠国道主干线安阳至新乡公路改扩建工程初步设计》进行了批复。

京珠国道主干线安阳至新乡高速公路改扩建工程建设工期为36个月，总建设用地318.3273公顷，概算总投资为43.7325亿元。该工程于2008年4月全线正式开工建设，2010年11月建成通车。建设项目单位是河南交通投资集团所属河南高速公路发展有限责任公司安新改建工程项目部。

该项目在工程建设始终，项目部领导对档案工作高度重视，成立了专门档案管理机构，配备了专职档案人员，制定了相应的档案管理制度。项目档案的整理归档工作，严格按照交通部下发的《公路竣工文件材料立卷归档管理办法》、《公路工程质量检验评定标准》及《河南省公路工程竣工文件材料立卷归档整理细则》的各项要求，进行了科学分类、系统编目、合理组卷。竣工图能准确反映工程实际状况。基本保证了各类目文件材料的完整性、准确性和系统性。案卷质量基本符合国家和交通行业相关规定，共形成档案案卷19070卷。该项目档案应用了档案管理专用系统软件，建立了项目档案条目级信息数据库，实现了工程档案自动检索，档案库房各项设施配置齐全，"八防"措施落实到位。

根据国家档案局、交通运输部档案馆《重大建设项目档案验收办法》的规定，认为该项目工程档案已具备验收条件，特申请档案验收。

妥否，请批示。

二〇一三年十一月十八日

关于对京珠国道主干线安阳至新乡高速公路改扩建工程竣工档案专项验收的请示

豫交集团〔2013〕287号

河南省交通运输厅：

京珠国道主干线安阳至新乡高速公路改扩建工程国家重点建设项目，项目于2008年4月正式开工建设，2010年11月建成通车，全长113.173公里，概算总投资43.7325亿元。项目建设单位是集团所属河南高速公路发展有限责任公司安新改建工程项目部。

按照《公路工程质量检验评定标准》、《公路工程竣工文件材料立卷归档整理办法》、《河南省公路建设项目文件材料立卷归档整理规范》及项目建设过程中有关文件的要求，进行了竣工资料分类、整理、组卷和归档，共19070卷，卷宗质量基本符合国家和省交通厅有关要求。竣工档案已具备验收条件，特申请进行专项验收。

妥否，请批示。

二〇一三年十二月六日

京珠国道主干线安阳至新乡高速公路改扩建竣工档案整理工作执行报告

一、工程概况及编制依据。

（一）工程概况

京珠国道主干线安阳至新乡高速公路改扩建工程是河南省重点建设项目，是贯穿我国南北的重要公路交通大动脉，是连接河南豫北地区和豫、晋、冀、鲁四省交界的重要交通枢纽。该项目北起京港澳高速公路豫冀界收费站，途径安阳、鹤壁、新乡3个省辖市10个县区，南接新乡至郑州高速公路。该项目全长113.173km，全线共有大小桥梁91座，涵洞通道340座，互通式和分离式立交49座，天桥1座，服务区2座。先后连接安林、鹤濮、济东3条高速公路，1条107国道，301、304、308等9条省道，跨越安阳河、淇河、卫河等13条河流和1条铁路。改建后路基宽度42m，路面净宽2×19m，设计行车时速120公里，采用两侧直接拼接加宽双向8车道高速公路标准。该项目概算总投资46.5858亿元，项目于2008年4月28日开工建设，主线2010年11月1日建成通车。

主要工程量：

本项目设计路线全长113.173km，实际完成113.173km，共完成路基土石方644.4942万m^3。全线设有特大桥1305.28m/1座，大桥2840.38m/14座，中、小桥2000.08m/76座，；分离式立交桥42座；互通立交7处，主线通道163道，涵洞177道；人行天桥1处；桥梁顶升840孔，桥梁更换支座36536个。

安阳服务区总建筑面积13183m^2，其中综合楼8179m^2（新建3500m^2，旧楼改造4679m^2），新建职工宿舍楼2988m^2，加油站、维修车间、配电房等附属用房建筑面积共2016m^2；道路及停车区面积为120289m^2，绿化面积为77592m^2。

鹤壁服务区总建筑面积14643.1m^2，扩建综合楼建筑面积4012.54m^2，改造综合楼5277.44m^2。新建宿舍楼一座，含职工宿舍、餐厅等，建筑面积共3225m^2。新建货车服务中心两侧各一座，共598.08m^2，综合机房共614m^2、维修车库共648m^2、加油站共268.04m^2，道路停车场、广场面积129220m^2；绿化面积52679.62m^2。

（二）编制依据

1.交通部《公路工程质量检验评定标准》（JTG F80—2004）；

2.交办发〔2001〕390号关于印发《公路工程竣工文件材料立卷归档管理办法》的通知；

3.《公路工程竣（交）工验收办法》（交通部令2010年65号）；

4.河南省交通厅《河南省公路工程竣工文件立卷整理细则》；

5.《河南省公路工程建设项目档案专项验收暂行办法》。

二、档案整理工作情况。

(一)京珠国道主干线安阳至新乡高速公路改扩建项目部成立了以项目部总经理李宏志同志为组长的档案整理工作领导小组,人员组成如下。

组长:李宏志

成员:侯钦涛、李莉、王磊、焦晓静、许惠、项振杰、吕印继、夏洪亮、王自浩

为了确保该项目竣工文件资料的完整、准确和系统,建立健全所有档案,在建设期间就邀请省厅档案专家进行档案归档整理工作的培训,制定了《京珠国道主干线安阳至新乡高速公路改扩建竣工文件归档编制办法》、《施工技术资料归档明细表》等一系列规章制度,对竣工资料的收集、分类、组卷、档号的编制、案卷质量等都做了详细的规定和要求,并对资料整理过程中发现的问题及时进行纠正和完善。同时,结合资料整理工作的开展情况,保证了竣工档案整理工作与项目建设同步进行和不断完善。

(二)完善档案保管条件,确保档案资料的正常管理和安全

1.为了确保档案资料管理工作的正常开展和长期保存,按照《河南省公路工程建设项目档案专项验收暂行办法》的规定,项目部在安新管理分公司后院内建立了档案室,落实了防火、防盗、防有害气体、防光、防潮、防湿、防虫、防尘等"八防"措施。

2.根据省厅要求,使用全省统一的《DARMS2000 档案综合管理软件》,建立了完整的档案和案卷信息数据库,拥有计算机、复印机、激光打印机、空调、除湿机、湿温度计、灭火器等档案保护设施。

3.档案室配备档案密集柜 74 组,可存放档案 71040 卷,案卷柜数量、质量满足使用要求,案卷、卷盒等装具牢固、美观,卷盒脊背的档号、题名准确,粘贴牢固、整齐,符合档案整理要求。

(三)加强技术资料管理,确保文件材料符合要求

根据档案管理需要,京珠国道主干线安阳至新乡高速公路改扩建项目部在建设期间就对施工单位内业资料整理提出了明确的要求,加强了监督管理。要求卷内文件材料的载体和书写材料符合耐久性的规定,案卷目录、案卷封皮、卷盒脊背的内容全部使用《DARMS2000 档案综合管理软件》制作,喷墨打印机打印而成。现各参建单位都能遵照相关规定执行,档案文件材料、目录等内容符合档案管理要求。

(四)加强指导、归档及时,确保资料完整和准确

项目部档案领导工作小组在资料整理过程中,及时对施工、监理单位的资料整理工作进行指导、检查和督促,并要求各单位根据工程进度及时进行资料收集、整理,对已完成组卷的档案及时进行移交、入档案室,确保档案资料完善、准确。

三、竣工档案资料成卷情况及项目档案案卷索引的整理、制作、移交情况。

本项目归档案卷总计 19158 卷,其中建设单位归档 968 卷,监理单位归档 5747 卷,施工单位 12358 卷等。

建设、施工、监理单位归档情况如下:

第一类文件	可行性研究	14 卷
第二、三类文件	设计基础及设计文件	262 卷
第四类文件	工程管理文件	600 卷

第五类文件	施工文件	12358 卷
第六类文件	监理文件	5747 卷
第七类文件	竣工文件	176 卷
第八类文件	科研文件	1 卷

该项目需上交竣工资料的参建单位共计 51 家,全部采用《DARMS2000 档案综合管理软件》进行档案文件的录入工作,并由该软件制作卷盒脊背、案卷封面、案卷级和卷内级文件目录。各单位竣工文件经验收合格后,将资料编制说明、案卷电子目录刻录成光盘,建立项目档案查询系统。通过计算机能够迅速、准确的调阅工程资料,为以后的养护、管理和使用中发挥应有的作用。

四、档案验收情况。

该项目于 2010 年 10 月 26 日进行了交工验收,交工验收后京珠国道主干线安阳至新乡高速公路改扩建项目部立即组织各参建单位进行竣工资料的整理与移交工作,多次对全线档案整理工作进行检查、督促和指导,及时对档案资料整理过程中存在的问题提出意见。针对资料整理中存在的问题,进行培训、学习交流和整改,使档案整理工作有序进行。

目前,该项目竣工资料已经按照有关要求整理归档,档案资料规范、完整、有序。经自检达到验收标准。

五、档案工作体会。

竣工文件是反映整个工程项目实施过程的重要资料,它系统地、完整地记录了高速公路建设的历史过程,为今后的道路维护、养护和全线管理提供了真实的、详细的文字、图表、声像资料,是长期保存的重要技术档案。在工程交工后、竣工验收前,按照一定的顺序和要求作好竣工资料整理是一项细致的、艰巨的工作,任何忽视、轻视这项工作的思想都会损害编制工作的正常进行,以至影响整个工程竣工验收。在竣工资料整理过程中,我们有如下体会:

领导重视,全力支持

档案整理工作是一项重要且复杂的工作,领导必须高度重视和支持,在档案整理工作期间,项目部领导始终高度重视档案整理工作,定期听取档案整理工作汇报,及时解决工作中遇到的各种困难,有力地保证了档案整理工作的质量和进度。

统一要求,统筹安排

档案整理是一个系统工程,从档案资料的收集、整理、编号、装订等每一步工序都有严格的要求,高速公路建设项目参建单位多达几十个,必须统一规定、严格要求,才能使档案整理工作有条不紊地进行,不走弯路。

跟踪检查、不断改进

高速公路建设项目参建单位多,人员素质参差不齐,在档案整理过程中必然会出现因理解不同而产生偏差,在档案整理工作的不同阶段,应及时检查,合格后才能进行下一阶段的工作。各施工单位在资料收集完成后,必须经项目部组织专人检查资料是否收集齐全,有无漏项,符合要求后才能进入分类、组卷等下一阶段工作,这样提高了工作效率,保证了工作质量。

该项目档案整理工作,得到交通运输部档案馆、河南省交通运输厅、河南省档案局、河南交通投资集团、河南省高速公路发展有限责任公司等上级单位的大力支持，得到广大参建单位的全力配合。在此，向各级领导对我公司的关心和帮助表示忠心的感谢。

当然，我们也清醒地认识到我们竣工资料整理的方方面面与档案部门的有关标准、规范还有一定的差距，我们将在今后的工作中，进一步整理完善，使之更加科学、系统、规范。敬请档案验收组的各位专家给予审查指正。

河南高速公路发展有限责任公司

安新改建工程项目部

二〇一三年十二月十八日

关于京珠国道主干线安阳至新乡高速公路改扩建工程竣工环境保护验收的函

豫环函〔2016〕25号

河南高速公路发展有限责任公司安新改建工程项目部：

你公司报送的《京珠国道主干线安阳至新乡高速公路改扩建工程竣工环保验收申请》等相关材料收悉。2015年12月29日，我厅组织相关单位对该项目建设运行情况及配套环保措施落实情况进行了现场勘查。该项目竣工环保验收事项已在我厅网站公示期满。经研究，提出验收意见如下：

一、项目建设及环保措施落实情况

京珠国道主干线安阳至新乡高速公路改扩建工程是对原有的双向4车道高速公路进行两侧加宽，扩建成双向8车道高速公路，项目全长113.173公里。已落实的环保措施主要为：

1.废气防治措施。公路沿线服务区、收费站采用电取暖，不设置燃煤锅炉。

2.废水防治措施。服务区、收费站生活污水经污水处理设施处理达标后用于绿化或排放。

3.固体废物防治措施。服务区、收费站设有垃圾桶，生活垃圾由环卫部门定期清运处理。

4.噪声防治措施。对沿线22处声环境敏感点，采取了声屏障降噪措施。

5.风险防范措施。对沿线的淇河大桥设置了桥面径流收集系统和事故水池等风险防范措施；制定了环境风险事故应急预案。

6.生态修复措施。公路沿线两侧、中央隔离带、互通立交、边坡、收费站、服务区等均按设计要求实施了绿化。取土场进行了复耕，工程临时占地进行了植被恢复或归还地方再利用。

二、验收监测结果

1.现状监测及类比测算结果显示，沿线各声环境敏感点昼夜间噪声监测值满足《声环境质量标准》(GB 3096—2008)要求。

2.调查和监测结果表明，安阳服务区、鹤壁服务区、安阳收费站的污水经处理后水质达到《污水综合排放标准》(GB 8978—1996)一级标准要求，综合利用或排放。

三、验收结论和后续要求

该项目基本按照环评文件及其批复要求，配套建设了相应的环保措施，落实了相应的环保措施，污染物排放满足了相应标准要求，同意通过验收。

项目运行后，应加强对沿线敏感点噪声跟踪监测，对超标敏感点及时采取降噪措施，避免发生噪声扰民现象；加强日常管理，确保各项污染防治设施长期稳定运行；加强应急管理，对淇河桥面径流收集系统定期进行维护，落实应急预案，定期进行演练，有效防范环境污染事故。

二〇一六年二月五日

关于京珠国道主干线安阳至新乡高速公路改扩建工程竣工环境保护验收的申请

豫高司安新改〔2016〕1号

河南省环保厅：

京珠国道主干线安阳至新乡高速公路改扩建工程是对原有4车道高速公路进行两侧加宽，扩建成8车道高速公路。项目起于安阳市东北冀、豫两省交界处的西灵芝主线收费站，向南经安阳、汤阴、鹤壁、淇县、卫辉，止于新乡市东北。项目全长113.17公里。全线设特大桥、大桥15座，互通式立交7处，涵洞及通道317道，服务区2处，未设置弃土场。项目于2005年经原国家环境保护总局批复（环审〔2005〕253号），2008年10月开工建设，2011年11月主体工程建成通车。项目总投资34.57亿元，环保投资7521.34万元，占总投资2.18%。

本项目在施工过程和试运营期间严格执行了环境影响评价和环保"三同时"制度，落实了环评报告书及其批复中提出的污染防治和风险防范措施。对道路边坡及两侧采取绿化、防护等措施。对沿线噪声敏感点采取安装隔声屏障等措施，降低噪声污染；服务区、收费站等采用空调采暖，生活污水经污水处理设施处理后达标排放；对跨淇河大桥安装桥面径流收集系统及事故池；各项环境保护设施运行正常。

依照《建设项目环境保护管理条例》（国务院令第253号）等有关规定，我公司委托交通运输部环境保护中心编制了《京珠国道主干线安阳至新乡高速公路改扩建工程竣工环境保护验收调查报告》（见附件2），现报送你厅，申请验收。

二〇一六年一月四日

建设项目竣工环境保护验收申请

项目名称	京珠高速主干线安阳至新乡高速公路改扩建工程
建设单位	河南高速公路发展有限责任公司安新改建工程项目部 （盖章）
法定代表人	李宏志
联系人	孙玉琦
联系电话	0371-68870210
邮政编码	450000
邮寄地址	郑州市淮河东路43号2楼西户

中华人民共和国环境保护部制

说　　明

1.本验收申请替代我部环发〔2001〕214 号文件和环发〔2002〕97 号文件中适用于编制环境影响报告书、表建设项目的环保验收申请。编制环境影响登记表建设项目的环保验收申请仍执行环发〔2001〕214 号文件和环发〔2002〕97 号文件。

2.本验收申请表一、表二由建设单位在申请环保验收前填写，表三、表四由负责建设项目竣工环保验收的环保行政主管部门在验收现场检查后填写。

3.表格中填不下或仍需另加说明的内容可以另加附页补充说明。

4.本验收申请一式两份，由负责建设项目竣工环保验收的环保行政主管部门随验收审批文件一并存档。

表一 基本信息

建设项目名称(验收申请)	京珠国道主干线安阳至新乡高速公路改扩建工程
建设项目名称(环评批复)	京珠国道主干线安阳至新乡高速公路改扩建工程
建设地点	河南省安阳市、鹤壁市、新乡市
行业主管部门或隶属集团	河南省交通运输厅
建设项目性质(新建、改扩建、技术改造)	改扩建
环境影响报告书(表)审批机关及批准文号、时间	中华人民共和国环境保护部、环审〔2005〕253号、2005年3月
审批、核准、备案机关及批准文号、时间	中华人民共和国交通运输部、交公路发〔2007〕568号、2007年10月
环境影响报告书(表)编制单位	交通运输部天津水运工程科学研究所
项目设计单位	中交第一公路勘察设计研究院、河南省交通规划勘察设计院有限公司
环境监理单位	河南省中原公路工程监理有限公司
环保验收调查或检测单位	交通运输部环境保护中心
工程实际总投资(万元)	345700
环保投资(万元)	7506.34
建设项目开工日期	2009.10
同意试生产(试运行)的环境保护行政主管部门及审查决定文号、日期	河南省环境保护厅、豫环评试〔2014〕154号、2014年12月8日
建设项目投入试生产(试运行)日期	2012年12月

表二 环境保护执行情况

	环评及其批复情况	实际执行情况	备注
建设内容(地点、规模、性质等)	建设地点:安阳市、鹤壁市、新乡市; 规模:在原双向4车道高速公路基础上双侧加宽为双向8车道、设计时速120km/h、全长113.173公里 性质:改扩建	建设地点:安阳市、鹤壁市、新乡市; 规模:在原双向4车道高速公路基础上双侧加宽为8车道、设计时速120km/h、全长113.173公里 性质:改扩建	
生态保护设施和措施	(1)该工程取土应全部利用南水北调中线总干渠工程(黄河北—漳河南段)的弃土代替。 (2)施工便道尽量利用村庄自然道路,施工结束后及时对临时占地进行恢复、农田复垦,因地制宜实施绿化方案。 (3)严格控制辅助设施占地面积和数量,服务区、停车区、养护工区等设施应尽量集中合并	(1)基本落实。工程采用南水北调中线一期工程总干渠弃土代替本工程的取土场,不足部分采取远离公路取土,共设置4个取土场。 (2)已落实。工程施工便道充分利用村庄自然道路及机耕道路,并根据本工程特点,在高速公路两侧永久占地范围内各修建了一条施工便道,减少临时占地,在施工结束后对取土场、拌和站等临时占地及时进行了生态恢复和农田复垦,并因地制宜地设计实施绿化方案。 (3)已落实。工程严格控制了辅助设施的占地面积和数量,未新增服务区,仅改造服务区进出口匝道,未新增停车区、养护工区等辅助设施占地	

续上表

	环评及其批复情况	实际执行情况	备注
污染防治设施和措施	(1)选用低噪声机械设备,合理安排施工场地、作业方式和时间,距敏感点400m内路段夜间不得施工。 (2)根据声环境预测结果,应对种鸡场实施搬迁。 (3)对超标严重的西见山、大官庄、赵官屯、大八角村、姜庄、李兴村和大张庄7个村庄应设置声屏障;对倪湾卫生院、西于曹等31个敏感点安装开启式通风采光隔声窗;对西灵芝村跟踪监测,视情况适时采取降噪措施或改造房屋使用功能,防止噪声扰民。 (4)配合地方政府合理制订并严格控制工程周围土地利用规范,沿线两侧300m范围内不得利用新建学校、医院及居民住宅等环境敏感设施。 (5)落实淇河桥施工的环境保护措施,完善桥面排水系统,施工废水和桥面雨污水不得直接排入淇河。 (6)完善服务区现有废水处理系统,增加集水池和深度处理设施,废水处理达标后尽量回用。 (7)料场、沥青拌合站须设置在距敏感点下风向150m以外,施工场地、运输道路应定时洒水降尘	(1)已落实。工程施工采用低噪声设备,优化合理安排施工场地、作业方式以及作业时间,在距敏感点400m内路段夜间未施工。 (2)已落实。对种鸡场已采取搬迁措施。 (3)已落实。按照报告书中对敏感点的预测结果并根据实际,对西见山、大官庄、赵官屯、大官庄、大八角村、姜庄、李兴村和大张庄等22个村庄设置声屏障5947延米,并预留资金对沿线敏感点适时采取降噪措施,防止噪声扰民。 (4)已落实。公路沿线两侧300m范围内未新建学校、医院,有部分新建居民住宅。 (5)已落实。工程在淇河路段施工落实了各项施工环保措施,设置了完善的桥面径流收集系统及二级沉淀池,施工废水和桥面雨污水未直接排入淇河中。 (6)在安阳和鹤壁两处服务区新安置了污水处理装置,处理后回用园区绿化、灌溉。 (7)已落实。料场、沥青拌合站均设置在距敏感点下风向150m外,施工场地、运输道路按要求定时洒水降尘降低对大气影响	
其他相关环保要求	(1)节约和保护耕地,在满足交叉工程的路基净空条件下,尽量降低路基高度。 (2)应按照国家和地方有关规定依法履行占用基本农田手续。 (3)加强危险化学品运输管理,防止风险事故发生对水体造成污染。 (4)老路建设遗留的取土坑应进行平整复耕,解决通道积水问题,完善排水措施,上述"以新带老"措施应纳入本工程"三同时"环保竣工验收	(1)已落实。工程设计尽可能地节约土地资源,充分利用老路两侧现有的预留土地,减少征地拆迁数量。同时根据路面散点的平面、高程资料,以及所有桥梁桥面实测高程作为控制对纵面进行拟合,充分与原有路线纵面吻合。 (2)已落实。已补充耕地298.5公顷,并办理了相关手续。 (3)已落实。营运期加强危险化学品运输管理,制定了化学品应急预案,有效防止风险事故的发生。 (4)已落实。原安新公路建设遗留的取土场已平整恢复为鱼塘,通道均增加了遮雨棚并在路线填方路基两侧均设置了排水沟,排水沟通过桥涵构造物与沿线排涝渠衔接完善了排水设施	

注:表二中建设单位对照环评及其批复,就项目设计、施工和试运行期间的环保设施和措施落实情况予以介绍。

表三　验 收 组 意 见

京珠国道主干线安阳至新乡高速公路改扩建工程竣工环境保护验收意见

2015 年 12 月 29 日，省环保厅组织对京珠国道主干线安阳至新乡高速公路改扩建工程进行了检查机验收。参加验收的有安阳市环保局、鹤壁市环保局、新乡市环保局、验收调查单位交通运输部环境保护中心、环评单位交通运输部天津水运工程科学研究所、监测单位河南省公路环境监测站、监理单位河南省中原公路工程监理有限公司以及建设单位河南高速公路发展有限责任公司安新改建工程项目部等单位代表共计 12 人，成立了验收组（验收组名单附后）。验收组和与会代表听取了建设单位对项目环保执行情况的汇报、验收调查单位对项目竣工环境保护验收调查报告的介绍，现场检查了环保设施的建设与运行情况，审阅并核实了有关资料。经认真讨论，形成验收组意见如下：

一、项目基本情况

京珠国道主干线安阳至新乡高速公路改扩建工程是对原有 4 车道高速公路进行两侧加宽，扩建成 8 车道高速公路。项目起于安阳市东北冀、豫两省交界处的西灵芝主线收费站，向南经安阳、汤阴、鹤壁、淇县、卫辉，止于新乡市东北。项目全长 113.17 公里。全线设特大桥、大桥 15 座，互通式立交 7 处，涵洞及通道 317 道，服务区 2 处，未设置弃土场。项目于 2005 年经原国家环境保护总局批复（环审〔2005〕253 号），2008 年 10 月开工建设，2011 年 11 月主体工程建成通车。

二、环保执行情况

该项目执行了环境影响评价和环保"三同时"制度，落实了环评报告书及其批复中提出的污染防治和风险防范措施。对道路边坡及两侧采取绿化、防护等措施。

对沿线噪声敏感点采取安装隔声屏障等措施，降低噪声污染；服务区、收费站等采用空调采暖，生活污水经污水处理设施处理后达标排放；对跨淇河大桥安装桥面径流收集系统。

三、验收监测结果

（一）生态环境

公路沿线两侧、中央隔离带、互通立交、边坡、收费站、服务区等均按设计要求实施了绿化。取土场进行了复耕，工程临时占地进行了植被恢复或归还地方再利用。

（二）声环境

对工程沿线 22 个声环境敏感点设置了声屏障，现状监测及类比测算结果显示，沿线各声环境敏感点昼夜间噪声监测值满足《声环境质量标准》（GB 3096—2008）要求。

（三）水环境

调查和监测结果表明，安阳服务区、鹤壁服务区、安阳收费站的污水经处理后水质达到《污水综合排放标准》（GB 8978—1996）一级标准要求，综合利用或排放。

（四）固废

沿线各服务设施设置了垃圾收集装置，生活垃圾等一般固废由环卫部门定期集中清运及处置。

（五）风险事故方案及应急措施

对沿线的淇河大桥设置了桥面径流收集系统和事故水池等风险防范措施；制定了环境风险事故应急预案。

（六）公众意见调查

对沿线居民征求意见，发放公众意见调查表 190 份，收回有效问卷 182 份，无反对意见。

四、验收结论

验收组通过现场检查并审阅有关资料，经认真讨论，认为京珠国道主干线安阳至新乡高速公路改扩建工程环保手续齐全，落实了环评报告及批复要求，建议同意通过验收。

五、建议和要求

1.根据交通流量的变化，加强对沿线敏感点噪声跟踪监测，对超标敏感点及时采取降噪措施，避免发生噪声扰民现象。

2.对服务区车辆维修产生的废油渣、废机油等危险废物，严格按照危险废物储存和转移联单制度进行管理，严禁随意处置。

3.切实加强日常管理，确保各项污染防治设施长期稳定运行。加强应急管理，落实应急预案，定期进行演练，有效防范环境污染事故。对淇河桥面径流收集系统定期进行维护，严禁桥面雨污水直接进入淇河水体。

验收组长：

2015 年 12 月 29 日

表四 验收组名单

京珠国道主干线安阳至新乡高速公路改扩建工程

竣工环境保护验收组人员名单

	姓名	工作单位	职务	签名
组长	刘勇	省环保厅	副处长	刘勇
成员	赵伟	省环保厅	副调研员	赵伟
	魏翠梅	安阳市环保局	科长	魏翠梅
	刘俊贵	新乡市环保局	科长	刘俊贵
	王炜炜	鹤壁市环保局	高工	王炜炜

京珠国道主干线安阳至新乡高速公路改扩建工程环保三同时执行报告

一、基本情况

京珠国道主干线安阳至新乡高速公路段高速公路是国家高速公路网规划的“五纵、七横”的最重要路段也是河南省公路网主骨架的重要组成部分。工程起于安阳市东北，冀、豫两省交界处的西灵芝主线收费站，北接京港澳高速公路河北段，南接新乡至郑州段高速公路向南经安阳、汤阴、鹤壁、淇县、卫辉、止于新乡市东北。为满足沿线区域经济的发展和交通需求不断增长的需求，本工程进行了改扩建，采用整体式路基，加宽成全封闭、全立交的八车道高速公路。该工程于2008年8月开工建设，2010年11月主体工程建成通车投入试运营。

项目改扩建采用两侧直接拼接加宽成双向八车道高速公路标准建设，建设总里程113.17km，路基宽度42m，设计车速120km/h，总投资43.73亿元。

二、环境保护执行情况

1.噪声

(1)施工期：一是对施工场地、料场、材料加工场等设置尽量远离环境保护目标，距离居民区等敏感点400m以内的路段夜间要停止施工。二是合理安排施工活动，避免高噪声施工机械在同一区域内使用，尽量避开附近居民休息时间。三是要求施工单位尽量选用噪声低、效率高的设备，并视情况对噪声设备安装隔声罩。四是要求施工单位对打桩机、推土机、挖掘机等强噪声设备操作人员配备耳塞，加强参建人员的安全防护。五是对施工主要运输道路尽量远离村庄等敏感点，对不可避免的路段均设置了禁鸣标志。六是按照设计图纸要求和沿线群众的实际需要，在全线各个敏感路段共设置声屏障22处，共计5947延米，有效地减少造神污染。

(2)试营运期：一是建议收费站、服务区等运营管理单位对过往的车辆要及时进行疏导，以免交通堵塞并造成车辆集中鸣笛等噪声污染。二是建议沿线地方政府及有关政府在沿线城镇规划时，对声环境敏感建筑物应距离高速公路中心线150m以外，防止造成后续噪声污染。三是开展营运期噪声监测，对沿线距离较近的敏感点定期监测，一旦发现超标，公司将马上采取措施，将噪声影响降至标准范围之内。

2.废气

(1)施工期：一是要求施工单位要科学选择运输路线，每天对施工便道洒水不少于两次，尤其对经过的沿线村庄等密集区要加强洒水密度和强度。二是要求施工单位对运送散装含尘物料的车辆要用篷布盖牢，以防物料飞扬，三是施工单位的沥青拌和站均设在开阔、空旷的地方，并要求对拌和设施安装密封除尘装置。四是对石灰、水泥和砂石料采取站拌方式拌和，并选择在远离居民区下风向300m以外且扬尘影响较小的地方。五是要求施工单位对筑路材料堆放地点选在环境敏感点下风向200m以上，并定时洒水防尘，如遇恶劣天气要及时围栏和覆盖。

(2)试营运期：一是加强缺陷责任期内的道路绿化养护，尽量栽种可吸收汽车尾气污染物的树种及草坪，努力控制废气向周围环境扩散。二是在沿线服务区、收费站配备并采用电暖器采暖，减少大气污染物排放。

3.废水

(1)施工期：一是要求施工单位的办公及施工人员的居住营地要远离沿线河流河道，避免像沿线河流河道内排放生活垃圾和生活污水。二是在施工过程中产生的废水不得排入眼线水体，并要求施工单位在施工营地附近增设了蒸发池，待施工结束后将蒸发池覆土掩埋和绿化。三是要求施工单位在施工中产生的废油、废沥青及其他固体废物要远离河道，并及时清运处理，对未能及时清运的废物要用篷布覆盖，防止雨水冲刷入沿线水体。四是对桥梁基础施工时挖出的泥渣不得弃入河道或河滩，要求紧临河道河流的标段应尽量集中在枯水季节施工，避免影响河道行洪。五是要求施工单位建立健全《水环境污染突发事件应急预案》，如发生突发事件要及时向当地政府及上级有关部门报告并妥善处置。

(2)试营运期：安新高速公路沿线建设2处服务区，分别为安阳服务区和鹤壁服务区，每处服务区建有2套污水处理设备，每套污水处理能力为20t/h，对生活污水进行处理，处理达标后用于服务区内的植被绿化。对产生的污泥由吸粪车定期吸走，目前已达到一级排放标准。对于危险品事故污染河水问题，我公司已制定《京珠国道主干线安阳至新乡高速公路改扩建工程突发环境事件应急预案》，并已在安阳、鹤壁、新乡等市环保局备案；对淇河大桥设置了桥面径流收集系统及事故池；并对安新高速公路全线进行24h监控，若发生重大事故立即启动公司应急预案，将事故控制在一定范围之内；另外根据《河南省高速公路条例》第48条规定："载运爆炸物品、易燃易爆化学物品以及剧毒、放射性等危险物品的车辆，不得进入高速公路。确需进入高速行驶的，必须经公安机关批准，按照指定的时间、路线、车道速度行驶，悬挂明显的标志，并采取必要的安全措施"。安新高速公路不允许上诉危险品运载物品车辆上高速，从源头上杜绝了危险品泄露的发生。

4.生态环境

(1)施工期：一是要求施工单位尽量减少施工期间的临时占地，合理安排和推进施工进度，缩短临时占地时间。同时，要求对新开辟的临时道路及料场在施工结束后要立即进行清理和整治，防止水土流失。二是要求在路两侧取土时，先将耕地表层植土堆放一边，待取土结束后进行复耕或绿化。三是要求施工单位的施工营地尽量租用当地民房或在公路征地范围内布设，以减少施工营地及作业区以外的地表植被损坏。四是对临时用地范围内的林木尽量少砍或不砍，禁止砍伐水土保护林和河渠堤保护林。五是在汛期施工时，要求施工单位要设置临时排洪沟渠，以减少农田涝害发生。六是在挖方切坡时要放缓坡度，及时加固危土体，并做好路基护坡绿化，防治地质塌陷和滑坡。七是充分利用南水北调中线工程弃土、沙砾石、旧路改造废料等作为路基填筑材料，有效减少土资源浪费。真正落实了"破坏最小、恢复最大、保护最高"的原则，深得当地政府和人民群众的赞扬。

(2)试营运期：在路基形成及通车后，对公路边坡、互通立交区及征地范围内及时进行了植树种草等绿化工作，目前公路沿线的植被覆盖率已基本恢复到了原有水平。

5.固体废物

(1)施工期：一是要求施工单位在施工营地设置临时垃圾桶，并对收集的垃圾定期进行清运。二是对工程沿线的废气土方和建筑垃圾进行集中堆放，待工程结束后统一清运到沿线的垃圾填埋场进行填埋。

(2)试营运期:在沿线收费站、服务区均设置了垃圾收集箱,并对过往乘客丢弃的饮料袋、易拉罐等垃圾统一进行收集并委托当地环卫部门外运处理。

三、环境保护管理工作

我公司在建设工程过程中,严格执行了环境保护法的法律、法规,落实了本工程环评报告及批复的要求,严格执行"三同时"环境保护制度,并制定了本工程的事故应急预案。

本工程设置的隔声屏障、污水处理设施、生态防护措施等环保设施或措施均已到位,目前运行正常,并安排专人负责维护保养,由公司下设的环保监督小组负责协调管理,避免污染环境事故发生。

京珠国道主干线安阳至新乡高速公路段改扩建工程建设过程中,严格执行了环保"三同时"的要求。工程施工期认真开展环境管理工作,对环境产生的污染和对生态的破坏采取相应措施进行处理;试营运期公路沿线生态环境恢复良好,污染防治与控制措施效果满足各项要求。

河南高速公路发展有限公司

安新改建工程项目部

二〇一六年一月四日

关于印发京珠国道主干线安阳至新乡高速公路改扩建工程水土保持设施验收鉴定书的函

水保函〔2016〕73号

河南高速公路发展有限责任公司安新改建工程项目部：

根据《开发建设项目水土保持设施验收管理办法》的规定，水利部于2015年12月20日在河南省新乡市组织召开了京珠国道主干线安阳至新乡高速公路改扩建工程水土保持设施验收会议。会议认为，该工程水土保持设施基本达到了水土保持法律法规及技术规范、标准的要求，符合水土保持设施验收的条件，同意通过验收。现印发京珠国道主干线安阳至新乡高速公路改扩建工程水土保持设施验收鉴定书。

附件：

生产建设项目水土保持设施验收鉴定书（编号：2015—150）

二〇一六年二月六日

附件

编号:2015—150

生产建设项目水土保持设施
验收鉴定书

项目名称　京珠国道主干线安阳至新乡高速公路改扩建工程

建设单位　河南高速公路发展有限责任公司安新改建工程项目部

建设地点　河南省安阳市、鹤壁市、新乡市

验收单位　水利部

2015 年 12 月 20 日

中华人民共和国水利部制

一、生产建设项目水土保持设施验收基本情况表

项目名称	京珠国道主干线安阳至新乡高速公路改扩建工程	行业类别	公路
主管部门 （或主要投资人）	河南高速公路发展有限公司	项目性质	改扩建
水土保持方案审批部门、文号及时间	水利部 水保函〔2005〕354号，2005年9月		
水土保持方案变更审批部门、文号及时间	—		
水土保持初步设计审批部门、文号及时间	交通运输部 交公路发〔2007〕568号，2007年10月		
项目建设起止时间	2008年4月至2010年10月		
水土保持方案编制单位	河南省水土保持科学研究所		
水土保持初步设计单位	中交第一公路勘察设计研究院有限公司、河南省交通规划勘察设计院有限责任公司		
水土保持监测单位	河南省水文水资源局		
水土保持施工单位	北京城建道桥建设集团有限公司、中交第一公路工程局有限公司、中交第三公路工程局有限公司等		
水土保持监理单位	河南省理正建设监理咨询有限公司		
技术评估单位	北京华夏山川生态环境科技有限公司		

二、验收意见

根据《开发建设项目水土保持设施验收管理办法》，受水利部委托，水利部海河水利委员会于2015年12月20日在河南省新乡市主持召开了京珠国道主干线安阳至新乡高速公路改扩建工程水土保持设施验收会议。参加会议的有河南省水利厅，安阳市水利局、鹤壁市水利局、新乡市水利局，建设单位河南高速公路发展有限责任公司安新改建工程项目部，评估单位北京华夏山川生态环境科技有限公司，以及水土保持方案编制、设计、监理、施工单位的代表和特邀专家共17人，会议成立了验收组（名单附后）。

验收组及与会代表检查了工程现场，查阅了技术资料，听取了建设单位、水土保持监测单位、监理单位、评估单位关于水土保持设施自验情况、水土保持监测、监理工作情况和技术评估情况的汇报，以及水土保持方案编制、设计、施工单位的补充说明，经质询、讨论，形成了京珠国道主干线安阳至新乡高速公路改扩建工程验收意见。

（一）项目概况

京珠国道主干线安阳至新乡高速公路改扩建工程位于河南省安阳市、鹤壁市和新乡市，路线全长113.173千米，工程由原来的双向四车道改扩建为双向八车道高速公路标准，改建后路基宽度42米，设计速度120公里/小时。建设内容包括路基、桥涵、互通立交、停车和服务区等主体工程，以及取土场、施工便道、施工营地等辅助设施。工程于2008年4月开始建设，2010年10月完工。

（二）水土保持初步设计情况

2005年9月，水利部以《关于京珠国道主干线安阳至新乡高速公路改扩建工程水土保持方案的复函》（水保函〔2005〕354号）批复了项目水土保持方案。批复的水土流失防治责任范围1319.1公顷。

(三)水土保持初步设计情况

2007 年 10 月,交通运输部以《关于京珠国道主干线安阳至新乡公路改扩建工程初步设计的批复》(交公路法〔2007〕568 号)批复了初步设计(含水土保持部分)。

(四)水土保持设施自验情况

申请验收前,建设单位开展了水土保持设施自验,编制了《京珠国道主干线安阳至新乡高速公路改扩建工程水土保持方案实施工作总结报告》。自验主要结论为:建设单位按照水土保持方案实施了水土保持防治措施,完成水土流失治理面积 491.1 公顷。经施工单位自评、监理单位复核、建设单位认定,水土保持措施质量总体合格。工程运行期间,水土保持设施由河南高速公路发展有限责任公司安新管理分公司负责管理维护。

(五)水土保持监测情况

2010 年 4 月至 2011 年 12 月,建设单位组织河南省水文水资源局开展了水土保持监测,编制了《京珠国道主干线安阳至新乡高速公路改扩建工程水土保持监测总结报告》。监测报告主要结论为:落实的水土保持防治措施较好的控制和减少了施工过程中的水土流失,水土流失防治指标达到了水土保持方案确定的目标值,截止验收时,扰动土地整治率 98.7%,水土流失总治理度 97.3%,土壤流失控制比 1.6,拦渣率 99.9%,林草植被恢复率 98.7%,林草覆盖率 22.2%。

(六)技术评估情况

2015 年 4 月至 8 月,北京华夏山川生态环境科技有限公司对项目水土保持设施进行了技术评估,提交了《京珠国道主干线安阳至新乡高速公路改扩建工程水土保持设施验收技术评估报告》。技术评估报告主要结论为:建设单位编报了水土保持方案,履行了水土保持方案变更手续,开展了水土保持监理、监测工作,缴纳了水土保持补偿费,水土保持法定程序基本完整;按照水土保持方案落实了水土保持措施,水土保持后续管理维护责任落实。工程水土保持设施具备验收条件。

(七)验收结论

综上所述,验收组认为:该工程实施过程中基本落实了水土保持方案及批复文件要求,基本完成了水土流失预防和治理任务,水土流失防治指标达到水土保持方案确定的目标值,符合水土保持设施验收的条件,同意该工程水土保持设施通过验收。

(八)后续要求

建设单位应进一步加强水土保持设施管护,确保其正常运行和发挥效益。

三、验收组成员名单

分工	姓名	单 位	职务/职称	签字
组 长	张凤嵋	水利部海河水利委员会	副处长	
副组长	张 建	河南省水利厅	科 长	
成员	尚润阳	水利部海河水利委员会	科 长	
	关治华	安阳市水利局	科 长	
	李全民	鹤壁市水利局	科 长	
	安晓玲	新乡市水利局	科 长	
	王愿昌	特邀专家	教 高	
	王向东	特邀专家	教 高	
	田颖超	特邀专家	教 高	
	程建惠	北京华夏山川生态环境科技有限公司	副总经理	

四、参加验收会议代表名单

姓　名	单　位	职务/职称	签 字	备 注
张凤嵋	水利部海河水利委员会	副处长		验收主持单位
尚润阳	水利部海河水利委员会	科　长		
张　建	河南省水利厅	科　长		验收组成员单位
关治华	安阳市水利局	科　长		
李全民	鹤壁市水利局	科　长		
安晓玲	新乡市水利局	科　长		
王向东	特邀专家	教　高		
王愿昌	特邀专家	教　高		
田颖超	特邀专家	教　高		
程建惠	北京华夏山川生态环境科技有限公司	副总经理		
孙玉琦	河南高速公路发展有限责任公司	总　工		建设单位
吕印继	河南省交通规划勘察设计院有限责任公司	工程师		主体设计单位
郭伟红	河南省水土保持科学研究所	工程师		方案编制单位
汪国定	河南省公路工程局集团有限公司	工程师		施工单位
田利强	河南省理正建设监理咨询有限公司	工程师		监理单位
赵　飞	河南省水文水资源局	高　工		监测单位
董磊磊	北京华夏山川生态环境科技有限公司	经　理		评估单位

关于《京珠国道主干线安阳至新乡高速公路改扩建工程水土保持设施竣工验收技术评估》审批验收的请示

豫高司安新改〔2015〕12号

水利部:

京珠国道主干线安阳至新乡高速公路改扩建工程已完工,根据《中华人民共和国水土保持法》及《开发建设项目水土保持设施验收管理办法》(水利部第24号令)的规定,我项目部已委托河南省水文水资源局完成了京珠国道主干线安阳至新乡高速公路改扩建工程水土保持监测工作,河南省理正建设监理咨询有限公司完成了京珠国道主干线安阳至新乡高速公路改扩建工程水土保持监理工作,北京华夏山川生态环境科技有限公司完成了京珠国道主干线安阳至新乡高速公路改扩建工程水土保持设施竣工验收的技术评估工作。同时,京珠国道主干线安阳至新乡高速公路改扩建工程水土保持方案实施工作总结也已完成。

现一并呈报,请予审批验收。

第四部分

质 量 鉴 定

京珠国道主干线安阳至新乡高速公路改扩建工程质量监督工作报告

一、质量监督概况

根据《公路工程质量监督管理办法》、《公路工程竣(交)工验收办法》(交通部令 2004 年第 3 号)和《河南省公路工程质量监督管理实施细则》的规定,该项目质量监督工作由河南省交通基本建设质量检测监督站负责。依据《监督计划》,并根据工程的实际情况在工程实施期间委托河南省公路工程试验检测中心有限公司等检测单位配合我站对该项目的质量进行全程检测工作。

二、建设程序的监督情况

京珠国道主干线安阳至新乡高速公路改扩建工程招标均严格按照《中华人民共和国招标投标法》、《工程建设项目施工招标投标办法》(国家七部委 2003 年 3 月 8 日公布〔2003〕第 70 号令)和《河南省公路工程招评标办法》进行公开招标,最终确定资质满足要求、信誉高、业绩优良、施工组织能力强、报价合理的施工单位中标。

三、试验室的认证情况

根据《公路工程试验检测机构资质管理暂行办法》,对工地试验室进行了临时资质认证。经对试验检测设备仪器逐一清点,对试验人员资格和工作环境进行检查,对试验检测人员进行了考核,并颁发了试验临时资质证书。

四、监理人员的检查情况

在日常监督检查过程中,我们多次对京珠国道主干线安阳至新乡高速公路改扩建工程监理单位的资质、监理服务合同以及人员资质和业务素质进行检查和考核,认为京珠国道主干线安阳至新乡高速公路改扩建工程监理单位工地监理机构设置合理,质量责任明确,有利于控制质量。

五、施工过程中的质量监督

1.检查项目及结果

在路基工程施工过程中,我们对路基压实度、台背回填和结构物等重点部位进行了专项检查和重点抽查,检查的项目有路基(涵台背)压实度、路基弯沉、桥涵混凝土强度、结构物尺寸、预制梁板的顶腹板厚度、钢筋保护层厚度等,抽取多组不同类型的钢筋、砂石料等进行试验,对正在施工的路基压实厚度、混合料中灰剂量、桥面铺装中保护层厚度等进行了抽检。在路面施工过程中,对路面结构层厚度、压实度、平整度、弯沉等项目进行了抽检,并对主要原材料进行了抽样试验。

2.对各合同段工程质量的意见

京珠国道主干线安阳至新乡高速公路改扩建工程各合同段施工主体工程质量基本良好,路基、涵洞、桥梁、外观质量良好;排水、防护及砌筑工程质量控制较好;路面各结构层表面密实、平整。标志、标线、防撞护栏、隔离栅设置合理。

六、交工验收前的工程质量检测意见

通过对交工验收前工程质量检测结果的汇总,我们认为京珠国道主干线安阳至新乡高速公路改扩建工程平、纵线形流畅;路基压实度、弯沉值满足设计要求,几何尺寸控制较好;桥梁混凝土强度符合设计要求,外观质量良好,伸缩缝伸缩有效;小桥、通道、涵洞、排水及砌筑工程的混凝土、砂浆强度符合要求,外观质量较好;路面各结构层的压实度、厚度、弯沉值等指标符合要求,表面平整密实,无泛油、碾压痕迹;标志、标线、防撞护栏、隔离栅简单大方、布设合理,使用效果良好。试运营前,我站及时向河南省交通厅提交了工程质量检测报告。

七、竣工验收前的工程质量鉴定意见

通过竣工验收前对工程质量的全面复查,京珠国道主干线安阳至新乡高速公路改扩建工程纵线形流畅;路基压实度、桥梁混凝土强度、满足设计要求,伸缩缝伸缩有效;结构物外观质量较好;路面表面平整密实,无泛油、碾压痕迹。

八、对设计单位、施工单位、监理单位的评价

中交第一公路勘察设计研究院、河南省交通规划勘察设计院、江苏省交通科学研究院股份有限公司在设计工作中能够采用合理的设计方案,满足施工要求的设计精度和深度,在项目实施过程中,信守合同,服务及时,为项目顺利实施提供了技术保障。

参与该项目监理工作的监理单位能够履行合同约定,建立健全管理制度,认真监理,严把质量,采取了有效措施对工程质量、进度进行控制。

各施工单位履约情况良好,严把质量,注重现场文明施工,加强安全管理,重视环保工作,按期完成了施工任务。

九、建设单位管理情况的评价

河南高速公路发展有限责任公司安新改建工程项目部在从事建设管理工作中,公司领导重视,管理人员精干、制度健全、管理到位,能够严格履行基本建设程序,高度重视质量管理工作,保证了在建设期内充足的资金和良好的施工环境,积极配合质量监督部门的正常工作,该项目连续多次在省交通厅组织的质量评比中夺得好成绩。

十、监督工作体会

1.京珠国道主干线安阳至新乡高速公路改扩建工程能够如期建成通车,工程质量处于可控状态,得益于招投标过程中选择了良好的施工和监理队伍,得益于建设单位主要领导的正确领导、充足的管理经验、谦虚好学的良好作风和兢兢业业的工作态度。

2.建设项目必须通过严格细致的管理、完善齐全的制度,始终保持良好的质量保证体系才是做好项目监督工作的前提,各参建单位应协调一致,才能做到有效保证工程质量。

3.监督工作也是一个学习过程,在监督过程中,在质量控制、管理问题上可能工作方法有失妥当之处。在今后的工程监督活动中,我们将进一步加强项目管理,突出政府监管作用,努力探索工程监督新方法,做好工程质量监督工作。

河南省交通基本建设质量检测监督站

二〇一六年二月十九日

京珠国道主干线安阳至新乡高速公路改扩建工程竣工验收质量鉴定报告

一、项目概述

（一）基本情况

1.项目简介

京珠国道主干线安阳至新乡高速公路改扩建工程是河南省重点建设项目，是贯穿我国南北的重要公路交通大动脉，是连接河南豫北地区和豫、晋、冀、鲁四省交界的重要交通枢纽。该项目北起京港澳高速公路豫冀界收费站，途径安阳、鹤壁、新乡3个省辖市10个县区，南接新乡至郑州高速公路。

该项目全长113.173km，全线共有大小桥梁91座，涵洞通道340座，互通式和分离式立交49座，天桥1座，服务区2座。先后连接安林、鹤濮、济东3条高速公路，1条107国道，301、304、308等9条省道，跨越安阳河、淇河、卫河等13条河流和1条铁路。改建后路基宽度42m，路面净宽2×19m，设计行车时速120km，采用两侧直接拼接加宽双向8车道高速公路标准。该项目概算总投资46.5858亿元，项目于2008年4月28日开工建设，主线2010年11月1日建成通车。

2.主要技术指标

本项目设计采用交通部颁布的《公路工程技术标准》（JTG B01—2003），全线采用双向八车道高速公路技术标准设计。其主要控制技术指标如下表所示。

序　号	指标内容	单　位	指　标
1	公路等级		双向八车道高速公路
2	计算行车速度	km/h	120
3	路基宽度	m	42
4	行车道宽度	m	2×4×3.75
5	中央分隔带宽度	m	3
6	硬路肩	m	2×3
7	土路肩	m	2×0.75
8	涵洞、通道宽度		与路基同宽
9	路面结构		沥青混凝土
10	桥面净宽	m	2×19
11	桥梁设计荷载		公路—Ⅰ级
12	出入口控制		全控
13	桥梁设计洪水频率		1/100，特大桥1/300

(二)项目组织

本项目严格遵循《中华人民共和国招投标法》、国务院以及交通部颁发的有关交通建设招投标管理办法。由河南高速公路发展有限责任公司安新改建工程项目部对工程建设实行全面管理。本项目具体招标情况为:设计单位 3 个,监理单位 2 个,施工单位 51 个,其中土建 18 个标段、路面 7 个标段、护栏 5 个标段、标志 2 个标段、标线 5 个标段、旧路改造工程 5 个标段、绿化 2 个标段、机电 1 个标段、房建工程 6 个标段。51 家施工单位标价合理、资质合格、业绩优良的施工单位中标。

1.主要中标设计单位见下表。

标　　段	设 计 单 位
第一合同段	中交第一公路勘察设计研究院有限公司
第二合同段	河南省交通规划勘察设计院有限责任公司
AXGZSJ-1	江苏省交通科学研究院股份有限公司

2.主要中标监理单位见下表。

标　　段	监 理 单 位
No.A	河南省中原公路工程监理有限公司
No.B	北京华通公路桥梁监理咨询公司

3.主要中标施工单位见下表。

标　　段	施 工 单 位	备　　注
土建 No.1 标	北京城建道桥工程有限公司	
土建 No.2 标	中交第一公路工程局有限公司	
土建 No.3 标	中交第三公路工程局有限公司	
土建 No.4 标	中铁十一局集团有限公司	
土建 No.5 标	无锡市交通工程有限公司	
土建 No.6 标	中铁四局集团有限公司	
土建 No.7 标	中铁十五局集团第一工程有限公司	
土建 No.8 标	中铁五局集团第一工程有限责任公司	
土建 No.9 标	中铁十五局集团第五工程有限公司	
土建 No.10 标	路桥集团国际建设股份有限公司	
土建 No.11 标	中铁十一局集团第一工程有限公司	
土建 No.12 标	河南省公路工程局集团有限公司	
土建 No.13 标	中交一公局第六工程有限公司	
土建 No.14 标	河南省公路工程局集团有限公司	
土建 No.15 标	中铁九局集团有限公司	
土建 No.16 标	路桥华东工程有限公司	
土建 No.17 标	中铁十局集团有限公司	
土建 No.18 标	中交一公局第六工程有限公司	

续上表

标　段	施工单位	备　注
路面 No.19 标	路桥华祥国际工程有限公司	
路面 No.20 标	中交第四公路工程局有限公司	
路面 No.21 标	中国凯瑞国际经济技术合作有限公司	
路面 No.22 标	枣庄市道桥工程有限公司	
路面 No.23 标	河南省公路工程局集团有限公司	
路面 No.24 标	河南路桥建设集团有限公司	
路面 No.25 标	河南省公路工程局集团有限公司	
标志 AXBZ-1 标	江苏博纳华交通科技有限公司	
标志 AXBZ-2 标	周口市公路交通设施有限公司	
标线 AXBX-1 标	河南富昌道路设施有限公司	
标线 AXBX-2 标	开封市通达公路工程有限公司	
标线 AXBX-3 标	安徽恒通交通工程有限公司	
标线 AXBX-4 标	天津华安公路交通工程有限公司	
标线 AXBX-5 标	天津华安公路交通工程有限公司	
护栏 AXHL-1	山西长达交通设施有限公司	
护栏 AXHL-2	河南省新乡六通实业有限公司	
护栏 AXHL-3	潍坊东方交通设施工程有限公司	
护栏 AXHL-4	天津华安公路交通工程有限公司	
护栏 AXHL-5	山东富博交通设施有限公司	
绿化 AXLH-1 标	河南万绿园林绿化工程有限公司	
绿化 AXLH-2 标	河南林峰园林绿化工程有限公司	
机电 AXJD-1 标	河南中天高新智能科技开发有限责任公司	
旧路改造 AXGZ-1 标	安徽水利开发股份有限公司	
旧路改造 AXGZ-2 标	上海先为土木工程有限公司	
旧路改造 AXGZ-3 标	上海久坚加固工程有限公司	
旧路改造 AXGZ-4 标	北京特希达科技有限公司	
旧路改造 AXGZ-5 标	中交三公局桥梁隧道工程有限公司	
AXFWQ1	北京城建二建设工程有限公司	
AXFWQ2	河南水利建筑工程有限公司	
AXFWQ3	河南省大河筑路有限公司	
AXFWQ4	中原油田建设集团公司	
AXFWQZS1	山东雄狮建筑装饰工程有限公司	
AXFWQZS2	河南华盛建设集团有限公司	

二、鉴定工作依据及组织情况

1.鉴定依据

(1)《公路工程竣(交)工验收办法》(交通部令 2004 年第 3 号)

(2)《关于贯彻执行公路工程竣交工验收办法有关事宜的通知》(交公路发[2004]446 号)

(3)《公路工程竣(交)工验收办法实施细则》(交公路发〔2010〕65 号)

2.外业检测组织情况

根据河南高速公路发展有限责任公司安新改建工程项目部的申请,依据《公路工程竣(交)工验收办法与实施细则》,按照《公路工程质量检验评定标准》(JTG F80/1—2004),河南省交通基本建设质量检测监督站委托河南省公路工程试验检测中心有限公司于 2013 年 6 月 4 日至 2013 年 6 月 6 日对京珠国道主干线安阳至新乡高速公路改扩建工程进行了工程竣工检测。本次竣工质量检测分路面组、桥梁组。

根据本项目的特点,各检测工作组分别对能够实测实量的工程项目进行了实际量测和全面检查。

路面组负责路面弯沉、平整度、抗滑性能、车辙、构造深度等指标的检测,同时负责相关项目的外观检查;桥梁组负责桥梁结构的外观检查。

外业组分别配备了相应的检测仪器设备。仪器设备配备见下表。

检测设备一览表

序号	检测项目	检测仪器、设备	规格型号	单位	数量	产地
1	路面弯沉	落锤式弯沉仪	FWD-2000	台	1	江苏
2	路面平整度、车辙	多功能激光道路检测车	CT-501A	台	1	长安大学
3	路面抗滑性能	横向力系数检测车	SCRIM-2001	台	1	北京
4	桥梁外观检查	桥梁检测车	解放牌	台	1	郑州

三、复测指标、外观质量检查、内业资料检测结果

(一)复测指标

1.复测指标的确定

复测指标按照《公路工程竣(交)工验收办法与实施细则》的要求确定,包括路面弯沉、车辙、平整度、摩擦系数,桥梁结构的外观检查等。

2.复测结果(见下表)

复测指标结果对比表

序号	实测指标	设计值	合同段	交工验收			竣工验收		
				检测点数(或评定单元)	合格点数	合格率(%)	检测点数(或评定单元)	合格点数	合格率(%)
1	路面弯沉	≤23.00(0.01mm)	No.19	34	34	100.0	34	34	100.0
			No.20	28	28	100.0	30	30	100.0
			No.21	32	32	100.0	30	30	100.0
			No.22	30	30	100.0	30	30	100.0
			No.23	32	32	100.0	30	30	100.0
			No.24	28	28	100.0	28	28	100.0
			No.25	42	42	100.0	42	42	100.0

续上表

序号	实测指标	设计值	合同段	交工验收			竣工验收		
				检测点数（或评定单元）	合格点数	合格率（%）	检测点数（或评定单元）	合格点数	合格率（%）
2	路面平整度	≤2(m/km)	No.19	34	34	100.0	34	34	100.0
			No.20	30	30	100.0	30	30	100.0
			No.21	30	30	100.0	30	30	100.0
			No.22	30	30	100.0	30	30	100.0
			No.23	32	32	100.0	32	32	100.0
			No.24	28	28	100.0	28	27	96.4
			No.25	40	40	100.0	42	40	95.2
3	路面抗滑	≥50	No.19	320	320	100.0	340	311	91.5
			No.20	300	300	100.0	300	262	87.3
			No.21	300	300	100.0	300	241	80.3
			No.22	280	280	100.0	280	209	74.6
			No.23	310	310	100.0	310	298	96.1
			No.24	290	290	100.0	290	267	92.1
			No.25	420	420	100.0	420	364	86.7
4	路面车辙	≤10(mm)	No.19	—	—	—	34	34	100.0
			No.20	—	—	—	30	30	100.0
			No.21	—	—	—	30	30	100.0
			No.22	—	—	—	30	30	100.0
			No.23	—	—	—	32	32	100.0
			No.24	—	—	—	28	28	100.0
			No.25	—	—	—	42	42	100.0

3.复测指标结果分析

京珠国道主干线安阳至新乡高速公路改扩建工程经过两年的试运营后，对其中4个指标进行了复测。通过对交工和竣工两次实测结果统计、汇总、分析表明，除个别合格率下降外，其余各项实测指标的合格率处于规范规定的范围，施工质量满足规范要求。

(二)外观质量检查情况

通过对各合同段工程外观质量进行检查，认为各合同段施工质量总体上满足规范要求，未发现重大外观缺陷。

(三)内业资料审查情况

通过对各合同段内业资料的审查，认为各合同段施工、监理单位能够认真系统地按照相关规定及要求分类整理，并装订整齐，资料内容填写基本齐全、签认意见符合规范要求，内业资料整理基本满足规范要求。对于各合同段内业资料中存在的不足，根据具体情况在合同段工程质量评分时进行扣分。

四、交工遗留问题处理情况

交工遗留问题已按要求处理完毕。

五、鉴定评分及质量等级结论

(一)评分方法

由于按照要求对工程实体的部分指标进行了复测及外观检查,按照《公路工程竣(交)工验收办法》(交通部令 2004 年第 3 号)规定,京珠国道主干线安阳至新乡高速公路改扩建工程最终的工程质量鉴定得分 94.7 分。

(二)合同段评分

京珠国道主干线安阳至新乡高速公路改扩建工程项目竣工验收

工程质量鉴定评分表

序号	合同段	施工单位	结算审定金额	鉴定评分	质量等级
1	土建 No.1	北京城建道桥工程有限公司	119847299	95.5	优良
2	土建 No.2	中交第一公路工程局有限公司	121528879	95.0	优良
3	土建 No.3	中交第三公路工程局有限公司	130480082	95.2	优良
4	土建 No.4	中铁十一局集团有限公司	110189717	95.0	优良
5	土建 No.5	无锡市交通工程有限公司	97693083	96.0	优良
6	土建 No.6	中铁四局集团有限公司	145451005	95.0	优良
7	土建 No.7	中铁十五局集团第一工程有限公司	119102673	94.6	优良
8	土建 No.8	中铁五局集团第一工程有限公司	62583987	93.4	优良
9	土建 No.9	中铁十五局集团第五工程有限公司	96821210	94.1	优良
10	土建 No.10	路桥集团国际建设股份有限公司	106177815	94.7	优良
11	土建 No.11	中铁十一局集团第一工程有限公司	125221658	94.2	优良
12	土建 No.12	河南省公路工程局集团有限公司	156015909	93.3	优良
13	土建 No.13	中交一公局第六工程有限公司	122492779	93.7	优良
14	土建 No.14	河南省公路工程局集团有限公司	97470974	94.2	优良
15	土建 No.15	中铁九局集团有限公司	83518335	93.6	优良
16	土建 No.16	路桥华东工程有限公司	87693285	96.0	优良
17	土建 No.17	中铁十局集团有限公司	34609471	93.2	优良
18	土建 No.18	中交一公局第六工程有限公司	115519155	94.6	优良
19	路面 No.19	路桥华祥国际工程有限公司	197320335	96.2	优良
20	路面 No.20	中交第四公路工程局有限公司	176993410	96.1	优良
21	路面 No.21	中国凯瑞国际经济技术合作有限公司	132858781	96.0	优良
22	路面 No.22	枣庄市道桥工程有限公司	131635352	93.7	优良
23	路面 No.23	河南省公路工程局集团有限公司	145844762	93.3	优良
24	路面 No.24	河南路桥建设集团有限公司	134803201	94.1	优良
25	路面 No.25	河南省公路工程局集团有限公司	260337991	94.8	优良
26	标线 AXBX-1	河南富昌道路设施有限公司	3988731	96.4	优良
27	标线 AXBX-2	开封市通达公路工程有限公司	2585652	96.4	优良

续表

序号	合同段	施工单位	结算审定金额	鉴定评分	质量等级
28	标线 AXBX-3	安徽恒通交通工程有限公司	6790725	94.0	优良
29	标线 AXBX-4	天津华安公路交通工程有限公司	2980871	93.4	优良
30	标线 AXBX-5	天津华安公路交通工程有限公司	2617308	94.1	优良
31	标志 AXBZ-1	江苏博纳华交通科技有限公司	14189835	96.8	优良
32	标志 AXBZ-2	周口市公路交通设施有限公司	19403094	93.9	优良
33	旧路改造 AXGZ-1 标	安徽水利开发股份有限公司	19049707	94.3	优良
34	旧路改造 AXGZ-2 标	上海先为土木工程有限公司	14798984	96.2	优良
35	旧路改造 AXGZ-3 标	上海久坚加固工程有限公司	16044640	96.6	优良
36	旧路改造 AXGZ-4 标	北京特希达科技有限公司	18932624	94.1	优良
37	旧路改造 AXGZ-5 标	中交三公局桥梁隧道工程有限公司	30345715	94.8	优良
38	护栏 AXHL-1	山西长达交通设施有限公司	31459110	95.0	优良
39	护栏 AXHL-2	河南省新乡六通实业有限公司	15586676	95.3	优良
40	护栏 AXHL-3	潍坊东方交通设施工程有限公司	26075030	93.7	优良
41	护栏 AXHL-4	天津华安公路交通工程有限公司	20417781	93.1	优良
42	护栏 AXHL-5	山东富博交通设施有限公司	19560962	94.0	优良
项目得分及质量评定				94.7	优良

（三）鉴定结论

经全线检测，京珠国道主干线安阳至新乡高速公路改扩建工程建设项目工程质量鉴定得分 94.7 分，京珠国道主干线安阳至新乡高速公路改扩建工程建设项目竣工验收工程质量鉴定等级评为优良。

六、工程存在的主要问题及建议

（一）路面部分

1.个别桥头出现桥头跳车现象，建议进行处治。

2.部分路段路面横向裂缝较多，且部分裂缝未做灌缝处置，建议进行处治。

3.部分路段隔离栅刺绳缺失或损坏，建议进行更换。

（二）桥梁部分

1.大中桥桥面系存在的主要病害为：

（1）部分伸缩缝锚固区混凝土破损，伸缩缝内有杂物，橡胶止水带局部破损。建议对相应病害进行修补、更换，并加强日常养护。

（2）部分桥梁护栏存在裂缝，建议对其进行修复、处理。

（3）部分桥梁泄水管被杂物堵塞。

2.大中桥上部结构存在的主要病害为：

（1）部分桥梁铰缝渗水，局部混凝土脱落。

（2）部分桥梁梁底有刮擦痕迹，建议在合适位置设限高标志和设施。

3.大中桥下部结构存在的主要病害为：

(1)部分支座钢垫板锈蚀,个别桥梁支座缺失。

(2)部分桥梁的台帽或盖梁渗水。

(3)部分桥梁主梁与挡块紧贴,台背与梁端之间紧贴

七、结论性意见

京珠国道主干线安阳至新乡高速公路改扩建工程建设项目设计完善、合理;质量控制体系完备、有效,运转良好;施工质量控制良好。经对已完成项目检测和质量状况分析,未发现影响竣工验收的质量问题。

二〇一六年三月十日